SOLID TIDE OBSERVATION DATA PROCESSING MANUAL

固体潮观测
数据处理手册

沈旭章　唐九安　高安泰◎著

中山大學出版社
SUN YAT-SEN UNIVERSITY PRESS
·广州·

图书在版编目（CIP）数据

固体潮观测数据处理手册/沈旭章，唐九安，高安泰著 . —广州：中山大学出版社，2022. 12

ISBN 978 - 7 - 306 - 07655 - 7

Ⅰ. ①固…　Ⅱ. ①沈…　②唐…　③高…　Ⅲ. ①固体潮—观测—数据处理—手册　Ⅳ. ①P312. 4 - 62

中国版本图书馆 CIP 数据核字（2022）第 237376 号

GUTICHAO GUANCE SHUJU CHULI SHOUCE

出 版 人：王天琪
策划编辑：徐诗荣
责任编辑：潘惠虹
封面设计：曾　斌
责任校对：袁双艳
责任技编：靳晓虹
出版发行：中山大学出版社
电　　话：编辑部 020 - 84110283，84113349，84111997，84110779，84110776
　　　　　发行部 020 - 84111998，84111981，84111160
地　　址：广州市新港西路 135 号
邮　　编：510275　传　真：020 - 84036565
网　　址：http：//www. zsup. com. cn　E-mail：zdcbs@ mail. sysu. edu. cn
印 刷 者：广东虎彩云印刷有限公司
规　　格：787mm×1092mm　1/16　22.75 印张　387 千字
版次印次：2022 年 12 月第 1 版　2022 年 12 月第 1 次印刷
定　　价：55.00 元

内容简介

  《固体潮观测数据处理手册》是一本关于固体潮观测数据日常初步分析计算的工具书。全书包括绪论和 14 章。绪论部分介绍固体潮的一些理论基础知识和国内外目前的研究现状、发展趋势，以及我国地形变研究各发展时期正式入网观测使用的一些仪器。第 1—3 章介绍固体潮理论值计算方法和公式。第 4 章介绍固体潮观测数据的 NAKAI 法拟合检验。第 5 章介绍固体潮观测数据潮汐参数计算的维尼迪柯夫调和分析方法。第 6 章介绍固体潮观测数据潮汐参数计算的非数字滤波调和分析方法。第 7 章介绍间接观测平差方法。第 8 章介绍固体潮观测数据预处理及潮汐参数计算程序。第 9 章介绍固体潮观测数据预处理和潮汐参数计算程序的检验，以及固体潮理论值计算程序。第 10—13 章依次介绍地震监测系统的重力、地倾斜、地应变和深井承压水位 2015—2018 年度整点值观测数据的初步跟踪分析结果。第 14 章就目前固体潮汐形变观测领域存在问题的解决办法提出一些改进意见。

  本书可供高等院校地球物理专业师生、地震台站观测人员、形变资料分析及地震预报人员、地震监测质量监管人员等参考。

目　　录

绪 论

固体潮即为地球潮汐。对潮汐的观测和研究，可为大地测量提供精密的潮汐改正，同时还能获取更多的地球物理信息。20 世纪 70 年代以来，潮汐形变仪器及其台站在我国快速发展，到目前为止已经积累了大量的观测资料。这些长期的连续性资料，无论是对地震预报工作，还是对地球科学研究，都具有重要的意义。绪论将主要介绍固体潮的一些理论基础、国内外目前的研究现状、发展趋势，以及我国地形变研究各发展时期正式入网观测所使用的一些仪器。

0.1 固体潮概论

地球体在日、月引潮力作用下发生弹性形变，其旋转轴发生微小运动——强迫章动，同时离心力变化使其产生附加形变；此外，地球椭圆体围绕转动轴做惯性运动（自由章动）也会使地球体产生形变，这几项总称为地球潮汐——固体潮。固体潮有垂直分量与水平分量。垂直分量由重力仪测定；水平分量又分为倾斜固体潮和应变（线、面）以及体应变固体潮，分别由倾斜仪、伸缩仪与体积（或压缩）应变仪等测定。

覆盖地球外部的水，在日、月引潮力作用下发生的水面涨落也属潮汐现象，通常称这种潮汐现象为海洋潮汐现象，又称之为平衡潮。描述固体潮现象通常使用三个勒夫数，即 h、L、k，它们的物理意义如下：

h——固体潮潮高与平衡潮潮高之比；

L——固体潮水平位移与平衡潮水平位移之比；

k——固体潮变形引起的附加位与固体潮原起潮位之比。

显然，地球的勒夫数与地球的内部密度分布和弹性特征有关。弹性地球的理论勒夫数（或固体潮理论值）可以通过理论计算得出，而真实地球的勒夫数或它们的组合值（固体潮观测值）可以通过仪器观测出来，因而比较固体潮的观测值与理论值，可以研究地球的空间不均匀性。

地球物理学家从事固体潮观测的主要目的是研究固体潮观测值与理论值之间的振幅比和相位差，而振幅比与地球的弹性特征有关，相位差与地球的黏滞性有关。由于地球近似于弹性体，相位差一般很小，如重力固体潮 M_2 波的相位滞后不到 $0.5°$。多数振幅比是勒夫数的线性组合，例如重力固体潮的振幅比为：

$$\delta_2 = 1 + h_2 - \frac{3}{2}k_2 \qquad (0-1)$$

$$\delta_3 = 1 + \frac{2}{3}h_3 - \frac{4}{3}k_3 \qquad (0-2)$$

倾斜固体潮的振幅比为：

$$\gamma_2 = 1 + k_2 - h_2 \qquad (0-3)$$

$$\gamma_3 = 1 + k_3 - h_3 \qquad (0-4)$$

体应变固体潮的振幅比为：

$$f_2 = 4h_2 - 6L_2 \qquad (0-5)$$

$$f_3 = 2h_3 - 12L_3 \qquad (0-6)$$

显然，在一个点上开展多分量固体潮观测，可以求解该点的勒夫数。

在地震的孕育和发生过程中，地球孕震区介质弹性特征变化及其变形都会引起区别于固体潮本身的变化，因而在给定点对固体潮进行长期连续观测，有可能监测到这种变化。

地震学家从事固体潮观测的目的，除了完成地球物理学家的使命外，更侧重于研究固体潮的时空变化与地震的关系，他们在这方面的主要观点有：

（1）固体潮力是地震的一种触发力，在一些特定地区，它可能是主要的触发力。

（2）在地震的孕育和发生过程中，震源区及其邻近地区的地壳弹性特征会发生变化，从而引起地球固体潮响应函数的变化。

（3）在地震的孕育和发生过程中，地震所引起的地壳形变速率与固体潮本身的形变速率在量级上是相当的。因此，用于监测地震的固体潮观测仪器和台址条件应优于一般的固体潮观测仪器和台址条件。

（4）在强地震的孕育和发生过程中，地震所引起的地壳形变速率有可能大于固体潮本身的形变速率，加强固体潮的量化优势。因此，使用固体潮观测结果，有可能实现强地震的物理预报。

（5）固体潮测项的最大优势在于地球固体潮汐是迄今为止唯一可预先计算的地球形变信息，它所测信息中的潮汐成分，可以基于地球潮汐理论预先计算。这就可以将预先计算的理论预期值作为比较基准，对观测数据做严密的量化检验，从而大大提高所获信息的可信程度。在我国，现有近300个（可记录到潮汐响应的）定点连续形变观测台站，积累了大量资料，台站的观测精度也日益提高，为开展此项研究工作奠定了基础。

0.2　研究现状

我国最早的固体潮重力观测是1959年由中国科学院测量与地球物理研究所和苏联地球物理研究所合作在兰州开展的，后来被迫中断了十几年。在长期的固体潮汐研究中，主要取得了以下成果。

0.2.1　引潮位的展开

固体潮的首次全调和展开是由英国科学家杜德逊于1921年完成的。他的推导依据了当时的布朗月亮表和纽康太阳表，采用解析演绎方法，只分离了一些主要的波，如M2波、O1波等。英国科学家卡特赖特等采用谐波分析方法重新展开，展开潮波数达到505个。20世纪80年代中期，我国的郗钦文（郗钦文 等，1987；Xi，1985，1987，1989，1991）及日本的Tamura（1987）同时分别按解析方法及谱方法做了进一步扩展，并选用了新的天文历表。其中，为了避免人工演绎出现的错误，郗钦文发展了计算机演绎方法，级数展开项取至4阶项，展开的潮波数达到3000多项，引潮位展开的精度达到6纳伽，基本满足超导重力观测资料分析的需要，国际高精度固体潮资料分析工作组多次推荐使用郗钦文和Tamura的引潮位展开，郗钦文的展开系数先后被比利时、德国、法国等国家使用。在此基础上，20世纪90年代，比利时的Robsenbeck及德国的Hartmamm在加上了主要行星摄动的影响后又做了进一步展开，项数达到四五千项，精度为几个纳伽。

0.2.2 固体潮的理论模拟

固体潮理论模拟的工作是从 20 世纪 50 年代开始的，当时人们把地球模型取作球对称、非自转、完全弹性及各向同性的，即所谓的 SNREI 模型，所得解可用一组无量纲的勒夫数来表示。之后，Wahr 发展了微椭自转地球的潮汐模拟解（Wahr，1981）；Dehant 在此基础上，又加上了地球滞弹性的影响（Dehant，1987）。Wahr – Dehant 地球潮汐模型被国际天文协会及国际大地测量和地球物理联合会选用为潮汐及章动的工作模型。我国李国营用小参数扰动方法建立了一套固体潮理论模拟方法，该方法尤其适用于考虑地幔侧向不均匀对潮汐的解的影响。1993 年，李国营又给出了加上微椭、自转、滞弹及侧向不均匀地球的更完整的模拟解，并且与德国的汪荣江一起于 1996 年改正了 Wahr 关于潮汐参数随纬度变化的模型。在第 21 届 IUGG（International Union of Geodesy and Geophysics，国际大地测量学和地球物理学联合会）大会上，李国营的方法被国际固体潮模型工作组总结为现有四种解法之一。此外，他还研究了多层介质无限半空间的负荷解，用于估计水库蓄水导致的形变与重力变化（李国营，1988；Li，1989；李国营 等，1996）。

0.2.3 仪器的研制[①]

地球的潮汐形变将导致地面各点产生重力变化、地面倾斜及应变等现象。重力仪、倾斜仪及应变仪是研究地球潮汐的三种主要观测仪器。近 20 年来，我国在这三类仪器的研制上取得了重大进展，其中不少仪器已在地震部门广为使用。比较有代表性的有：TJ 型体积应变仪（地壳应力所，苏恺之）、CZB 垂直摆倾斜仪（河南省地震局，马鸿钧）、DZW 型重力仪（国家地震局地震研究所）、FSQ 型浮子水管倾斜仪（国家地震局地震研究所）、SQ 型石英摆倾斜仪（国家地震局地震仪器厂）、SSY 石英伸

---

① 本节内容参见宋臣云、宋彦云、唐九安主编《地震监测仪器大全》，地震出版社 2008 年版，第 117 – 133 页。

缩仪（国家地震局地震研究所）、YRY 型钻孔压容应变仪（河南鹤壁地震办公室）等。从我国地震形变监测台网多年的观测及固体潮调和分析结果来看，这些仪器都达到了国际上同类仪器的同等水平，有的仪器可居国际先进水平，有的仪器还被比利时等国应用。此外，还有一些引进的仪器得到较好的改进（Chen，1994；周坤根，1991；许厚泽 等，1997）。

地形变观测是地震预测的一个重要手段。通过对大陆地壳块体的垂直运动、水平运动、地倾斜、地应变和重力场等的连续与非连续观测，来反映现今地壳运动和变形、重力场变化，以及地球固体潮演化的时空过程，并研究和提取与地震孕育、发生过程有关的震前、震时和震后的异常信息。这些观测数据也为建立现今地壳运动模型、探索地壳运动的动力源、研究其他地质渐变与突变事件（如海平面变化、火山、滑坡等）奠定了基础。高精度测量仪器是保障观测资料有效的重要基础。应用于地形变测量的经典的大地测量仪器有水准仪和经纬仪。

1966 年邢台地震发生之后，我国开始广泛开展多手段地震地形变观测。发展到今天，我国地形变观测可分为两大类，即区域地形变测量和台站地形变观测。

区域地形变测量包括：水准测量、GPS 测量和重力测量。其他手段已经很少使用或已经停用。

台站地形变观测包括：洞体地倾斜与地应变观测、钻孔地倾斜与地应变观测、重力固体潮观测。

0.2.3.1　区域地形变测量仪

在区域地形变测量中，水平形变测量仪器的使用可划分为两个时间段。第一个时间段为 1967—1993 年，主要使用 AGA-600、AGA-8、ME-3000 等测量仪进行距离测量；第二个时间段是从 1994 年至今，主要使用全球定位系统（GPS）测量。目前，GPS 已成为我国主要的地壳水平形变运动观测手段，替代了三角测量和物理测距。

垂直形变测量所使用的仪器主要有：Ni004 水准仪、自动安平的 Ni002 和 Ni007 水准仪。目前发展到 DiNi 11/12 数字水准仪，操作越来越简单，自动化程度越来越高。

区域地形变测量的另一重要组成部分是重力测量。区域重力测量早期使用的仪器主要是石英弹簧重力仪，型号有国产的 ZSM、加拿大产的 CG-

2 及美国产的 Worden 等，这类仪器由于漂移大、非线性及干扰因素多而逐渐被淘汰。从 20 世纪 80 年代初开始，我国主要使用美国产的 LCR-G 型金属弹簧重力仪，近几年又引进了 LaCoste Romberg-D 型金属弹簧重力仪。中国地震局自"十五"期间开始引进绝对重力测量仪器，目前使用的仪器型号为 FG5 型高精度绝对重力仪。

（1）Ni007 型自动安平精密水准仪。

该仪器用于国家级二、三等水准测量，亦有用于一等精密水准测量及精密工程测量。该仪器由德国蔡司（Zeiss）仪器厂生产，如图 0-1 所示。

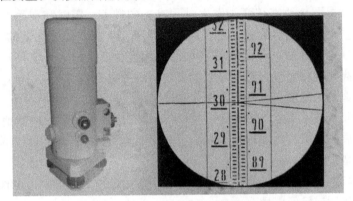

图 0-1　Ni007 型自动安平精密水准仪

（2）DiNi 11/12 型数字水准仪。

DiNi 11/12 型数字水准仪与国家水准测量规范中的 S5 系列水准仪相当，可作为一般的精密水准仪使用，进行一、二等水准测量，如地震断层形变定点观测、工程测量、建筑物的变形测量、放样测量和中视测量等。该仪器由德国蔡司（Zeiss）仪器厂生产，如图 0-2 所示。

图 0-2　DiNi 11/12 型数字水准仪

（3）FG5 型绝对重力仪。

FG5 型绝对重力仪适用于地球物理研究、环境监测、资源勘探、精密测量和校准以及惯性导航等。在地震行业，其用于地壳垂直运动的探测、板块边缘隆起与地震的研究、长周期固体潮的监测及地球滞弹性模型研究。该仪器由美国 Microg-LaCoste 公司生产，如图 0-3 所示。

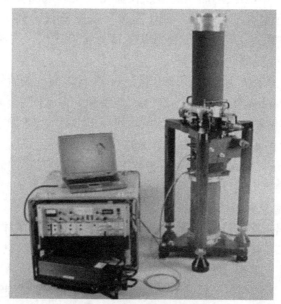

图 0-3　FG5 型绝对重力仪

0.2.3.2　台站地形变观测仪

我国在台站地形变观测中所使用的仪器，走的是自主研发的道路。1966 年邢台地震后，因当时地震监测预报及其研究工作的需要，我国研制与生产了第一代"老三仪"——金属水平摆、目视水管仪、目视伸缩仪。其后，光记录的金属水平摆、石英水平摆倾斜仪在台站被广泛、长期地使用。

20 世纪 80 年代初，我国研制生产了具有国际先进水平的第二代自动记录水管仪、石英伸缩仪。

钻孔应力、应变测量工作是从我国自行研制出压磁式钻孔地应力计开始的。1977年，在第一届全国地应力会议上确立了"钻孔应力、应变仪器必须能够观测到应变固体潮汐"的基本标准。到20世纪80年代中期，我国先后成功研制出五种具有国际水平的钻孔应变仪，其中四种属于长圆筒型的分量式应变仪，一种是体积式应变仪。

2000年以后，在国家地震局的大力推动下，一批采用新的传感器技术、数字技术和网络技术的高灵敏新仪器相继研制成功，如DSQ型水管倾斜仪、VS型垂直摆倾斜仪、SSQ型水平摆倾斜仪、SS-Y型铟瓦伸缩仪、TJ-Ⅱ型体积式钻孔应变仪、YRY-4型分量应变仪，构成第三代数字化台站的地形变观测网络。

我国的重力固体潮观测始于20世纪60年代末期，先后使用的仪器有目视观测的Worden重力仪、GS-11/12/15型和LCR-ET型金属弹簧重力仪等，均为进口仪器。1985年，我国成功研制出DZW型微伽重力仪，结束了没有国产台站重力仪的历史。早期的GS型和DZW型重力仪均采用模拟记录；"九五"期间，我国实现了数字记录；"十五"期间，我国引进了OSG型超导重力仪。

（1）JB型金属水平摆倾斜仪。

JB型金属水平摆倾斜仪为光记录水平摆倾斜仪，由主体水平摆系（2个，互成90°）、记录器（1个）、光源灯（2个，含变压电源箱）、时号系统（灯、钟）等组成，本体高320 mm，如图0-4所示。应用水平摆的高放大性能，对地壳、地块的微小地倾斜变化和倾斜固体潮汐进行光记录连续监测，在震前短临异常图像方面有较好的映震效能。该仪器由中国地震局地震研究所（原国家地震局武汉地震大队）于1968年设计。

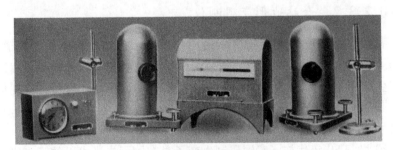

图0-4　JB型金属水平摆倾斜仪

（2）SQ-70 型石英水平摆倾斜仪。

SQ-70 型石英水平摆倾斜仪是测量地面倾斜变化的高灵敏度仪器。其用于观测固体潮及地震前兆引起的地壳形变，监测各类大型建筑工程（如水坝、矿井等）的地基变形等。该仪器由中国地震局地球物理研究所地震仪器厂于 1970 年研制生产，如图 0-5 所示。

图 0-5　SQ-70 型石英水平摆倾斜仪

（3）DSQ 型水管倾斜仪。

DSQ 型水管倾斜仪是用于监测地壳倾斜变化的一种精密仪器。适用于地壳倾斜固体潮、活断层及火山活动、大型建筑工程等的垂直位移连续观测。该仪器由武汉地震科学仪器研究院生产，如图 0-6 所示。

图 0-6　DSQ 型水管倾斜仪

(4) VS 型垂直摆倾斜仪。

VS 型垂直摆倾斜仪用于倾斜固体潮观测与地震前兆信息监测，由武汉地震科学仪器研究院生产，如图 0-7 所示。

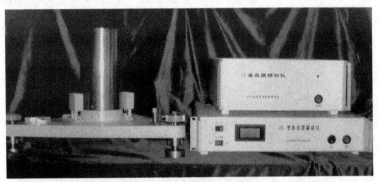

图 0-7　VS 型垂直摆倾斜仪

(5) SSQ-2 型数字石英水平摆倾斜仪。

SSQ-2 型数字石英水平摆倾斜仪是测量地壳倾斜变化的高灵敏度仪器，采用 Zouner 双吊丝悬挂的石英水平摆体接收地倾斜信号，当地面发生倾斜时，摆杆绕旋转轴偏转，偏转量被电涡流传感器转变成电压信号输出，再经放大、滤波以后，由数字采集器实时采集存储。仪器由微处理器控制，测量过程全部自动化。该仪器由中国地震局地震预测研究所研制生产，如图 0-8 所示。

图 0-8　SSQ-2 型数字石英水平摆倾斜仪

（6）OSG 型超导重力仪。

OSG 型超导重力仪主要用于重力固体潮汐的观测，亦用于地震、火山、地下油气层、地下水位活动、液核动力学效应、自由震荡等因素引起的长周期重力潮和非潮汐变化的观测。该仪器由美国 GWR 仪器有限公司生产，中国地震局 2006 年引进，用于台站重力固体潮观测，如图 0 - 9 所示。

图 0 - 9　OSG 型超导重力仪

0.2.4　观测与数据处理

20 世纪 70 年代末，我国与比利时皇家天文台合作，建立了中国的重力潮汐剖面测点，包括北京、武汉、广州、上海、兰州、乌鲁木齐、沈阳、青岛共 8 个点。20 世纪 80 年代起，中国科学院测量与地球物理研究所先后用拉柯斯特 G 型及 ET 型仪器完成了我国沿海及沿 30°纬线的东西重力潮汐剖面。除上述点外，重力潮汐剖面测点后续还增加了合肥、郑州、万县、成都、拉萨、敦煌、泉州及三亚 8 个点。中国地震局地球物理研究所与美国哥伦比亚大学合作，用北美大地动力型仪器在北京及其周围建立了由 8 个点组成的重力潮汐监测网。同时，中国地震局经过 10 余年努力，已在全国范围内建立了固体潮汐形变监测系统，迄今共有 56 个台站综合或分别使用观测倾斜、重力、体应变、钻孔应变的 4 种观测仪器进行长期的连续观测，以满足地震监测的需要。1986 年起，中国科学院测量与地球物理研究所引进了当时国际上观测固体潮精度最高的 TT-70 型超导重力仪，并在武昌取得了连续 8 年的观测资料（除少数中断外）。他们还与德国、英国等国的科学家合作，在武昌台进行了重力潮汐对比观测。由于武昌台已使用不同类型的 13 台仪器（4 台拉柯斯特 ET 型、3 台 G 型、3 台大地动力型、1 台 GS 型、1 台 DZW 型及 1 台超导重力仪）进行过观测，已被国际固体潮研究中心（International Center for Earth Tides，ICET）认定为中国境内的重力潮汐基准台（许厚泽 等，1997；Melchior et al.，1985）。

关于潮汐观测的数据处理，本书广泛采用了 NAKAI 的预处理程序以及维尼迪柯夫调和分析方法（简称"维法"）。鉴于国内有大量长序列的、高精度的固体潮观测数据涌现，以及计算机的快速普及，针对维法的不足，唐九安研究员于 1998 年提出了基于最小二乘法的直接调和分析求解固体潮潮汐参数的方法。该法与维法的主要区别是不用数字滤波，而直接使用调和分析方法，可称其为非数字滤波调和分析方法（陆远忠 等，2001）。中国科学院测量与地球物理研究所也给出了用维法解算潮汐因子和用谱分析方法估计精度的方案。近年来，科学家们同时引用了国际上通用的 Eterna 软件，其计算结果表明，去除海洋负荷等改正后，所得潮汐因子值与理论潮汐模拟值十分符合。

0.2.5　固体潮资料的分析与应用

潮汐的观测和研究，一方面可以为大地测量提供精密的潮汐改正资料，另一方面可以获取更多的地球物理信息。

我国测绘、地震部门及科学院等机构对精密重力测量、水准测量、天文经纬度测量、人造卫星激光测距、甚长基线干涉测量技术（VLBI）、

GPS、倾斜和应变测量的潮汐改正方法、量级及其理论做了系统研究，这在我国地壳形变监测网络及空间大地测量网络中发挥了重要的作用。

与国际上一样，运用我国的潮汐观测资料，尤其是长序列资料，能够成功地分离出全日波的共振振幅，验证地球液核的动力效应。将沿海台站经海潮改正的观测结果与理论值相比较，检验了我国近海海潮图的准确性——除了靠南海的台站以外，其余均符合较好。与此同时，利用人卫激光资料解算出全球的海洋潮汐参数，该结果也与美国学者所得结果一致。

中国科学院测量与地球物理研究所根据 8 年超导重力资料，成功地检测出地球钱德勒晃动周期与振幅。这是用地球物理方法观测出的地球自转现象，该结果和天文观测结果一致。另一项有意义的结果是利用武昌 ET 型观测仪和超导重力仪，检测出地球的近周日自由摆动的频率，所得结果与国际上的结果相同，即观测值与理论值相比有一系统频偏，并且我们认为这一频偏产生的主要原因是液核扁率偏离其流体静力平衡值（许厚泽 等，1982，1985，1988）。

关于潮汐变化与地震的关系，主要有两方面研究：一是固体潮的触发机制问题，使用岩石力学的准则代替纯统计方法；二是研究沿海地区在孕震过程中介质物理性能变化所导致的负荷形变，其可以在倾斜及应变观测中检测到（骆鸣津 等，1998）。

0.3　发展趋势

经过多年的台站建设和观测数据的积累，我国在定点形变方面已经取得了非常显著的成就，与此同时，也出现了一些亟待解决的问题，笔者认为其将来主要有以下发展趋势。

第一，每一个台站只能记录局部的地形变资料，其尺度比较小，但记录地形变的变化比较详细；而 GPS 记录的结果在空间上的尺度比较大，但记录结果的精确性远没有定点观测记录到的高。将大量的定点观测和 GPS 相结合，以及将微观形变场的研究和宏观形变场的研究相结合，无疑可以相得益彰。

第二，多年以来，我国已经记录大量的数据资料，但出于种种原因，这些资料分布得比较零散，再加上记录过程中仪器的维修和更换、人员的交替，使记录的数据不能够被充分地利用，有些数据在记录过程中还存在格式不统一的问题。然而，这些观测结果都是很宝贵的资料，急需集中整理。本书作者之一唐九安在 2003 年致力于一项工作——中国地球固体潮汐观测数据库建设及其共享服务，对连续多年的模拟记录进行了数字化并整理入库，以抢救这些长期观测记录。基于中国地震台网中心数据库 2018 年度的数据目录粗略统计，在地震监测系统领域能够记录清晰和基本稳定潮汐响应的重力观测站有 51 个，地倾斜观测站有 212 个，地应变观测站有 209 个，深井承压水位观测井有 279 口。在数据库中，当中最早的分量分钟采样数据始于 2006 年，截至目前，最长记录已接近 16 年。面对大量的数据记录，如何对它们的内在质量进行快速、准确的阅读和评估，是摆在我们面前的一项繁重任务。当前，国家正在实施全面深化改革战略，如何联系地震监测工作实际，贯彻国家全面深化改革战略部署，是地震监测工作者必须思考的问题。地震科学是一门观测科学，它的初级产品就是"观测数据"，它的成果或者它的问题都会反映在观测数据中。因此，要想在该领域实施全面深化改革，必须认真查找该领域中存在的问题，只有找准了问题，才能使改革有明确的目标和切合实际的举措。从现有的大量观测数据中去查找问题不失为一个重要途径。由于目前固体潮研究是参与人数较少的一个研究方向，因此资料处理方面的软件和程序也较少，为此，我们整理了长期以来在定点形变及固体潮观测数据处理方面积累的经验，编写了"固体潮观测数据预处理及潮汐参数计算"程序。我们开发的程序可以实现对固体潮观测数据内在质量的快速、准确阅读和评估，为研究者深入处理该数据做好预处理和常规分析。我们开发的程序是基于 FORTRAN-77 语言编写的，主要包含 3 个重要程序。

（1）固体潮整点观测数据预处理及分波潮汐参数的维尼迪柯夫法调和分析计算程序（ZDZDG5-HV-NHTHFXA. FOR，简称"HV 程序"）。

（2）固体潮整点观测数据预处理及分波潮汐参数的非数字滤波调和分析计算程序（ZDZDG5-HT-NHTHFXA. FOR，简称"HT 程序"）。

（3）固体潮分钟观测数据预处理及分波潮汐参数的非数字滤波调和分析计算程序（FZZDG6-MT-NHTHFXA. FOR，简称"MT 程序"）。

HV 程序使用了维尼迪柯夫数字滤波器，可称它为数字滤波调和分析程序；HT 程序和 MT 程序用于直接对观测数据做调和分析计算，可称它们为非数字滤波调和分析程序。对源程序使用 Compaq Visual Fortran 6.5 编辑器编辑生成扩展名为 ".exe" 的执行程序，即可在安装 Windows XP 操作系统的计算机上运行。

　　为了评估地震系统固体潮汐观测领域的现状及其存在的问题，我们从中国地震台网中心前兆台网预处理数据库中收集到 2015—2018 年的台站重力、地倾斜、地应变和深井承压水位整点值观测数据，基于 HT 程序对它们进行了初步跟踪分析，并分别形成了跟踪分析报告。同时，我们根据跟踪分析报告，就目前固体潮汐形变观测领域存在问题的解决办法，提出了一些改进意见。

第 1 章 起潮力位与固体潮理论值

1.1 起潮力位的级数展开式

固体潮理论值的计算公式都与起潮力位有关，这里先给出起潮力位的表达式。

如图 1-1 所示，P 为地球表面上一点，它到地心 O 的距离为 ρ，O' 为起潮力源 m 天体（设为月亮）的质量中心，它对点 P 的地心天顶距为 θ，它到点 P 的距离为 l，它到地心的距离为 L，则该天体对点 P 的起潮力位为：

$$w = \frac{Gm}{L} \sum \left(\frac{\rho}{L}\right)^n P_n(\cos\theta) \qquad (1-1)$$

式中，G 为万有引力常数，m 为月亮的质量，$P_n(\cos\theta)$ 为 n 阶勒让德多项式。如果月亮的起潮力位只取至三阶项，太阳的起潮力位只取至二阶项，则有：

$$w = \frac{Gm}{L}\left[\left(\frac{\rho}{L}\right)_m^2\left(\frac{3}{2}\cos^2\theta - \frac{1}{2}\right) + \left(\frac{\rho}{L}\right)_m^3\left(\frac{5}{2}\cos^3\theta - \frac{3}{2}\cos\theta\right)\right]$$
$$+ \frac{GS}{L}\left(\frac{\rho}{L}\right)_s^2\left(\frac{3}{2}\cos^2\theta_s - \frac{1}{2}\right) \qquad (1-2)$$

式中，S 为太阳的质量，下标 m 表示月亮的相关参数（在该式以后的各式中，下标 m 均被省略），下标 s 表示太阳的相关参数。

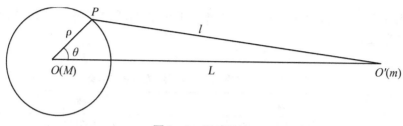

图 1 - 1　月地系统

1.2　固体潮理论值计算公式的分类

固体潮理论值计算公式通常有两种，一是封闭公式，二是分波公式。封闭公式是基于起潮力位的级数展开式导出的。因为使用该公式的核心是计算天体的天顶距，所以该公式又被称为天顶距公式。通常固体潮理论值及其一阶微分值均使用天顶距公式计算。分波公式又称为调和展开公式，它是基于起潮力位的调和展开式导出的，在潮汐参数的调和分析（如非数字滤波调和分析和维尼迪柯夫调和分析）中，通常使用分波公式计算固体潮理论值。

在定点形变观测资料中，固体潮基础分量有 4 个：重力、倾斜、应变和水位。重力的正负号约定为：垂直向下为"正"，反之为"负"。倾斜的正负号约定为：北倾、东倾为"正"，反之为"负"。所有应变的正负号约定为：拉张为"正"，反之为"负"。应变又包括体积应变和水平线应变。体积应变又可以作为水位固体潮的比较基准，而水位又分为静水位和动水位。水平线应变又分为洞体式和钻孔式两种，其区别是：钻孔式应变还要顾及钻孔效应对观测结果的影响。由多分量水平线应变又可组合得到差应变和面应变。

1.3　天文常数和地球模型

本书给出的固体潮理论值计算公式使用的日、月、地系统天文常数为国际 1976 年系统（表 1-1），所使用的弹性地球模型为 G-A 地球模型（表 1-2）。

表 1-1　天文常数 1976 年系统的各有关参数

序号	名称	值
1	地球赤道半径	$a_e = 6378140$ m
2	地球扁率	$l/f = 1/298.257$
3	地心引力常数 （引力常数 G 与地球质量 E 的乘积）	$GE = 3.986005 \times 10^{14}$ m^3/s^2
4	赤道重力值	$g_0 = 9.780318$ m/s^2
5	月亮视差正弦常数	$a/c = 0.01659251$（$\pi = 3422.451''$）
6	太阳地平视差	$\pi_s = 8.794148''$
7	月地质量比（$\mu = M/E$）	$\mu = 0.0123002$
8	日地质量比（$\mu_s = S/E$）	$\mu_s = 332940$
9	杜德森常数	$D = 26335.838$ cm^2/s^2
10	月亮引潮常数	$G(\rho) = D(\rho/a)$
11	太阳引潮常数	$G_s(\rho) = 0.459237G(\rho)$

表 1-2　G-A 地球模型的勒夫数

勒夫数	h	k	L	f
二阶值	0.6114	0.3040	0.0832	0.7236
三阶值	0.2913	0.0942	0.0145	0.4086

1.4　固体潮的日变特征

在中纬度地区，每天可以看见固体潮曲线有 2 个峰、2 个谷，而且 2 个峰的幅度值一大一小，如图 1-2 所示。

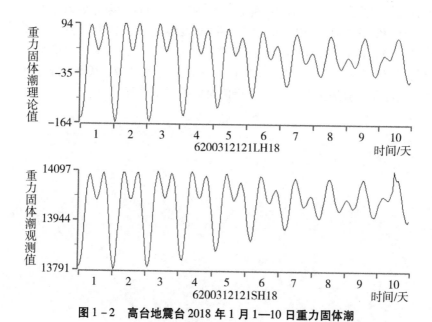

图 1-2　高台地震台 2018 年 1 月 1—10 日重力固体潮
理论值（上）及观测值（下）

在图 1-2 中，上图为理论值曲线，下图为观测值曲线。固体潮理论值及观测值为何会出现每天有 2 个峰、2 个谷，而且 2 个峰的幅度值一大一小的现象？可由图 1-3 来说明其原因。

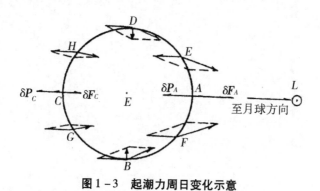

图 1-3　起潮力周日变化示意

如图 1-3 所示，地球表面的某一点处在 A 位置（上中天），由 L 天

体引起的起潮力设为 δF_A，方向指向天体 L，该点也会向靠近天体 L 移动，位移量 δP_A 的大小与 δF_A 正相关。随着地球自转，该点转到了 C 位置（下中天），这时由 L 天体引起的起潮力设为 δF_C，方向将背向天体 L。不难证明 $|\delta F_A| > |\delta F_C|$，因此 $|\delta P_A| > |\delta P_C|$。也就是说，固体潮日变化期间的大峰值对应的是上中天，小峰值对应的是下中天。

第 2 章　固体潮理论值的天顶距计算公式

2.1　重力

若把地球看成弹性体，则月亮和太阳的起潮力位将使地面上任一点
（此处设为点 A）的重力发生变化，这种重力变化称为重力固体潮
$\Delta g(A)$，$\Delta g(A)$ 由三部分组成：①月亮和太阳在点 A 产生的起潮力的垂
直分量 $\Delta g_1(A)$；②地球的潮汐变形引起的地球内部密度变化在点 A 产生
的重力变化 $\Delta g_2(A)$；③地球的潮汐变形引起的地面升降在 A 点产生的重
力变化 $\Delta g_3(A)$。若地球为刚体（即它在外力作用下不发生变形），则起
潮力位作用所引起的重力变化只有 $\Delta g_1(A)$。$\Delta g_1(A)$ 称为重力固体潮理论
值，它是起潮力位在垂线方向上的梯度，用 Δg 来表示它，即

$$\Delta g = -\sum \frac{\partial w}{\partial \rho} \tag{2-1}$$

式中的负号表示重力方向指向地心。将式（1-2）代入式（2-1），并将
表 1-1 的有关天文常数代入，得到 Δg（单位：10^{-8} m/s^2）的实用计算
公式如下：

$$
\begin{aligned}
\Delta g = & -110.109\left(\frac{\rho}{R}\right)\left(\frac{C}{L}\right)^3\left(\frac{3}{2}\cos^2\theta - \frac{1}{2}\right) \\
& -2.740\left(\frac{\rho}{R}\right)^2\left(\frac{C}{L}\right)^4\left(\frac{5}{2}\cos^3\theta - \frac{3}{2}\cos\theta\right) \\
& -50.566\left(\frac{\rho}{R}\right)\left(\frac{C}{L}\right)_s^3\left(\frac{3}{2}\cos^2\theta_s - \frac{1}{2}\right)
\end{aligned}
\tag{2-2}
$$

式中，ρ 为点 A 到地心 O 的距离，R 为地球的赤道半径，C 为月心至地心
的平均距离，L 为 t 时刻月心至地心的距离。

2.2 倾斜

设地面任意点 A 的正常重力为 g_0，它的方向定义为该点的起始垂线，由于固体潮作用，点 A 的重力变为 $g_1 = g_0 + \Delta g$，将 g_1 的方向定义为瞬时垂线，显然，瞬时垂线将偏离起始垂线，此时偏离的夹角即为倾斜固体潮。若地球为刚体，则起潮力作用所引起的垂线偏角称为倾斜固体潮理论值，它在地理南北方向的投影用 ξ 表示，在地理东西方向的投影用 η 表示，它们与起潮位的关系如下：

$$\xi = \frac{1}{g\rho} \sum \frac{\partial w}{\partial \varphi}, \quad \eta = \frac{1}{g\rho} \cos \sum \frac{\partial w}{\partial \lambda} \tag{2-3}$$

式中，g 为点 A 的重力。将式（1-2）代入式（2-3），并将表 1-1 的有关天文常数代入，可得到 ξ、η 及任意方向（设方位角为 α）的倾斜固体潮理论值 φ_α 的实用计算公式（单位：$10^{-3}{''}$）如下：

$$\begin{aligned}
\xi &= 34.833 \left(\frac{g_0}{g}\right)\left(\frac{\rho}{R}\right)\left(\frac{C}{L}\right)^3 \left[\cos\theta(\cos\varphi\sin\delta - \sin\varphi\cos\delta\cos\tau)\right] \\
&+ 0.289 \left(\frac{g_0}{g}\right)\left(\frac{\rho}{R}\right)^2\left(\frac{C}{L}\right)^4 \left[(5\cos^2\theta - 1)(\cos\varphi\sin\delta - \sin\varphi\cos\delta\cos\tau)\right] \\
&+ 15.997 \left(\frac{g_0}{g}\right)\left(\frac{\rho}{R}\right)\left(\frac{C}{L}\right)_s^3 \left[\cos\theta_s(\cos\varphi\sin\delta_s - \sin\varphi\cos\delta_s\cos\tau_s)\right]
\end{aligned}$$

$$\tag{2-4}$$

$$\begin{aligned}
\eta &= 34.833 \left(\frac{g_0}{g}\right)\left(\frac{\rho}{R}\right)\left(\frac{C}{L}\right)^3 (-\cos\theta\cos\delta\sin\tau) \\
&+ 0.289 \left(\frac{g_0}{g}\right)\left(\frac{\rho}{R}\right)^2\left(\frac{C}{L}\right)^4 \left[-\cos\delta\sin\tau(5\cos^2\theta - 1)\right] \\
&+ 15.997 \left(\frac{g_0}{g}\right)\left(\frac{\rho}{R}\right)\left(\frac{C}{L}\right)_s^3 (-\cos\theta_s\cos\delta_s\sin\tau_s)\right] \tag{2-5}
\end{aligned}$$

$$\varphi_\alpha = \xi\cos\alpha + \eta\sin\alpha \tag{2-6}$$

2.3　水平线应变

设地面上一水平线段 AB 的长度为 L，由于固体潮力的作用会引起地壳的涨缩现象，AB 的长度变为 $L+\Delta L$。$\Delta L/L$ 定义为水平线应变固体潮，$\Delta L>0$ 表示地壳受到拉张作用，$\Delta L<0$ 表示地壳受到挤压作用。若地球为刚体，则 ΔL 将恒为 0，即刚体地球不存在潮汐应变问题。因此，研究应变固体潮理论值不能像研究重力和倾斜固体潮那样从刚体地球出发，而只能从真实地球的平均状态出发。对于理想的弹性地球，起潮力所引起的地表水平线应变可由如下公式计算：

$$E_{\varphi\varphi} = \frac{1}{\rho} \sum \left(\frac{\partial u_\varphi}{\partial \varphi} + u_\rho \right)$$

$$E_{\lambda\lambda} = \frac{1}{\rho} \sum \left(\frac{1}{\cos\varphi} \cdot \frac{\partial u_\lambda}{\partial \lambda} - \tan\varphi \cdot u_\rho + u_\rho \right)$$

$$2E_{\varphi\lambda} = \frac{1}{\rho} \sum \left(-\frac{\partial u_\lambda}{\partial \lambda} - u_\lambda \tan\varphi - \frac{1}{\cos\varphi} \cdot \frac{\partial u_\varphi}{\partial \lambda} \right) \qquad (2-7)$$

式中：

$$u_\varphi = \frac{1}{g} \sum L_n \frac{\partial w_n}{\partial \varphi}$$

$$u_\lambda = \frac{1}{g\cos\varphi} \sum L_n \frac{\partial w_n}{\partial \lambda}$$

$$u_\rho = \frac{1}{g} \sum h_n w_n \qquad (2-8)$$

u_φ、u_λ、u_ρ 为位移分量，h_n 和 L_n 为地球的 n 阶勒夫数，φ 为地心纬度。将式（1-2）代入式（2-8），再代入式（2-7），并将表 1-1 的有关天文常数代入，可得各水平线应变分量理论值的实用计算公式（单位：10^{-9}）如下：

$$E_{\varphi\varphi} = 56.291 \left(\frac{g_0}{g}\right)\left(\frac{\rho}{R}\right)\left(\frac{C}{L}\right)^3 \left\{ 3L_2 \left[(\cos\varphi\sin\delta - \sin\varphi\cos\delta\cos\tau)^2 - \cos^2\theta \right] \right.$$

$$\left. + h_2\left(1.5\cos^2\theta - \frac{1}{2}\right) \right\}$$

$$+ 0.934 \left(\frac{g_0}{g}\right)\left(\frac{\rho}{R}\right)^2\left(\frac{C}{L}\right)^4 \Big\{15L_3\cos\theta[(\cos\varphi\sin\delta - \sin\varphi\cos\delta\cos\tau)^2$$

$$- (0.5\cos^2\theta - 0.1)] + h_3(2.5\cos^3\theta - 1.5\cos\theta)\Big\}$$

$$+ 25.851\left(\frac{g_0}{g}\right)\left(\frac{\rho}{R}\right)\left(\frac{C}{L}\right)_s^3 \Big\{3L_2[(\cos\varphi\sin\delta_s - \sin\varphi\cos\delta_s\cos\tau_s)^2 - \cos^2\theta_s]$$

$$+ h_2\left(1.5\cos^2\theta_s - \frac{1}{2}\right)\Big\} \tag{2-9}$$

$$E_{\lambda\lambda} = 56.291\left(\frac{g_0}{g}\right)\left(\frac{\rho}{R}\right)\left(\frac{C}{L}\right)^3 \Big\{-3L_2[\cos\theta\cos\delta\cos\tau/\cos\varphi - (\cos\delta\sin\tau)^2]$$

$$- 3L_2\tan\varphi\cos\theta(\cos\varphi\sin\delta - \sin\varphi\cos\delta\cos\tau) + h_2\left(1.5\cos^2\theta - \frac{1}{2}\right)\Big\}$$

$$+ 0.934\left(\frac{g_0}{g}\right)\left(\frac{\rho}{R}\right)^2\left(\frac{C}{L}\right)^4 \{15L_3[\cos\theta(\cos\delta\sin\tau)^2$$

$$- (0.5\cos^2\theta - 0.1)\cos\theta\cos\tau/\cos\varphi]$$

$$- 15L_3[(0.5\cos^2\theta - 0.1)\cdot\tan\varphi\cdot(\cos\varphi\sin\delta - \sin\varphi\cos\delta\cos\tau_s)]$$

$$+ h_3(2.5\cos^3\theta - 1.5\cos\theta)\}$$

$$+ 25.851\left(\frac{g_0}{g}\right)\left(\frac{\rho}{R}\right)\left(\frac{C}{L}\right)_s^3 \Big\{-3L_2[\cos\theta_s\cos\delta_s\cos\tau_s/\cos\varphi + (\cos\theta_s\sin\tau_s)^2]$$

$$- 3L_2\tan\varphi\cos\theta_s(\cos\varphi\sin\delta_s - \sin\varphi\cos\delta_s\cos\tau_s) + h_2\left(1.5\cos^2\theta_s - \frac{1}{2}\right)\Big\}$$

$$\tag{2-10}$$

$$2E_{\varphi\lambda} = 56.291\left(\frac{g_0}{g}\right)\left(\frac{\rho}{R}\right)\left(\frac{C}{L}\right)^3[6L_2\cos\delta\sin\tau(\cos\varphi\sin\delta - \sin\varphi\cos\delta\cos\tau)]$$

$$+ 0.934\left(\frac{g_0}{g}\right)\left(\frac{\rho}{R}\right)^2\left(\frac{C}{L}\right)^4[30L_3\cos\theta\cos\delta\sin\tau(\cos\varphi\sin\delta - \sin\varphi\cos\delta\cos\tau)]$$

$$+ 25.851\left(\frac{g_0}{g}\right)\left(\frac{\rho}{R}\right)\left(\frac{C}{L}\right)_s^3[6L_2\cos\delta_s\sin\tau_s(\cos\varphi\sin\delta_s - \sin\varphi\cos\delta_s\cos\tau_s)]$$

$$\tag{2-11}$$

$$E_\alpha = E_{\varphi\varphi}\cos^2\alpha + E_{\lambda\lambda}\sin^2\alpha - 2E_{\varphi\lambda}\sin\alpha\cos\alpha \tag{2-12}$$

2.4　面应变和体应变

地表附近某一点的面应变可由水平面上正交的两个方向的伸缩观测值计算，若两个方向分别为正东西、正南北，则有：

$$E_{ff} = e_{\varphi\varphi} + e_{\lambda\lambda} = \frac{1}{\rho g} \sum_{n=2}^{\infty} \left[\frac{l_n}{\cos\varphi} \cdot \frac{\partial}{\partial\varphi} \left(\cos\varphi \cdot \frac{\partial V}{\partial\varphi} \right) + \frac{l_n}{\cos^2\varphi} \cdot \frac{\partial^2 V_n}{\partial\lambda^2} + 2h_n V_n \right]$$

$$(2-13)$$

若是非正东西、非正南北，则有：

$$E_{ff} = e_A + e_{A+90} = \frac{1}{\rho g} \sum_{n=2}^{\infty} \left[\frac{l_n}{\cos\varphi} \cdot \frac{\partial}{\partial\varphi} \left(\cos\varphi \cdot \frac{\partial V}{\partial\varphi} \right) + \frac{l_n}{\cos^2\varphi} \cdot \frac{\partial^2 V_n}{\partial\lambda^2} + 2h_n V_n \right]$$

$$(2-13\text{A})$$

因为 V_n 满足拉普拉斯方程，所以 div grad $V_n = 0$。顾及

$$\frac{\partial V_n}{\partial\rho} = \frac{nV_n}{\rho}, \quad \frac{\partial}{\partial\rho}\left(\rho^2 \frac{\partial V_n}{\partial\rho} \right) = n(n-1)V_n$$

可得：

$$\frac{1}{\cos\varphi} \cdot \frac{\partial}{\partial\varphi}\left(\cos\varphi \frac{\partial V_n}{\partial\rho} \right) + \frac{1}{\cos^2\varphi} \cdot \frac{\partial^2 V_n}{\partial\lambda^2} = -n(n-1)V_n \quad (2-14)$$

于是式（2-13）可以写成：

$$E_{ff} = \frac{1}{\rho g} \sum_{n=2}^{\infty} \left[2h_n - n(n+1)l_n \right] V_n = \frac{1}{\rho g} \sum_{n=2}^{\infty} f_n V_n \quad (2-15)$$

$$f_n = 2h_n - n(n+1)l_n \quad (2-16)$$

由自由表面边界条件，又可得垂直向的应变固体潮：

$$e_{rr} = \frac{\nu}{1-\nu}(e_{\varphi\varphi} + e_{\lambda\lambda}) \quad (2-17)$$

取泊松比 $\nu = 0.25$，则上式可变为：

$$e_{rr} = -\frac{1}{3}(e_{\varphi\varphi} + e_{\lambda\lambda}) = -\frac{1}{3}E_{ff} \quad (2-18)$$

地表的体应变固体潮为：

$$E_{VV} = e_{\theta\theta} + e_{\lambda\lambda} + e_{rr} \quad (2-19)$$

根据式（2-13）和式（2-18），式（2-19）可变为：

$$E_{VV} = e_{ff} + e_{\lambda\lambda} = \frac{2}{3} E_{ff} \tag{2-20}$$

由式（2-7）、式（2-8）、式（2-15）和式（2-20），并使用表1-1的有关天文常数，得到地表的面应变 E_{ff} 的实用计算公式（单位：10^{-9}）如下：

$$E_{ff} = 56.291 \cdot f_2 \left(\frac{g_0}{g}\right)\left(\frac{\rho}{R}\right)\left(\frac{C}{L}\right)^3 \left(\frac{3}{2}\cos^2\theta - \frac{1}{2}\right)$$

$$+ 0.934 \cdot f_3 \left(\frac{g_0}{g}\right)\left(\frac{\rho}{R}\right)^2\left(\frac{C}{L}\right)^4 \left(\frac{5}{2}\cos^3\theta - \frac{3}{2}\cos\theta\right)$$

$$+ 25.851 \cdot f_2 \left(\frac{g_0}{g}\right)\left(\frac{\rho}{R}\right)\left(\frac{C}{L}\right)_s^3 \left(\frac{3}{2}\cos^2\theta_s - \frac{1}{2}\right) \tag{2-21}$$

得到地表的体应变 E_{VV} 的实用计算公式（单位：10^{-8}）如下：

$$E_{VV} = 56.291 \cdot f_2 \cdot \frac{2}{3} \cdot \left(\frac{g_0}{g}\right)\left(\frac{\rho}{R}\right)\left(\frac{C}{L}\right)^3 \left(\frac{3}{2}\cos^2\theta - \frac{1}{2}\right)$$

$$+ 0.934 \cdot f_3 \cdot \frac{2}{3} \cdot \left(\frac{g_0}{g}\right)\left(\frac{\rho}{R}\right)^2\left(\frac{C}{L}\right)^4 \left(\frac{5}{2}\cos^3\theta - \frac{3}{2}\cos\theta\right)$$

$$+ 25.851 \cdot f_2 \cdot \frac{2}{3} \cdot \left(\frac{g_0}{g}\right)\left(\frac{\rho}{R}\right)\left(\frac{C}{L}\right)_s^3 \left(\frac{3}{2}\cos^2\theta_s - \frac{1}{2}\right)$$

$$\tag{2-22}$$

2.5 差应变

目前，国内的钻孔应变仪直接测量的物理量是两个水平正交方向线应变之差，即 $E_{AC} = E_{A+90} - E_A$，这个差值 E_A 称为差应变。对于理想的弹性地球，固体潮力所引起的地面附近钻孔的水平差应变根据如下公式计算：

$$E_A = -\cos 2\alpha (E_{\varphi\varphi} - E_{\lambda\lambda} + 2\sin 2\alpha \cdot E_{\varphi\lambda}) \tag{2-23}$$

式（2-23）表明，可先计算出水平线应变理论的三个分量，再按该式计算水平差应变潮汐理论值。

2.6　天顶距公式计算固体潮理论值的步骤

2.6.1　计算准备

由式 (2-2)、(2-4)、(2-5)、(2-6)、(2-9)、(2-10)、(2-11)、(2-12)、(2-21)、(2-22)、(2-23) 可以看出，要计算固体潮理论值，首先需要计算出 (ρ/R)、(g_0/g)、(C/L)、$(C/L)_s$、$\cos\theta$、$\cos\theta_s$、$\sin\delta$、$\sin\delta_s$、$\cos\delta\cos\tau$、$\cos\delta_s\cos\tau_s$、$\cos\delta\sin\tau$ 和 $\cos\delta_s\sin\tau_s$ 等值，τ 和 τ_s 分别为月亮和太阳的时角。下面逐一给出这些量的计算表达式。

$$\frac{\rho}{R} = 1 - 0.0032479\sin^2\varphi + \frac{H}{R}$$

B 为测站大地纬度，

$$\frac{g_0}{g} = \frac{1}{1 + 0.0053024\sin^2\varphi - 0.0000059\sin^2(2\varphi)}$$

$$\varphi = B - 0.192424\sin(2B)$$

$$(2-24)$$

式 (2-24) 中，H 为测站高程（单位：m），R 为地球的赤道半径（单位：m），φ 为测站地心纬度。

为了计算其他各量，需引入六个天文参数 τ、s、h、p、N、p_s 和月亮、地球、太阳轨道参数 λ、λ_s、β、ε 等，它们分别是：

τ——以角度表示的平月亮地方时；

s——月亮的平黄经；

h——太阳的平黄经；

p——月亮近地点的平黄经；

N——月亮升交点的平黄经；

p_s——地球近日点的平黄经；

λ——月亮黄经；

λ_s——太阳黄经；

β——月亮黄纬（太阳黄纬 $\beta_s = 0$）；

ε——黄赤交角。

六个天文参数的时速和变化周期见表 2 - 1。

表 2 - 1　六个天文参数的时速和变化周期

参数	时间段	时速/(°/h)	周期
$t = \theta + 180 - h$	平太阳日	15. 0000000	1. 000000 平太阳日
$\theta = t + h - 180$	恒星日	15. 0410686	0. 997270 平太阳日
$\tau = \theta + 180 - s$	平太阴日	14. 4920521	1. 035050 平太阳日
s	回归月	0. 5490165	27. 321582 平太阳日
h	回归年	0. 0410686	365. 242199 平太阳日
p	月亮近地点周期	0. 0046418	8. 847 年
N	月亮升交点周期	0. 0022064	18. 613 年
p_s	地球近日点周期	0. 0000020	20940 年

六个天文参数的计算表达式为：

$$s = 270.43416 + 481267.88314T - 0.001133T^2 + 0.00000189T^3$$
$$h = 279.696678 + 36000.768925T + 0.0003025T^2$$
$$p = 334.329556 + 4069.34033T - 0.010325T^2 - 0.0000125T^3$$
$$N = 259.183275 - 1934.142008T + 0.002077T^2 + 0.000002T^3$$
$$p_s = 281.2208333 + 1.719175T + 0.0004527T^2 + 0.000003T^3$$
$$\tau = t + h - s$$

(2 - 25)

式 (2 - 25) 中，T 为计算时刻相对于 1900 年 1 月 1 日 0 时的儒略世纪数，它可用下面的式 (2 - 26) 计算：

$$T = \frac{[iye \times 365 + (iye - 1)/4 + mda - 0.5 + t_4/24.0]}{36525} \quad (2 - 26)$$

式 (2 - 26) 中，iye 为年数的后两位数字，如 1989 年取 89；第二项 $(iye - 1)/4$ 为 1900 年至计算时刻头一年年底之间的闰年数，例如，对于 1988 年，则该项取 21；mda 为计算年年首至计算日之间的整天数，例如，计算时刻为 1989 年 10 月 17 日，则：

$$mda = 31 + 28 + 31 + 30 + 31 + 30 + 31 + 31 + 30 + 16 = 289$$

t_4 为计算时间的世界时小时值，如为北京时，要减去 8。

轨道参数表达式为：

$$\frac{C}{L} = 1 + 0.0001\big[545\cos(s-p) + 100\cos(s-2h+p) + 82\cos(2s-2h)$$
$$+ 30\cos(2s-2p) + 9\cos(3s-2h-p) + 6\cos(2s-3h+p_s)\big]$$

$$\left(\frac{C}{L}\right)_s = 1 + 0.0001\big[168\cos(h-p_s) + 3\cos(2h-2p_s)\big]$$

$$\varepsilon = 23.45229 - 0.0130125T - 0.000002T^2 + 0.0000005T^3$$

$$\lambda = s + 0.0001\big[1098\sin(s-p) + 222\sin(s-2h+p) + 115\sin(2s-2h)$$
$$+ 37\sin(2s-2p) - 32\sin(h-p_s) - 20\sin(2s-2n) + 10\sin(2h-2p)$$
$$+ 10\sin(s-3h+p+p_s) + 9\sin(3s-2h-p) + 8\sin(2s-3h+p_s)$$
$$+ 7\sin(s-h-p+p_s) - 6\sin(s-h) - 5\sin(s+h-p-p_s)\big]$$

$$\lambda_s = h + 0.0001\big[335\sin(h-p_s) + 4\sin(2h-2p_s)\big]$$

$$\beta = 0.0001\big[895\sin(s-n) + 49\sin(2s-p-n) - 48\sin(p-n)$$
$$+ 30\sin(s-2h+n) + 10\sin(2s-2h+p-n) - 8\sin(2h-p-n)$$
$$+ 6\sin(3s-2h-n)\big]$$

$$(2-27)$$

τ 可用式（2-25）计算，也可用下面的式（2-28）计算：

$$as^0 = (18.64606 + 2400.05126T + 0.0000258T^2) \times 15$$
$$\tau^0 = (t-20) \times 15 + as^0 + L$$

$$(2-28)$$

该式中，t 为用北京时表示的记录时间，L 为测站经度。

天顶距等正余弦表达式为：

$$\cos\theta = \sin\varphi\sin\delta + \cos\varphi\cos\delta\cos H$$
$$\cos\theta_s = \sin\varphi\sin\delta_s + \cos\varphi\cos\delta_s\cos H_s$$
$$\sin\delta = \sin\varepsilon\cos\beta\sin\lambda + \cos\varepsilon\sin\beta$$
$$\sin\delta_s = \sin\varepsilon\sin\lambda_s$$
$$\cos\delta\cos H = \cos\tau\cos\lambda\cos\beta + \sin\tau(\cos\varepsilon\sin\lambda\cos\beta - \sin\varepsilon\sin\beta)$$
$$\cos\delta_s\cos H_s = \cos\tau\cos\lambda_s + \sin\tau\cos\varepsilon\sin\lambda_s$$
$$\cos\delta\sin H = \sin\tau\cos\lambda\cos\beta - \cos\tau(\cos\varepsilon\sin\lambda\cos\beta - \sin\varepsilon\sin\beta)$$
$$\cos\delta_s\sin H_s = \sin\tau\cos\lambda_s - \cos\tau\cos\varepsilon\sin\lambda_s$$

$$(2-29)$$

2.6.2　计算步骤

根据以上各式和各分量的计算公式，可将固体潮理论值计算步骤总结如下：

（1）输入计算点（台站）的经度、纬度、高程、方位角（倾斜、线应变），以及计算时刻的年、月、日和时。

（2）用式（2-24）将地理纬度转化为地心纬度，并计算（ρ/R）、（g_0/g）。

（3）用式（2-25）计算天文参数 s、h、p、N、p_s 等；用式（2-26）计算儒略世纪数 T。

（4）用式（2-27）计算轨道参数（C/L）、（C/L）$_s$、ε、β、λ、λ_s 等。

（5）用式（2-29）计算 $\cos\theta$、$\cos\theta_s$、$\sin\delta$、$\sin\delta_s$、$\cos\delta\cos\tau$、$\cos\delta_s\cos\tau_s$、$\cos\delta\sin\tau$ 和 $\cos\delta_s\sin\tau_s$ 等值。

（6）根据实际的需要，或用式（2-2）计算重力固体潮理论值 Δg；或用式（2-4）—式（2-6）计算出倾斜固体潮理论值 ξ、η、φ_α；或用式（2-9）—式（2-12）计算出水平线应变固体潮理论值 $E_{\varphi\varphi}$、$E_{\lambda\lambda}$、$E_{\varphi\lambda}$、E_α；或用式（2-21）计算面应变 E_{ff}；或用式（2-22）计算体应变 E_{VV}；或用式（2-23）计算差应变 E_A。

实际编程计算中，使用整型数 1～8 作为通道号（程序中用字符"NG"表示，"NG"为全程量）来控制不同量的计算，其中通道 1 计算重力，通道 2 计算静水位和体应变 A（压为负、张为正），通道 3 计算动水位和体应变 B（压为正、张为负），通道 4 计算倾斜，通道 5 计算洞体线应变，通道 6 计算钻孔线应变（通道 5、6 可通用），通道 7 计算差应变、通道 8 计算面应变（详见计算程序使用说明）。

第3章　固体潮理论值的分波计算公式

3.1　起潮力位的调和展开式

起潮力位为调和函数，它可以展开成为无数个简单谐波之和，称为起潮力位的调和展开式。基于起潮力位的调和展开式，可以导出固体潮理论值的分波计算公式如下：

$$\Delta g = \sum GA\cos(\omega t + \varphi) \qquad (3-1)$$

式（3-1）中，Δg 为固体潮某一分量的理论值；G 是测站纬度的函数，称为大地系数；A 为各个分波的振幅系数，它们是常数，由杜德森常数表给出；ω 为分波的角速度，t 为时间，φ 为分波相对某一起始时刻的初相位，$\omega t + \varphi$ 为分波的相位。

3.2　固体潮理论值分波大地系数

§3.2.1～§3.2.4 分别列出分波法计算重力、倾斜、线应变、体应变和面应变固体潮理论值的大地系数，各等式等号左边圆括号内均有两个数字，其中第一个数字表示起潮位的阶数，如 2 为二阶位、3 为三阶位；第二个数字表示波的分类数（又叫类别数），其中 0 为长周期波、1 为周日波、2 为半日波、3 为 1/3 日波。

3.2.1 重力分波大地系数

$$\Delta g(2,0) = -\frac{1}{2}G(1 - 3\sin^2\varphi)$$

$$\Delta g(2,1) = -G\sin 2\varphi$$

$$\Delta g(2,2) = -G\cos 2\varphi$$

$$\Delta g(3,0) = -1.11803G'\sin\varphi(3 - 5\sin^2\varphi)$$

$$\Delta g(3,1) = -0.72618G'\cos\varphi(1 - 5\sin^2\varphi)$$

$$\Delta g(3,2) = -2.59808G'\sin\varphi\cos^2\varphi$$

$$\Delta g(3,3) = -G'\cos^3\varphi$$

$$G = 82.582\left(\frac{\rho}{R}\right)$$

$$G' = 123.872\left(\frac{\rho}{R}\right)^2$$

$$(3-2)$$

3.2.2 倾斜分波大地系数

$$\xi(2,0) = -1.5C_H\sin 2\varphi$$

$$\xi(2,1) = 2C_H\cos 2\varphi$$

$$\xi(2,2) = -C_H\sin 2\varphi$$

$$\xi(3,0) = 1.11803C'_H\cos\varphi(3 - 15\sin^2\varphi)$$

$$\xi(3,1) = 0.72618C'_H\sin\varphi(4 - 15\cos^2\varphi)$$

$$\xi(3,2) = 2.59808C'_H\cos\varphi(3\cos^2\varphi - 2)$$

$$\xi(3,3) = -3C'_H\sin\varphi\cos^2\varphi$$

$$(3-3)$$

$$\eta(2,0) = \eta(3,0) = 0$$

$$\eta(2,1) = 2C_H\sin\varphi$$

$$\eta(2,2) = 2C_H\cos\varphi$$

$$\eta(3,1) = 0.72618C'_H(1 - 5\sin^2\varphi)$$

$$\eta(3,2) = 2.59808C'_H\sin2\varphi$$

$$\eta(3,3) = 3C'_H\cos^2\varphi$$

$$C_H = 8.708\left(\frac{\rho}{R}\right)\left(\frac{g_0}{g}\right)$$

$$C'_H = C_H\left(\frac{\rho}{R}\right)$$

$$(3 - 4)$$

3.2.3　线应变分波大地系数

$$E_{\varphi\varphi}(2,0) = C_E\left[-3L_2\cos2\varphi + \frac{1}{2}h_2(1 - 3\sin^2\varphi) \right]$$

$$E_{\varphi\varphi}(2,1) = C_E(-4L_2 + h_2)\sin2\varphi$$

$$E_{\varphi\varphi}(2,2) = C_E(-2L_2\cos2\varphi + h_2\cos^2\varphi)$$

$$E_{\varphi\varphi}(3,0) = 1.11803C'_E\sin\varphi\left[3L_3(4 - 15\cos^2\varphi) + h_3(3 - 5\sin^2\varphi)\right]$$

$$E_{\varphi\varphi}(3,1) = 0.72618C'_E\cos\varphi\left[L_3(45\sin^2\varphi - 11) + h_3(1 - 5\sin^2\varphi)\right]$$

$$E_{\varphi\varphi}(3,2) = 2.59808C'_E\sin\varphi\left[L_3(2 - 9\cos^2\varphi) + h_3\cos^2\varphi\right]$$

$$E_{\varphi\varphi}(3,3) = C'_E\cos\varphi\left[3L_3(3\sin^2\varphi - 1) + h_3\cos^2\varphi\right]$$

$$(3 - 5)$$

$$E_{\lambda\lambda}(2,0) = C_E\left[3L_2\sin^2\varphi + \frac{1}{2}h_2(1 - 3\sin^2\varphi)\right]$$

$$E_{\lambda\lambda}(2,1) = C_E\sin2\varphi(-2L_2 + h_2)$$

$$E_{\lambda\lambda}(2,2) = C_E\left[-2L_2(1 + \cos^2\varphi) + h_2\cos^2\varphi\right]$$

$$E_{\lambda\lambda}(3,0) = 1.11803C'_E\sin\varphi\left[-3L_3(1 - 5\sin^2\varphi) + h_3(3 - 5\sin^2\varphi)\right]$$

$$E_{\lambda\lambda}(3,1) = 0.72618C'_E\cos\varphi\left[L_3(15\sin^2\varphi - 1) + h_3(1 - 5\sin^2\varphi)\right]$$

$$E_{\lambda\lambda}(3,2) = 2.59808C'_E\sin\varphi\left[L_3(3\sin^2\varphi - 5) + h_3\cos^2\varphi\right]$$

$$E_{\lambda\lambda}(3,3) = C'_E\cos\varphi\left[-3L_3(\cos^2\varphi + 2) + h_3\cos^2\varphi\right]$$

$$(3 - 6)$$

$$2E_{\varphi\lambda}(2,0) = 2E_{\varphi\lambda}(3,0) = 0$$

$$2E_{\varphi\lambda}(2,1) = -4L_2 C_E \cos\varphi$$

$$2E_{\varphi\lambda}(2,2) = 4L_2 C_E \sin\varphi$$

$$2E_{\varphi\lambda}(3,1) = -0.72618 C'_E L_3 (10\sin2\varphi)$$

$$2E_{\varphi\lambda}(3,2) = -2.59808 C'_E (4L_3 \cos2\varphi)$$

$$2E_{\varphi\lambda}(3,3) = 6C'_E L_3 \sin2\varphi$$

$$C_E = 42.218 \left(\frac{\rho}{R}\right)\left(\frac{g_0}{g}\right)$$

$$C'_E = C_E \left(\frac{\rho}{R}\right)$$

$$(3-7)$$

3.2.4 体应变和面应变分波大地系数

以下是体应变分波大地系数。

$$E_{VV}(2,0) = \frac{1}{2} C_V f_2 (1 - 3\sin^2\varphi)$$

$$E_{VV}(2,1) = C_V f_2 \sin2\varphi$$

$$E_{VV}(2,2) = C_V f_2 \cos^2\varphi$$

$$E_{VV}(3,0) = 1.11803 C'_V f_3 \cos\varphi (1 - 5\sin^2\varphi)$$

$$E_{VV}(3,1) = 0.72618 C'_V f_3 \cos\varphi (1 - 5\sin^2\varphi)$$

$$E_{VV}(3,2) = 2.59808 C'_V f_3 \sin\varphi\cos^2\varphi$$

$$E_{VV}(3,3) = C'_V f_3 \cos^3\varphi$$

$$C_V = 2.8145 \left(\frac{\rho}{R}\right)\left(\frac{g_0}{g}\right)$$

$$C'_V = C_V \left(\frac{\rho}{R}\right)$$

$$(3-8)$$

面应变分波大地系数为体应变分波大地系数扩大 1.5 倍。

3.3　杜德森常数表

3.3.1　幅角数

杜德森常数表（附表 1，第 344 页）除给出各分波的振幅系数外，还给出了各个分波的幅角数。每个分波都有 6 个幅角数，依次以 a、b、c、d、e、f 示之。a 为类别数，其取值有 0、1、2、3（分别表示长周期、周日、半日、1/3 日波群）。因为 b、c、d、e、f 的绝大部分值都介于 ±4 之间，为了使其在常数表中恒为正值，附表 1 中所给出的值均加了 5，这样每个数均成为一位的整型数，再将 a—f 这 6 个数依次连接在一起，幅角数就成为一个六位的整型数。但杜德森常数表给出的幅角数不是六位而是七位，幅角数中前六位依次是 a、$b+5$、$c+5$、$d+5$、$e+5$、$f+5$，第七位则是分波的阶数，如 2 表示该分波来自二阶位，3 表示来自三阶位。对于个别分波，如其 b—f 的值大于 4，则在计算程序中用赋值的办法给出其应有值。

3.3.2　分波的角速度

各分波的角速度 ω 与幅角数（a—f）和六个天文参数变化率的关系如下：

$$\omega = a\tau' + bs' + ch' + dp' - eN' + fp_s' \qquad (3-9)$$

式（3-9）中，τ'、s'、h'、p'、N'、p_s' 为六个天文参数的每小时速度。

3.3.3　分波的相位及其校正

分波相位由下式计算：

$$\omega t + \varphi = a\tau + bs + ch + dp - eN + fp_s + 90q \qquad (3-10)$$

式（3-10）中的 q 为幅角校正系数。在杜德森引潮位展开式中，潮波幅角函数有正弦和余弦之分，而计算时统一用余弦，因而产生了幅角校正问题，q 的取值有三种情况：或为 0，或为 1，或为 -1。不同分量与不同类分波之 q 的取值见表 3-1。

表 3-1　不同分量与不同类分波的 q 值

分量	长周期波		周日波		半日波		1/3 日波
波阶数	2 阶	3 阶	2 阶	3 阶	2 阶	3 阶	3 阶
重力 g	0	-1	-1	0	0	-1	0
倾斜 ζ	0	-1	-1	0	0	-1	0
倾斜 η	—	—	0	1	1	0	1
应变 $e_{\lambda\lambda}$	0	-1	-1	0	0	-1	0
应变 $e_{\varphi\varphi}$	0	-1	-1	0	0	-1	0
应变 $e_{\varphi\lambda}$	—	—	0	1	1	0	1

3.4　分波法计算固体潮理论值的步骤

参照天顶距法计算固体潮理论值的计算步骤，可得分波法计算固体潮理论值的计算步骤如下：

（1）输入计算点（台站）的经度、纬度、高程、方位角（倾斜、线应变），以及计算时刻的年、月、日和时。

（2）用式（2-24）将地理纬度转化为地心纬度，并计算（ρ/R）、（g_0/g）。

（3）用式（3-2）—式（3-8）计算大地系数。

（4）用式（2-25）计算天文参数 s、h、p、N、p_s 等；用式（2-26）计算儒略世纪数 T。

（5）用表 2-1 所给出的各天文参数的时速值和式（3-9）计算各分波的角速度。

（6）用式（3-10）计算出各分波的相位 $\omega t + \varphi$。

（7）用式（3-1）计算固体潮理论值。

第 4 章　NAKAI 法拟合检验

4.1　基本原理

在固体潮汐观测资料的预处理中，NAKAI 拟合检验方法的使用最为广泛，一般是通过其计算结果去识别质量差的数据（零星的离散数据乃至不好的数据段），它所依据的误差方程式为：

$$V_t = aR_t + bR'_t + \sum_{i=0}^{2} k_l t^l - Y_t$$
$$b = adt$$

$$(4-1)$$

式（4-1）中，Y_t 是 t 时刻的固体潮观测值，R_t 和 R'_t 分别是 t 时刻的固体潮理论值及其变化率（理论值的一阶微商值），a 为观测振幅与理论振幅之比（通常称为潮汐响应振幅比），b 为滞后因子（$b = adt$），k_l 为漂移多项式系数（$l = 0，1，2$）。基于式（4-1）所要求解的未知数为 a、b、k_0、k_1、k_2，只要观测值个数大于 5，即可基于最小二乘法解出这些未知数。例如：在逐日拟合计算中，对满 1 天的整点值数据将有 24 个观测方程，对满 1 天的分钟值数据有 1440 个观测方程，在双日（维尼迪柯夫调和分析）拟合计算中，对满 2 天数据有 48 个观测方程。所得结果 a 与仪器的灵敏度关系密切，b 与时间服务系统密切，k_0 与数据段的平均基线关系密切，k_1 与数据序列曲线走势的斜率关系密切。由于固体潮观测曲线基本呈线性，通过对比计算结果发现，在逐日拟合计算中，如果忽略式（4-1）中的二次项系数 k_2 进行计算，则所获得的 k_1 值更接近真实值。

4.2　固体潮理论值天顶距微分公式

NAKAI 拟合检验计算中需要计算 R'_t，唐九安曾给出固体潮理论值的天顶距微分公式（唐九安，1990），但忽略了月亮和太阳（C/L）随时间变化对微分值的影响。以中纬度地区 1 个月理论值为例的计算结果表明：本项对重力微分值的最大影响为 0.2 微伽，对应变微分值的最大影响为 0.1×10^{-9}，对倾斜微分值的最大影响为 $0.05 \times 10^{-3}''$。

4.2.1　固体潮理论值天顶距公式的简化表达式

为书写简化，设置 $[DC]$ 作为替换变量，令：
$$[DC] = (d_1, d_2, d_3, d_4, d_5, d_6, c_1, c_2, c_3, c_4)$$
其中：

$d_1 = \sin\delta = \sin\varepsilon\sin\lambda\cos\beta + \cos\varepsilon\sin\beta$

$d_2 = \sin\delta_s = \sin\varepsilon\sin\lambda_s$

$d_3 = \cos\delta\cos H = \cos\tau\cos\lambda\cos\beta + \sin(\cos\varepsilon\sin\lambda\cos\beta - \sin\varepsilon\sin\beta)$

$d_4 = \cos\delta_s\cos H_s = \cos\tau\cos\lambda_s + \sin\tau\cos\varepsilon\sin\lambda_s$

$d_5 = \cos\delta\sin H = \sin\tau\cos\lambda\cos\beta - \cos\tau(\cos\varepsilon\sin\lambda\cos\beta - \sin\varepsilon\sin\beta)$

$d_6 = \cos\delta_s\sin H_s = \sin\tau\cos\lambda_s - \cos\tau\cos\varepsilon\sin\lambda_s$

$c_1 = \cos\theta = \sin\varphi\sin\delta + \cos\varphi\cos\delta\cos H = \sin\varphi \cdot d_1 + \cos\varphi \cdot d_3$

$c_2 = \cos\theta_s = \sin\varphi\sin\delta_s + \cos\varphi\cos\delta_s\cos H_s = \sin\varphi \cdot d_2 + \cos\varphi \cdot d_4$

$c_3 = \cos\varphi\sin\delta - \sin\varphi\cos\delta\cos H = \cos\varphi \cdot d_1 - \sin\varphi \cdot d_3$

$c_4 = \cos\varphi\sin\delta_s - \sin\varphi\cos\delta_s\cos H_s = \cos\varphi \cdot d_2 - \sin\varphi \cdot d_4$

$$(4-2)$$

将式（4-2）代入式（2-2）、式（2-4）—式（2-6）、式（2-9）—式（2-12）、式（2-21）、式（2-22），可得到各个测项分量固体潮理论值天顶距计算公式的简化表达式如下：

重力（单位：10^{-8} m/s^2）：

$$\Delta g = -110.109\left(\frac{\rho}{R}\right)\left(\frac{C}{L}\right)^3\left(\frac{3}{2}c_1^2 - \frac{1}{2}\right)$$

$$-2.740\left(\frac{\rho}{R}\right)^2\left(\frac{C}{L}\right)^4\left(\frac{5}{2}c_1^3 - \frac{3}{2}c_1\right)$$

$$-50.566\left(\frac{\rho}{R}\right)\left(\frac{C}{L}\right)_s^3\left(\frac{3}{2}c_2^2 - \frac{1}{2}\right)$$

$$(4-3)$$

倾斜（单位：$10^{-3}{''}$）：

$$\xi = 34.833\left(\frac{g_0}{g}\right)\left(\frac{\rho}{R}\right)\left(\frac{C}{L}\right)^3 \cdot c_1 c_3$$

$$+ 0.289\left(\frac{g_0}{g}\right)\left(\frac{\rho}{R}\right)^2\left(\frac{C}{L}\right)^4 (5c_1^2 - 1)c_3$$

$$+ 15.997\left(\frac{g_0}{g}\right)\left(\frac{\rho}{R}\right)\left(\frac{C}{L}\right)_s^3 \cdot c_2 c_4 \qquad (4-4)$$

$$\eta = 34.833\left(\frac{g_0}{g}\right)\left(\frac{\rho}{R}\right)\left(\frac{C}{L}\right)^3 (-c_1) \cdot d_5$$

$$+ 0.289\left(\frac{g_0}{g}\right)\left(\frac{\rho}{R}\right)^2\left(\frac{C}{L}\right)^4 (1 - 5c_1^2)d_5$$

$$+ 15.997\left(\frac{g_0}{g}\right)\left(\frac{\rho}{R}\right)\left(\frac{C}{L}\right)_s^4 (-c_2) \cdot d_6 \qquad (4-5)$$

$$\varphi_\alpha = \xi\cos\alpha + \eta\sin\alpha \qquad (4-6)$$

线应变（单位：10^{-9}）：

$$E_{\varphi\varphi} = 56.291\left(\frac{g_0}{g}\right)\left(\frac{\rho}{R}\right)\left(\frac{C}{L}\right)^3\left[3L_2(c_3^2 - c_1^2) + h_2\left(1.5c_1^2 - \frac{1}{2}\right)\right]$$

$$+ 0.934\left(\frac{g_0}{g}\right)\left(\frac{\rho}{R}\right)\left(\frac{C}{L}\right)^4\left[15L_3 c_1(c_3^2 - 0.5c_1^2 + 0.1)\right.$$

$$+ h_3(2.5c_1^3 - 1.5c_1)\left.\right] + 2.5851\left(\frac{g_0}{g}\right)\left(\frac{\rho}{R}\right)\left(\frac{C}{L}\right)_s^3\left[3L_2(c_4^2 - c_2^2)\right.$$

$$+ h_2\left(1.5c_2^2 - \frac{1}{2}\right)\left.\right] \qquad (4-7)$$

$$E_{\lambda\lambda} = 56.291\left(\frac{g_0}{g}\right)\left(\frac{\rho}{R}\right)\left(\frac{C}{L}\right)^3\left[-3L_2\left(\frac{1}{\cos\varphi}c_1 \cdot d_3 - d_5^2 + \tan\varphi \cdot c_1 c_3\right)\right.$$

$$+ h_2\left(1.5c_1^2 - \frac{1}{2}\right)\left.\right] + 0.934\left(\frac{g_0}{g}\right)\left(\frac{\rho}{R}\right)^2\left(\frac{C}{L}\right)^4\left\{15L_3\left[c_1 \cdot d_5^2\right.\right.$$

$$- (0.5c_1^2 - 0.1)\left(\frac{1}{\cos} \cdot d_3 + \tan\varphi \cdot c_3\right)\Big] + h_3(2.5c_1^2 - 1.5)c_1\Big\}$$

$$+ 25.851\left(\frac{g_0}{g}\right)\left(\frac{\rho}{R}\right)\left(\frac{C}{L}\right)_s^3\Big[-3L_2\left(\frac{1}{\cos\varphi}c_2 d_4 - d_6^2 + \tan\varphi \cdot c_2 c_4\right)$$

$$+ h_2\left(1.5c_2^2 - \frac{1}{2}\right)\Big]\Big]$$

$$(4-8)$$

$$2E_{\varphi\lambda} = 56.291\left(\frac{g_0}{g}\right)\left(\frac{\rho}{R}\right)\left(\frac{C}{L}\right)^3 \cdot 6L_2 d_5 c_3$$

$$+ 0.934\left(\frac{g_0}{g}\right)\left(\frac{\rho}{R}\right)^2\left(\frac{C}{L}\right)^4 \cdot 30L_3 c_1 d_5 c_3$$

$$+ 25.851\left(\frac{g_0}{g}\right)\left(\frac{\rho}{R}\right)^2\left(\frac{C}{L}\right)_s^3 \cdot 6L_2 d_6 c_4 \qquad (4-9)$$

$$E_\alpha = E_{\varphi\varphi}\cos^2\alpha + E_{\lambda\lambda}\sin^2\alpha - 2E_{\varphi\lambda}\sin\alpha\cos\alpha \qquad (4-10)$$

面应变（单位：10^{-9}）：

$$E_{ff} = 56.291 f_2\left(\frac{g_0}{g}\right)\left(\frac{\rho}{R}\right)\left(\frac{C}{L}\right)^3\left(\frac{3}{2}c_1^2 - \frac{1}{2}\right)$$

$$+ 0.934 f_3\left(\frac{g_0}{g}\right)\left(\frac{\rho}{R}\right)^2\left(\frac{C}{L}\right)^4\left(\frac{5}{2}c_2^3 - \frac{3}{2}c_1\right)$$

$$+ 25.851 f_2\left(\frac{g_0}{g}\right)\left(\frac{\rho}{R}\right)\left(\frac{C}{L}\right)_s^3\left(\frac{3}{2}c_2^2 - \frac{1}{2}\right) \qquad (4-11)$$

体应变（单位：10^{-9}）：

$$E_{VV} = 56.291 f_2 \cdot \frac{2}{3}\left(\frac{g_0}{g}\right)\left(\frac{\rho}{R}\right)\left(\frac{C}{L}\right)^3\left(\frac{3}{2}c_1^2 - \frac{1}{2}\right)$$

$$+ 0.934 f_2 \cdot \frac{2}{3}\left(\frac{g_0}{g}\right)\left(\frac{\rho}{R}\right)^2\left(\frac{C}{L}\right)^4\left(\frac{5}{2}c_1^3 - \frac{3}{2}c_1\right)$$

$$+ 25.851 f_2 \cdot \frac{2}{3}\left(\frac{g_0}{g}\right)\left(\frac{\rho}{R}\right)\left(\frac{C}{L}\right)_s^3\left(\frac{3}{2}c_2^2 - \frac{1}{2}\right) \qquad (4-12)$$

4.2.2　固体潮理论值天顶距微分公式的简化表达式

设 $[DC]$ 的微分表达式为：

$$[DC]' = (d_1', d_2', d_3', d_4', d_5', d_6', c_1', c_2', c_3', c_4')$$

$$= (d_{11}, d_{22}, d_{33}, d_{44}, d_{55}, d_{66}, c_{11}, c_{22}, c_{33}, c_{44}) \qquad (4-13)$$

基于式（4-13），可写出式（4-3）—式（4-12）的微分表达式如下：

重力（单位：10^{-8} ms^{-2}/h）：

$$\Delta g' = -110.109 \left(\frac{\rho}{R}\right)\left(\frac{C}{L}\right)^3 \cdot 3c_1 c_{11}$$

$$-2.740 \left(\frac{\rho}{R}\right)^2 \left(\frac{C}{L}\right)^4 \cdot (7.5c_1^2 - 1.5)c_{11}$$

$$-50.566 \left(\frac{\rho}{R}\right)\left(\frac{C}{L}\right)_s^3 \cdot 3c_2 c_{22}$$

$$-110.109 \left(\frac{\rho}{R}\right)\left(\frac{C}{L}\right)^2 \left(\frac{3}{2}c_1^2 - \frac{1}{2}\right) \cdot 3\left(\frac{C}{L}\right)'$$

$$-2.740 \left(\frac{\rho}{R}\right)^2 \left(\frac{C}{L}\right)^3 \left(\frac{5}{2}c_1^3 - \frac{3}{2}c_1\right) \cdot 4\left(\frac{C}{L}\right)'$$

$$-50.566 \left(\frac{\rho}{R}\right)^2 \left(\frac{C}{L}\right)_s^3 \left(\frac{3}{2}c_2^2 - \frac{1}{2}\right) \cdot 3\left(\frac{C}{L}\right)'_s \qquad (4-14)$$

倾斜（单位：$10^{-3}''$/h）：

$$\xi' = 34.833 \left(\frac{g_0}{g}\right)\left(\frac{\rho}{R}\right)\left(\frac{C}{L}\right)^3 (c_{11}c_3 + c_1 c_{33})$$

$$+0.289 \left(\frac{g_0}{g}\right)\left(\frac{\rho}{R}\right)^2 \left(\frac{C}{L}\right)^4 (10c_1 c_{11}c_3 + 5c_1^2 c_{33} - c_{33})$$

$$+15.997 \left(\frac{g_0}{g}\right)\left(\frac{\rho}{R}\right)\left(\frac{C}{L}\right)_s^3 (-c_{22}c_4 + c_2 c_{44})$$

$$+34.833 \left(\frac{g_0}{g}\right)\left(\frac{\rho}{R}\right)\left(\frac{C}{L}\right)^2 c_1 c_3 \cdot 3\left(\frac{C}{L}\right)'$$

$$+0.289 \left(\frac{g_0}{g}\right)\left(\frac{\rho}{R}\right)^2 \left(\frac{C}{L}\right)^3 (5c_1^2 - 1)c_3 \cdot 4\left(\frac{C}{L}\right)'$$

$$+15.997 \left(\frac{g_0}{g}\right)\left(\frac{\rho}{R}\right)\left(\frac{C}{L}\right)_s^3 c_2 c_4 \cdot 3\left(\frac{C}{L}\right)'_s \qquad (4-15)$$

$$\eta' = 34.833 \left(\frac{g_0}{g}\right)\left(\frac{\rho}{R}\right)\left(\frac{C}{L}\right)^3 (-c_{11}d_5 - c_1 d_{55})$$

$$+0.289 \left(\frac{g_0}{g}\right)\left(\frac{\rho}{R}\right)^2 \left(\frac{C}{L}\right)^4 [-10c_1 c_{11}d_5 - (5c_1^2 - 1)d_{55}]$$

$$+ 15.997\left(\frac{g_0}{g}\right)\left(\frac{\rho}{R}\right)\left(\frac{C}{L}\right)_s^3 (-c_{22}d_6 - c_2 d_{66})$$

$$+ 34.833\left(\frac{g_0}{g}\right)\left(\frac{\rho}{R}\right)\left(\frac{C}{L}\right)^2 (-c_1)d_5 \cdot 3\left(\frac{C}{L}\right)'$$

$$+ 0.289\left(\frac{g_0}{g}\right)\left(\frac{\rho}{R}\right)^2\left(\frac{C}{L}\right)^3 (1 - 5c_1^2)d_5 \cdot 4\left(\frac{C}{L}\right)'$$

$$+ 15.997\left(\frac{g_0}{g}\right)\left(\frac{\rho}{R}\right)\left(\frac{C}{L}\right)_s^2 (-c_2)d_6 \cdot 3\left(\frac{C}{L}\right)'_s \qquad (4-16)$$

$$\varphi_\alpha = \xi'\cos\alpha + \eta'\sin\alpha \qquad (4-17)$$

水平线应变（单位：$10^{-9}/\mathrm{h}$）：

$$E'_{\varphi\varphi} = 56.291\left(\frac{g_0}{g}\right)\left(\frac{\rho}{R}\right)\left(\frac{C}{L}\right)^3 [6L_2(c_3 c_{33} - c_1 c_{11}) + 3h_2 c_1 c_{11}]$$

$$+ 0.934\left(\frac{g_0}{g}\right)\left(\frac{\rho}{R}\right)\left(\frac{C}{L}\right)^4 \{15L_3[c_{11}(c_3^2 - 0.5c_1^2 + 0.1) +$$

$$c_1(2c_3 c_{33} - c_1 c_{11})] + h_3(7.5c_1^2 - 1.5)c_{11}]\}$$

$$+ 25.851\left(\frac{g_0}{g}\right)\left(\frac{\rho}{R}\right)\left(\frac{C}{L}\right)_s^3 \cdot [6L_2(c_4 c_{44} - c_2 c_{22}) + 3h_2 c_2 c_{22}]$$

$$+ 56.291\left(\frac{g_0}{g}\right)\left(\frac{\rho}{R}\right)\left(\frac{C}{L}\right)^2 \cdot \left[3L_2(c_3^2 - c_1^2) + h_2\left(1.5c_1^2 - \frac{1}{2}\right)\right] \cdot 3\left(\frac{C}{L}\right)'$$

$$+ 0.934\left(\frac{g_0}{g}\right)\left(\frac{\rho}{R}\right)\left(\frac{C}{L}\right)^3 \cdot [15L_3 c_1(c_3^2 - 0.5c_1^2 + 0.1) + h_3$$

$$(2.5c_1^3 - 1.5c_1)] \cdot 4\left(\frac{C}{L}\right)' + 25.851\left(\frac{g_0}{g}\right)\left(\frac{\rho}{R}\right)\left(\frac{C}{L}\right)_s^2$$

$$\left[3L_2(c_4^2 - c_2^2) + h_2\left(1.5c_2^2 - \frac{1}{2}\right)\right] \cdot 3\left(\frac{C}{L}\right)'_s$$

$$(4-18)$$

$$E'_{\lambda\lambda} = 56.291\left(\frac{g_0}{g}\right)\left(\frac{\rho}{R}\right)\left(\frac{C}{L}\right)^3 \cdot \left\{-3L_2\left[\frac{1}{\cos\varphi}(c_{11}d_3 + c_1 d_{33}) - 2d_5 d_{55}\right]\right.$$

$$+ \tan\varphi(c_{11}c_3 + c_1 c_{33}) + 3h_2 c_1 c_{11}\} + 0.934\left(\frac{g_0}{g}\right)\left(\frac{\rho}{R}\right)^2\left(\frac{C}{L}\right)^4 \cdot$$

$$\left\{15L_3\left[c_{11}d_5^2 + 2c_1 d_5 d_{55} - c_1 c_{11}\left(d_3\frac{1}{\cos\varphi} + c_3\tan\varphi\right)\right.\right.$$

$$\left.- (0.5c_1^2 - 0.1)\left(d_3\frac{1}{\cos\varphi} + c_{33}\tan\varphi\right)\right] + h_3(7.5c_1^2 - 1.5)c_{11}\}$$

$$+ 25.851 \left(\frac{g_0}{g}\right)\left(\frac{\rho}{R}\right)\left(\frac{C}{L}\right)_s^3 \cdot \left\{ -3L_2 \left[\frac{1}{\cos\varphi}(c_{22}d_4 + c_2 d_{44}) - 2d_6 d_{66} \right.\right.$$

$$\left.\left. + \tan\varphi(c_{22} \cdot c_4 + c_2 c_{44}) \right] + 3h_2 c_2 c_{22} \right\} + 56.291 \left(\frac{g_0}{g}\right)\left(\frac{\rho}{R}\right)\left(\frac{C}{L}\right)^2 \cdot$$

$$\left[-3L_2 \left(\frac{1}{\cos\varphi}c_1 \cdot d_3 - d_5^2 + c_1 c_3 \tan\varphi \right) + h_2 \left(1.5 c_1^2 - \frac{1}{2} \right) \right] \cdot$$

$$3\left(\frac{C}{L}\right)' + 0.934 \left(\frac{g_0}{g}\right)\left(\frac{\rho}{R}\right)^2 \left(\frac{C}{L}\right)^3 \left\{ 15L_3 \left[c_1 d_5^2 - (0.5 c_1^2 - 0.1) \cdot \right.\right.$$

$$\left.\left. \left(d_3 \frac{1}{\cos\varphi} + c_3 \tan\varphi \right) \right] + h_3 (2.5 c_1^3 - 1.5 c_1) \right\} \cdot 4\left(\frac{C}{L}\right)'$$

$$+ 25.851 \left(\frac{g_0}{g}\right)\left(\frac{\rho}{R}\right)\left(\frac{C}{L}\right)_s^2 \left\{ \left[-3L_2 \left(\frac{1}{\cos\varphi}c_2 d_4 - d_6^2 \right) + c_2 c_4 \tan\varphi \right] \right.$$

$$\left. + h_2 \left(1.5 c_2^2 - \frac{1}{2} \right) \right] \cdot 3\left(\frac{C}{L}\right)_s' \qquad (4-19)$$

$$2E'_{\varphi\lambda} = 56.291 \left(\frac{g_0}{g}\right)\left(\frac{\rho}{R}\right)\left(\frac{C}{L}\right)^3 \cdot 6L_2 (d_{55}c_3 + d_5 c_{33})$$

$$+ 0.934 \left(\frac{g_0}{g}\right)\left(\frac{\rho}{R}\right)^2 \left(\frac{C}{L}\right)^4 \cdot 30L_3 \cdot (c_{11}d_5 c_3 + c_1 d_{55} c_3 + c_1 d_5 c_{33})$$

$$+ 25.851 \left(\frac{g_0}{g}\right)\left(\frac{\rho}{R}\right)\left(\frac{C}{L}\right)_s^3 \cdot 6L_2 \cdot (d_{66}c_4 + d_6 c_{44})$$

$$+ 56.291 \left(\frac{g_0}{g}\right)\left(\frac{\rho}{R}\right)\left(\frac{C}{L}\right)^2 \cdot 6L_2 d_5 c_3 \cdot 3\left(\frac{C}{L}\right)'$$

$$+ 0.934 \left(\frac{g_0}{g}\right)\left(\frac{\rho}{R}\right)^2 \left(\frac{C}{L}\right)^3 \cdot (30L_3 c_1 d_5 c_3) \cdot 4\left(\frac{C}{L}\right)'$$

$$+ 25.851 \left(\frac{g_0}{g}\right)\left(\frac{\rho}{R}\right)\left(\frac{C}{L}\right)_s^2 \cdot (6L_2 d_6 c_4) \cdot 3\left(\frac{C}{L}\right)_s' \qquad (4-20)$$

$$E'_\alpha = E'_{\varphi\varphi} \cos^2\alpha + E'_{\lambda\lambda} \sin^2\alpha - 2E'_{\varphi\lambda} \sin\alpha \cos\alpha \qquad (4-21)$$

面应变（单位：10^{-9}/h）：

$$E'_{ff} = 56.291 f_2 \left(\frac{g_0}{g}\right)\left(\frac{\rho}{R}\right)\left(\frac{C}{L}\right)^3 \cdot 3c_1 c_{11}$$

$$+ 0.934 f_3 \left(\frac{g_0}{g}\right)\left(\frac{\rho}{R}\right)^2 \left(\frac{C}{L}\right)^4 \left(\frac{15}{2} c_1^2 - \frac{3}{2} c_{11} \right)$$

$$+ 25.851 f_2 \left(\frac{g_0}{g}\right)\left(\frac{\rho}{R}\right)\left(\frac{C}{L}\right)_s^3 \cdot 3c_2 c_{22}$$

$$+ 56.291 f_2 \left(\frac{g_0}{g}\right)\left(\frac{\rho}{R}\right)\left(\frac{C}{L}\right)^2 \left(\frac{3}{2}c_1^2 - \frac{1}{2}\right) \cdot 3\left(\frac{C}{L}\right)'$$

$$+ 0.934 f_3 \left(\frac{g_0}{g}\right)\left(\frac{\rho}{R}\right)^2\left(\frac{C}{L}\right)^3 \left(\frac{5}{2}c_1^3 - \frac{3}{2}c_1\right) \cdot 4\left(\frac{C}{L}\right)'$$

$$+ 25.851 f_2 \left(\frac{g_0}{g}\right)\left(\frac{\rho}{R}\right)\left(\frac{C}{L}\right)_s^2 \left(\frac{3}{2}c_2^2 - \frac{1}{2}\right) \cdot 3\left(\frac{C}{L}\right)_s' \qquad (4-22)$$

体应变（单位：$10^{-9}/h$）：

$$E'_{VV} = 56.291 f_2 \cdot \frac{2}{3}\left(\frac{g_0}{g}\right)\left(\frac{\rho}{R}\right)\left(\frac{C}{L}\right)^3 \cdot 3c_1 c_{11}$$

$$+ 0.934 f_3 \cdot \frac{2}{3}\left(\frac{g_0}{g}\right)\left(\frac{\rho}{R}\right)^2\left(\frac{C}{L}\right)^4 \left(\frac{15}{2}c_1^2 - \frac{3}{2}\right) \cdot c_{11}$$

$$+ 25.851 f_2 \cdot \frac{2}{3}\left(\frac{g_0}{g}\right)\left(\frac{\rho}{R}\right)\left(\frac{C}{L}\right)_s^3 \cdot 3c_2 c_{22}$$

$$+ 56.291 f_2 \cdot \frac{2}{3}\left(\frac{g_0}{g}\right)\left(\frac{\rho}{R}\right)\left(\frac{C}{L}\right)^2 \left(\frac{3}{2}c_1^2 - \frac{1}{2}\right) \cdot 3\left(\frac{C}{L}\right)'$$

$$+ 0.934 f_3 \cdot \frac{2}{3}\left(\frac{g_0}{g}\right)\left(\frac{\rho}{R}\right)^2\left(\frac{C}{L}\right)^3 \left(\frac{5}{2}c_1^3 - \frac{3}{2}c_1\right) \cdot 4\left(\frac{C}{L}\right)'$$

$$+ 25.851 f_2 \cdot \frac{2}{3}\left(\frac{g_0}{g}\right)\left(\frac{\rho}{R}\right)\left(\frac{C}{L}\right)_s^2 \left(\frac{3}{2}c_2^2 - \frac{1}{2}\right) \cdot 3\left(\frac{C}{L}\right)_s' \quad (4-23)$$

$[DC]$ 的微分表达式如下：

$$d'_1 = d_{11} = (\cos\varepsilon\cos\beta\sin\lambda - \sin\varepsilon\sin\beta)\varepsilon' - (\sin\varepsilon\sin\beta\sin\lambda - \cos\varepsilon\cos\beta)\beta'$$
$$+ \sin\varepsilon\cos\beta\cos\lambda \cdot \lambda'$$

$$d'_2 = d_{22} = \cos\varepsilon\sin\lambda_s \cdot \varepsilon' + \sin\varepsilon\cos\lambda_s \cdot \lambda'_s$$

$$d'_3 = d_{33} = -\left[\sin\tau\cos\lambda\cos\beta - \cos\tau(\cos\varepsilon\sin\lambda\cos\beta - \sin\varepsilon\sin\beta)\right]\tau'$$
$$- (\cos\tau\sin\lambda\cos\beta - \sin\tau\cos\varepsilon\cos\lambda\cos\beta)\lambda'$$
$$- \left[\cos\tau\cos\lambda\sin\beta + \sin\tau(\cos\varepsilon\sin\lambda\sin\beta + \sin\varepsilon\cos\beta)\right]\beta'$$
$$- \sin\tau(\sin\varepsilon\sin\lambda\cos\beta + \cos\varepsilon\sin\beta)\varepsilon'$$

$$d'_4 = d_{44} = -(\sin\tau\cos\lambda_s - \cos\tau\cos\varepsilon\sin\lambda_s)\tau'$$
$$- (\cos\tau\sin\lambda_s - \sin\tau\cos\varepsilon\cos\lambda_s)\lambda'_s - \varepsilon'\sin\tau\sin\varepsilon\sin\lambda_s$$

$$d'_5 = d_{55} = \left[\cos\tau\cos\lambda\cos\beta + \sin\tau(\cos\varepsilon\sin\lambda\cos\beta - \sin\varepsilon\sin\beta)\right]\tau'$$
$$- (\sin\tau\sin\lambda_s\cos\beta + \cos\tau\cos\varepsilon\cos\lambda\cos\beta)\lambda'$$

$$- [\sin\tau\cos\lambda\sin\beta - \cos\tau(\cos\varepsilon\sin\lambda\sin\beta + \sin\varepsilon\cos\beta)]\beta'$$
$$+ \cos\tau(\sin\varepsilon\sin\lambda\cos\beta + \cos\varepsilon\sin\beta)\varepsilon'$$
$$d'_6 = d_{66} = (\cos\tau\cos\lambda_s + \sin\tau\cos\varepsilon\sin\lambda_s)\tau' - (\sin\tau\sin\lambda_s$$
$$+ \cos\tau\cos\varepsilon\cos\lambda_s)\lambda_s' + \varepsilon'\cos\tau\sin\varepsilon\sin\lambda_s \qquad (4-24)$$

$$c'_1 = c_{11} = d_{11}\sin\varphi + d_{33}\cos\varphi$$
$$c'_2 = c_{22} = d_{22}\sin\varphi + d_{44}\cos\varphi$$
$$c'_3 = c_{33} = d_{11}\cos\varphi - d_{33}\sin\varphi$$
$$c'_4 = c_{44} = d_{22}\cos\varphi - d_{44}\sin\varphi$$

$$(4-25)$$

$$\tau' = 2.52934017 \times 10^{-1}$$
$$s' = 9.58214551 \times 10^{-3}$$
$$h' = 7.1678260 \times 10^{-4}$$
$$p' = 8.10153290 \times 10^{-5}$$
$$N' = -3.8509177 \times 10^{-5}$$
$$p'_s = 3.42291387 \times 10^{-8}$$

$$(4-26)$$

轨道参数微分表达式:

$$\left(\frac{C}{L}\right)' = -0.0001[545(s'-p')\sin(s-p) + 100(s'-2h'+p')\sin(s-2h+p)$$
$$+ 82(2s'-2h')\sin(2s-2h) + 30(2s'-2p')\sin(2s-2p)$$
$$+ 9(3s'-2h'-p')\sin(3s-2h-p)$$
$$+ 6(2s'-3h'+p'_s)\sin(2s-3h+p_s)]$$

$$\left(\frac{C}{L}\right)'_s = -0.0168(h'-p'_s)\sin(h-p_s) + 0.0003(2h'-2p'_s)\cos(2h'-2p'_s)$$

$$\lambda' = s' + 0.0001[1098(s'-p')\cos(s-p) + 222(s'-2h'+p)$$
$$\cos(s-2h+p) + 115(2s'-2h')\cos(2s-2h)$$
$$+ 37(2s'-2p')\cos(2s-2p) - 32(h-p'_s)\cos(h-p_s)$$
$$- 20(2s'-2n')\cos(2s-2n) - 10(2h'-2p')\cos(2h-2p)$$
$$+ 10\cos(s-3h+p+p_s)\cdot(s'-3h'+p'+p'_s) + 9(3s'-2h'-p')$$
$$\cos(3s-2h-p) + 8(2s'-3h+p'_s)\cos(2s-3h+p_s)$$
$$+ 7(s'-h'-p'+p'_s)\cos(s-h-p+p_s) - 6(s'-h')\cos(s-h)$$
$$- 5(s'+h'-p'-p'_s)\cos(s+h-p-p_s)]$$

$$\lambda'_s = h' + 0.0335(h' - p'_s)\cos(h - p_s) + 0.0004(2h' - 2p'_s)\cos(2h - 2p_s)$$

$$\begin{aligned}
\beta' = 0.0001\big[&895(s' - n')\cos(s - n) + 49(2s' - p' - n') \\
&\cos(2s - p - n) - 48(p' - n')\cos(p - n) + 30(s' - 2h' + n') \\
&\cos(s - 2h + n) + 10(2s' - 2h' + p' - n')\cos(2s - 2h + p - n) \\
&-8(2h' - p' - n')\cos(2h - p - n) + 6(3s' - 2h' - n') \\
&\cos(3s - 2h - n)\big]
\end{aligned} \tag{4-27}$$

第 5 章 计算潮汐参数的维尼迪柯夫 调和分析方法

5.1 要点

目前，国内多使用维尼迪柯夫调和分析方法计算潮汐参数，该方法的要点是：将观测值序列分成 48 小时组（48 小时内数据必须连续），对 48 小时组进行数字滤波、消除二次项及其以下的漂移和长周期潮汐成分，同时将日波、半日波和 1/3 日波分离，然后基于最小二乘法分别独立求解周日波、半日波和 1/3 日波的潮汐参数。该方法的核心是数字滤波，它有三组滤波器，即周日波滤波器、半日波滤波器和 1/3 日波滤波器，每组滤波器又由奇、偶两个滤波器组成。各组滤波器的功能是：周日波滤波器放大周日波潮汐成分，消除长周期波、半日波、1/3 日波和漂移；半日波滤波器放大半日波潮汐成分，消除长周期波、周日波、1/3 日波和漂移；1/3 日波滤波器放大 1/3 日波潮汐成分，消除长周期波、周日波、半日波和漂移。

5.2 潮汐参数计算

将观测值序列分成 n 个 48 小时组（各个 48 小时组之间数据可以不连续，但每个 48 小时组之内数据必须连续，零星缺数应基于理论值补全）；将各个潮汐波分成 P 个波群，并约定每个波群具有相同的潮汐因子 δ_k 和相同的相位滞后因子 $\Delta\phi_k$；每个波群的起止波序号分别为 α_{j1}、α_{j2}。设滤波器对各个分波的放大因子为 C_i、S_i。滤波器对 48 小时组数据实施滤波后所形成的新的观测值序列 M_i、N_i 可以用如下公式表示：

$$M_i = \sum_{k=1}^{p} \left(\xi_k \sum_{\alpha_{k1}}^{\alpha_{k2}} c_i h_i \cos\phi_i + \eta_k \sum_{\alpha_{k1}}^{\alpha_{k2}} c_i h_i \sin\phi_i \right) - \nu_{mi}$$

$$N_i = \sum_{k=1}^{p} \left(-\xi_k \sum_{\alpha_{k1}}^{\alpha_{k2}} s_i h_i \sin\phi_i + \eta_k \sum_{\alpha_{k1}}^{\alpha_{k2}} s_i h_i \cos\phi_i \right) - \nu_{ni}$$

$$(5-1)$$

上式称为观测方程式。把它改写为误差方程式如下：

$$\nu_{mi} = \sum_{k=1}^{p} \left(\xi_k \sum_{\alpha_{k1}}^{\alpha_{k2}} c_i h_i \cos\phi_i + \eta_k \sum_{\alpha_{k1}}^{\alpha_{k2}} c_i h_i \sin\phi_i \right) - M_i$$

$$\nu_{ni} = \sum_{k=1}^{p} \left(-\xi_k \sum_{\alpha_{k1}}^{\alpha_{k2}} s_i h_i \sin\phi_i + \eta_k \sum_{\alpha_{k1}}^{\alpha_{k2}} s_i h_i \cos\phi_i \right) - N_i$$

$$(5-2)$$

$$\xi_k = \delta_k \cos\Delta\phi_k$$
$$\eta_k = -\delta_k \sin\Delta\phi_k$$

$$(5-3)$$

一个具有 n 个 48 小时组的观测数据序列就可以列出形如式（5-2）的 n 组（共 $2n$ 个）方程式，而要解算的未知数个数为 $2p$ 个，只要 $n > p$，就可以用最小二乘法求解 ξ_k、η_k，然后用下式计算 δ_k、$\Delta\phi_k$：

$$\delta_k = \sqrt{\xi_k^2 + \eta_k^2} \qquad (5-4)$$

$$\Delta\phi_k = -\arctan\frac{\eta_k}{\xi_k} \qquad (5-5)$$

式（5-2）中的 c_i 和 s_i 为数字滤波器的放大因子，h_i 为分波的理论振幅，ϕ_i 为分波的理论相位，C_i 和 S_i 由下式计算：

$$C_i = \sum_{t=-23.5}^{23.5} C_t^r \cos\omega_i t$$

$$S_i = \sum_{t=-23.5}^{23.5} S_t^r \sin\omega_i t$$

$$(5-6)$$

C_t^r 和 S_t^r 为维尼迪柯夫数字滤波器滤波系数（计算时由常数表导入），式中 $r = 1, 2, 3$ 分别对应日波，半日波和 1/3 日波，ω_i 为分波的角速度。

　　实际计算中，理论固体潮的调和展开式包含除了长周期波以外的日波、半日波和 1/3 日波，共取 363 个分波。其中：

　　日波取 197 个分波，在逐月计算潮汐参数时，将其分为 6 个波群，解 12 个未知数；在按年度计算潮汐参数时，将其分为 8 个波群，解 16 个未知数；在按长序列（一般指观测序列大于 1 年）计算潮汐参数时，将其分为 11 个波群，解 22 个未知数。

　　半日波取 150 个分波，在逐月计算潮汐参数时，将其分为 5 个波群，解 10 个未知数；在按年度计算潮汐参数时，将其分为 6 个波群，解 12 个未知数；在按长序列计算潮汐参数时，仍将其分为 6 个波群，解 12 个未知数。

　　1/3 日波共取 16 个分波，不管按何种时间间隔计算潮汐参数，均将其分为 1 个波群，解 2 个未知数。

5.3　精度评定

　　其精度评定包括单位权中误差的计算、潮汐因子中误差的计算和相位滞后因子中误差的计算。

5.3.1　单位权中误差的计算

　　维尼迪柯夫调和分析方法属于间接平差法。按照间接平差法，单位权中误差按下式计算（观测为等精度，所有的权系数 $P_i = 1$）。

$$\mu = \pm \sqrt{\frac{[pvv]}{n-t}} = \pm \sqrt{\frac{[vv]}{n-t}}$$

$$[vv] = [ll] + [al]\xi_1 + [bl]\xi_2 + [pl]\xi_p + \cdots + [Al]\eta_1$$
$$+ [Bl]\eta_2 + \cdots + [Pl]\eta_P \tag{5-7}$$

式（5-7）中，未知数的系数就是法方程式的常数项。式中：

$$[ll] = \sum_{i=1}^{n} M_i^2 + \sum_{i=1}^{n} N_i^2$$

5.3.2　潮汐因子中误差的计算

潮汐因子和相位滞后因子属于未知数函数，由式（5-4）可得：

$$\delta_k^2 = \xi_k^2 + \eta_k^2 \tag{5-8}$$

对式（5-8）求全微分并化简可得：

$$\mathrm{d}\delta_k = \frac{1}{\delta_k}(\xi_k \mathrm{d}\xi_k + \eta_k \mathrm{d}\eta_k) \tag{5-9}$$

根据间接平差法中未知数函数中误差的计算方法，可得潮汐因子中误差的计算公式为：

$$m_{\delta_k} = \frac{\mu}{\delta_k}\sqrt{\xi_k^2 Q_{\xi_k} + \eta_k^2 Q_{\eta_k}} \tag{5-10}$$

上式中 Q_{ξ_k}、Q_{η_k} 分别为未知数 ξ_k、η_k 的权倒数，它们的计算方法如下：

在法方程组成后，尾随法方程的常数项后附一个与法方程系数矩阵同阶的单位矩阵，在解算法方程时一并解得权倒系数矩阵 Q_{ξ_k}、$Q_{\eta_k}(k = 1, 2, \cdots p)$。

5.3.3　相位滞后因子中误差的计算

取式（5-5）的全微分可得：

$$\mathrm{d}\Delta\phi_k = \left(\frac{\eta_k \xi_k}{\eta_k^2 + \xi_k^2}\right)\left[\frac{\mathrm{d}\eta_k}{\eta_k} - \frac{\mathrm{d}\xi_k}{\xi_k}\right]$$

$$= \frac{1}{\delta_k^2}(\xi_k \mathrm{d}\eta_k - \eta_k \mathrm{d}\xi_k) \tag{5-11}$$

根据间接平差法中未知数函数中误差的计算方法，可得相位滞后因子中误差的计算公式为：

$$m_{\Delta\phi_k} = \frac{\mu}{\delta_k^2}\sqrt{\eta_k^2 Q_{\xi_k} + \xi_k^2 Q_{\eta_k}} \tag{5-12}$$

5.4　方法评估

维法的优点有三个：①只要求48小时数据连续，这在数据比较离散的情况下很有利，是使用维法的最大优点。②使用数字滤波器消除了长周期成分和漂移，从而使其计算结果具有很高的精度。③将日波、半日波和1/3日波分离，分别计算其潮汐参数，从而大大节省了计算机内存和计算时间，这有利于在低档计算机上运行，从而使其能在更大的范围被推广。

维法的不足有三点：①数字滤波消除了长周期成分，因而无法直接求解它们的潮汐参数。②非潮汐成分是固体潮观测中的重要信息，维法在滤去漂移的同时也把非潮汐成分作为漂移滤掉了，因而不能直接利用该法的计算结果去分析非潮汐变化。③误差估计不一定能客观地反映观测序列的整体质量。

第6章　计算潮汐参数的非数字滤波调和分析方法

6.1　方法要点

　　鉴于国内大量长序列高精度固体潮观测数据的涌现，特别是分钟采样数据的出现，以及大容量计算机的快速普及，唐九安于 1998 年提出了基于最小二乘法和直接调和分析方法直接求解固体潮潮汐参数的方法（简称"T法"）。该法与维尼迪柯夫调和分析方法（简称"维法"）的主要区别是不用数字滤波，因此，可把维法称为数字滤波调和分析方法，而把 T 法称为非数字滤波调和分析方法。以下将介绍 T 法的方法原理和计算公式。

6.2　原理与公式

　　t 时刻，在地面上一点的固体潮观测值 g_t 可用下式表示：

$$g_t = \delta(r_t + r'_t) + \sum_{l=1}^{m} f_l p_l + \sum_{j=0}^{n} k_j t^j - v_t \qquad (6-1)$$

式中，r_t 为固体潮理论值，r'_t 为固体潮理论值的一阶微商值，δ 为观测振幅与理论振幅之比，p_l 为干扰因子（如气压、水位、温度、降雨等，并假定观测值对干扰因子的响应滞后可以忽略），k_j 为 n 阶多项式系数（$n = 0,1,2,\cdots$），v_t 为观测误差。基于起潮位的调和展开式，上式又可表示为：

$$g_t = \sum_{i=1}^{m} \delta_i a_i \cos(w_i t_i + \varphi_i + \Delta\varphi_i) + \sum_{l=1}^{m} f_l p_l + \sum_{j=1}^{n} k_j t^j - v_t \quad (6-2)$$

式中，δ_i 为第 i 个分波观测振幅与理论振幅之比，即通常所说的潮汐因子，a_i 为第 i 个分波的理论振幅，w_i 为第 i 个分波的角速度，φ_i 为第 i 个分波的初相位（即相对于 $t=0$ 时刻的相位），$\Delta\varphi_i$ 为观测相位与理论相位之差，通常称之为相位滞后因子。

假定角速度相近的一群分波具有相同的潮汐因子和相位滞后因子，则式(6-2)可改写为：

$$g_t = \sum_{j=1}^{p} \delta_j \sum_{k=a1}^{a2} a_k \cos(\varphi_k + \Delta\varphi_k) + \sum_{l=1}^{m} f_l p_l + \sum_{j=1}^{n} k_j t^j - v_t \quad (6-3)$$

式中 $\varphi_k = \omega_k t + \varphi_{k0}$。又因为

$$\delta_j a_k \cos(\varphi_{ik} + \Delta\varphi_{ij}) = \delta_j a_k \cos\varphi_{ik} \cos\Delta\varphi_{ij} - \delta_j a_k \sin\varphi_{ik} \sin\Delta\varphi_{ij} \quad (6-4)$$

令：

$$A_k = \sum_{k=a1}^{a2} a_k \cos\varphi_{ik}$$

$$B_k = \sum_{k=a1}^{a2} a_k \cos\varphi_{ik}$$

$$X_j = \delta_j \cos\Delta\varphi_{ij}$$

$$Y_j = \delta_j \sin\Delta\varphi_{ij} \qquad (6-5)$$

则式（6-3）可改写为：

$$v_t = \sum_{i=1}^{p} (A_k X_i + B_k Y_i) + \sum_{l=1}^{m} f_l p_l + \sum_{j=1}^{n} k_j t^j - g_t \qquad (6-6)$$

该式是关于未知数 X_i、Y_i、f_l、k_j 等的线性方程式，称之为误差方程式，对每一个整点观测值均可列出一个误差方程。只要观测值的个数大于未知数的个数，就可用最小二乘法解出各未知数。然后用下式计算各波群的潮汐因子与相位滞后因子。与式（5-2）相比较，该式多了 $\sum_{l=1}^{m} f_l p_l +$ $\sum_{j=1}^{n} k_j t^j - g_t$ 项，这是因为在经过维尼迪柯夫数字滤波器的过程中，式（5-2）中该项已经被消除掉了。此外，该式的 g_t 项相当于式（5-2）中的 M_i、N_i。所以如果两种解算方法中的分波分组相同，则用非数字滤波法解算时的未知数个数 N_x 为：

$$N_x = 2p_1 + 2p_2 + 2p_3 + m + n + 1 \qquad (6-7)$$

式中，p_1 为周日波的组数、p_2 为半日波的组数、p_3 为 1/3 日波的组数、m 为干扰因子种类数、n 为漂移多项式的阶数（解 j 阶多项式有 $j+1$ 个未知数）。有 m 个观测值可以列出形如式（6－6）的 m 个方程式，只要 $m > N_x$，就可以用最小二乘法求解 X_j、Y_j、f_1、k_j，然后用下式计算 δ_j、$\Delta\varphi_j$：

$$\delta_j = \sqrt{X_j^2 + Y_j^2}$$

$$\Delta\varphi_j = \mathrm{artan}\,\frac{Y_j}{X_j} \qquad (6-8)$$

6.3 精度评定

精度评定包括单位权、潮汐因子和相位滞后因子中误差的计算。

6.3.1 单位权中误差的计算

非数字滤波调和分析方法也属于间接平差法，其原理在下一章将做详细说明。按照间接平差法，在非等权观测中，单位权中误差按下式计算：

$$\mu = \pm\sqrt{\frac{[pvv]}{n-t}}$$

$$[pvv] = [pll] + [pal]X_1 + [pbl]Y_1 + [pcl]X_2 + [pdl]Y_2 + \cdots$$

$$\qquad (6-9)$$

式中，p 为潮观测值权系数，因为潮汐观测数据库列为等权观测，所以有：

$$p_1 = p_2 = \cdots p_n = 1,\ [pll] = \sum_{i=1}^{m} g_i^2$$

6.3.2 潮汐因子中误差的计算

潮汐因子和相位滞后因子属于未知数函数，由式（6-8）之第一式可得：

$$\delta_j^2 = X_j^2 + Y_j^2 \qquad (6-10)$$

取上式的全微分并化简可得：

$$\mathrm{d}\delta_j = \frac{1}{\delta_j}(X_j\mathrm{d}X_j + Y_j\mathrm{d}Y_j) \tag{6－11}$$

根据间接平差法未知数函数中误差的计算方法，可得潮汐因子中误差的计算公式为：

$$m_{\delta_j} = \frac{\mu}{\delta_j}\sqrt{X_j^2 Q_{X_j} + Y_j^2 Q_{Y_j}} \tag{6－12}$$

式中，Q_{X_j}、Q_{Y_j} 分别为未知数 X_j、Y_j 的权倒数，它们的计算方法如下：

在法方程组成后，尾随法方程的常数项后附一个与法方程系数矩阵同阶的单位矩阵，在解算法方程时一并解得权系数矩阵 Q_{X_j}、Q_{Y_j}（$j=1$，2，$\cdots N$）。

6.3.3　相位滞后因子中误差的计算

基于（6－8）式之第二式，并参照（5－12）式，直接写出相位滞后因子中误差计算表达式如下：

$$m_{\Delta\varphi_k} = \frac{\mu}{\delta_j^2}\sqrt{X_j^2 Q_{X_j} + Y_j^2 Q_{Y_j}} \tag{6－13}$$

6.3.4　关于观测方程系数 A_k、B_k 的计算

对重力和体应变固体潮（含水位固体潮）可直接利用以上诸公式编程计算，而对倾斜和线应变固体潮，其 A_k、B_k 的表达式有一些差别，在列误差方程式时应注意其变化。

对于倾斜固体潮有：

$$A_k = \sum_{k=a1}^{a2}(a_{k_1}\cos\varphi_{k1} + a_{k_2}\cos\varphi_{k2})$$

$$B_k = \sum_{k=a1}^{a2}(-a_{k_1}\sin\varphi_{k1} - ak_2\sin\varphi_{k2})$$

$$a_{k1} = a_{\xi_k}\cos\alpha$$

$$a_{k2} = a_{\eta_k}\sin\alpha$$

$$\tag{6－14}$$

式中，α 为观测基线的方位角。

对于线应变固体潮有：

$$A_k = \sum_{k=a1}^{a2} (a_{ki1}\cos\varphi_{ki1} + a_{ki_2}\cos\varphi_{ki2} - a_{ki3}\cos\varphi_{ki3})$$

$$B_k = \sum (-a_{ki1}\sin\varphi_{ki1} - a_{ki_2}\sin\varphi_{ki2} + a_{ki3}\sin\varphi_{ki3})$$

$$a_{ki1} = a_{k\varphi\varphi i}\cos^2\alpha$$

$$a_{ki2} = a_{k\lambda\lambda i}\sin^2\alpha$$

$$a_{ki3} = a_{k\varphi\lambda i}\sin\alpha\cos\alpha$$

$$(6-15)$$

实际计算中，理论固体潮的调和展开式取484个分波，其中：

日波取197个分波，逐月计算分为6个波群，逐年计算分为8个波群，整体计算分为11个波群。

半日波取150个分波，逐月计算分为5个波群，逐年计算分为6个波群，整体计算分为6个波群。

1/3日波取16个分波，分为1个波群。

长周期波取121个分波，分为7个波群，逐月计算取前5个波群，逐年和整体计算各取7个波群。

式（6-6）中漂移多项式取至一阶项，因此式（6-6）在逐月计算时有36个未知数，在逐年计算时有46个未知数，在整体计算时至少有52个未知数（根据数据序列长度还将设置2、4、8…年度的周期函数未知数）。

6.3.5　注意事项

为了在计算潮汐参数时一并计算出干扰因子的响应系数，在计算前准备观测数据的同时，应一并准备与观测数据同步的干扰数据。也就是说，干扰数据序列必须与潮汐观测数据一一对应。同时应确保干扰数据的平稳。

第7章　间接观测平差原理简介

间接平差为平差计算中最常用的方法，其数学模型比较简单，便于评定平差值及其函数的精度，在测量数据处理的过程中发挥着重要的作用。本章介绍间接平差的原理及其误差估计方法。

7.1　间接平差原理

设平差问题有 3 个未知数 x_1、x_2、x_3；有 n 个观测值 L_1、L_2、$\cdots$、L_n，其相应的权为 p_1、p_2、$\cdots$、p_n。平差值方程的一般形式为：

$$L_1 + v_1 = a_1 x_1 + b_1 x_2 + c_1 x_3 + d_1$$
$$L_2 + v_2 = a_2 x_1 + b_2 x_2 + c_2 x_3 + d_2$$
$$\cdots\cdots$$
$$L_n + v_n = a_n x_1 + b_n x_2 + c_n x_3 + d_n$$

$$(7-1)$$

上式可以改写成：

$$v_1 = a_1 x_1 + b_1 x_2 + c_1 x_3 + l_1$$
$$v_2 = a_2 x_1 + b_2 x_2 + c_2 x_3 + l_2$$
$$\cdots\cdots$$
$$v_n = a_n x_1 + b_n x_2 + c_n x_3 + l_n$$

$$(7-2)$$

平差问题的核心是：要求在 $[pvv]$ 最小的原则下求未知数 x_1、x_2、x_3。根据数学中求自由极值的理论，分别求 $[pvv]$ 对 x_1、x_2、x_3 的偏导数，并令其等于零，然后从这些等式中解出 x_1、x_2、x_3。

$[pvv]$ 对 x_1、x_2、x_3 的偏导数分别为：

$$\frac{\partial[pvv]}{\partial x_1} = 2\left(p_1 v_1 \frac{\partial v_1}{\partial x_1} + p_2 v_2 \frac{\partial v_2}{\partial x_1} + \cdots + p_n v_n \frac{\partial v_n}{\partial x_1}\right)$$

$$\frac{\partial[pvv]}{\partial x_2} = 2\left(p_1 v_1 \frac{\partial v_1}{\partial x_2} + p_2 v_2 \frac{\partial v_2}{\partial x_2} + \cdots + p_n v_n \frac{\partial v_n}{\partial x_2}\right)$$

$$\frac{\partial[pvv]}{\partial x_3} = 2\left(p_1 v_1 \frac{\partial v_1}{\partial x_3} + p_2 v_2 \frac{\partial v_2}{\partial x_3} + \cdots + p_n v_n \frac{\partial v_n}{\partial x_3}\right)$$

$$(7-3)$$

由式（7-2）可得：

$$\frac{\partial v_i}{\partial x_1} = a_i$$

$$\frac{\partial v_i}{\partial x_2} = b_i$$

$$\frac{\partial v_i}{\partial x_3} = c_i$$

将这些关系式代入式（7-3），并令各式等于零，可得：

$$p_1 a_1 v_1 + p_2 a_2 v_2 + \cdots p_n a_n v_n = [pav] = 0$$

$$p_1 b_1 v_1 + p_2 b_2 v_2 + \cdots p_n b_n v_n = [pbv] = 0$$

$$p_1 c_1 v_1 + p_2 c_2 v_2 + \cdots p_n c_n v_n = [pcv] = 0$$

$$(7-4)$$

将上式再联合式（7-2）的 n 个方程式，就可解得 n 个改正数和 3 个未知数。式（7-2）和式（7-4）的 $n+3$ 个方程就是间接平差的基础方程。解算这组方程的方法通常是将式（7-2）代入式（7-4）得：

$$[paa]x_1 + [pab]x_2 + [pac]x_3 + [pal] = 0$$

$$[pab]x_1 + [pbb]x_2 + [pbc]x_3 + [pbl] = 0$$

$$[pac]x_1 + [pbc]x_2 + [pcc]x_3 + [pcl] = 0$$

$$(7-5)$$

这就是用以解算未知数的方程组，称为法方程。它的个数与未知数的个数相同。解出未知数后，再代入式（7-2）求相应的改正数 v。这一组 v 一定满足 $[pvv]$ = 最小的要求。所以由法方程解出的未知数就是未知数的最或然值。如果将改正数加到相应观测值上，就可以求得各被观测值的平差值。

以上是针对未知数为 3 的情况，对于未知数为 2 或者为 4，或者大于 4 等一般情况，同样可以仿效上述步骤列出误差方程和法方程。

综上所述，可得出间接平差求未知数和观测值改正数的主要步骤如下：

（1）根据平差问题的性质，确定必要的观测个数 t，并选定 t 个量的最或然值作为未知数。

（2）将每一观测量的平差值表达成所选未知数的函数，即列出平差值方程，并据以写出误差方程（注意：平差值方程和误差方程的个数都等于观测值的个数；如果误差方程为非线性，要将其线性化）。

（3）由误差方程列出法方程（法方程的个数等于未知数的个数）。

（4）从法方程解出未知数。

（5）将未知数代入误差方程，求出观测值的改正数 v，并据以求得各被观测量的平差值。

7.2　间接平差中的误差估计

7.2.1　单位权中误差的计算

单位权中误差的计算公式为：

$$\mu = \pm \sqrt{\frac{[pvv]}{n-t}} \tag{7-6}$$

$[pvv]$ 的计算一般可以采用以下 3 种方法中的任何一种：

$$[pvv] = \sum_{i=1}^{n} P_i V_i^2$$

$$[pvv] = [pav]x_1 + [pbv]x_2 + [pcv]x_3$$

$$[pvv] = [pll] - \frac{[pal]^2}{[paa]} - \frac{[pbl.1]}{[pbb.1]} - \frac{[pcl.2]^2}{[pcc.2]} = [pl.3]$$

$$(7-7)$$

7.2.2 未知数的中误差

$$m_{x_i} = \mu \sqrt{\frac{1}{P_{x_i}}} = \mu \sqrt{Q_{ii}} \qquad (7-8)$$

上式表明,求未知数的中误差的实质可归结为计算未知数的权倒数 Q_{ii}。

权倒数 Q_{ii} 的计算方法如下式:

(1) 将式 (7-5) 中的常数项换为 -1、0、0,得法方程:

$$[paa]Q_{11} + [pab]Q_{12} + [pac]Q_{13} - 1 = 0$$

$$[pab]Q_{11} + [pbb]Q_{12} + [pbc]Q_{13} + 0 = 0$$

$$[pac]Q_{11} + [pbc]Q_{12} + [pcc]Q_{13} + 0 = 0 \qquad (7-9)$$

由上式可解得 Q_{11}。

(2) 将式 (7-5) 中的常数项换为 0、-1、0,得法方程:

$$[paa]Q_{21} + [pab]Q_{22} + [pac]Q_{23} + 0 = 0$$

$$[pab]Q_{21} + [pbb]Q_{22} + [pbc]Q_{23} - 1 = 0$$

$$[pac]Q_{21} + [pbc]Q_{22} + [pcc]Q_{23} + 0 = 0 \qquad (7-10)$$

由上式可解得 Q_{22}。

(3) 将式 (7-5) 中的常数项换为 0、0、-1,得法方程:

$$[paa]Q_{31} + [pab]Q_{33} + [pac]Q_{33} + 0 = 0$$

$$[pab]Q_{31} + [pbb]Q_{32} + [pbc]Q_{33} + 0 = 0$$

$$[pac]Q_{31} + [pbc]Q_{32} + [pcc]Q_{33} - 1 = 0$$

$$(7-11)$$

由上式可解得 Q_{33}。

实际计算时,将式 (7-5)、式 (7-9)、式 (7-10)、式 (7-11) 4 个方程组的常数项排列成一个矩阵,置于法方程后,再用高斯约化法解法方程时一并解出未知数 x_1、x_2、x_3 和权倒数 Q_{11}、Q_{22}、Q_{33} 等。

7.2.3　未知数函数的中误差

设有函数

$$\varphi = f_a x_1 + f_b x_2 + f_c x_3 + f_0 \tag{7-12}$$

它的权倒数计算公式为：

$$\frac{1}{P_\varphi} = f_a q_a + f_b q_b + f_c q_c$$

$$= \frac{f_a^2}{[paa]} + \frac{[f_b \cdot 1]^2}{[pbb. 1]} + \frac{[f_c \cdot 2]^2}{[pcc. 2]} \tag{7-13}$$

式中的 q_a、q_b、q_c 由下式计算

$$[paa]q_a + [pab]q_b + [pac]q_c - f_a = 0$$

$$[pab]q_a + [pbb]q_b + [pbc]q_c - f_b = 0$$

$$[pac]q_a + [pbc]q_b + [pcc]q_c - f_c = 0$$

$$\tag{7-14}$$

实际计算时，也是将式（7-14）的常数项置于法方程后，用高斯约化法解法方程时一并解出未知数 x_1、x_2、x_3 和权系数 q_a、q_b、q_c 等。

第8章 固体潮观测数据预处理及潮汐
参数计算程序

为了跟踪分析和定量评价潮汐类观测数据的内在质量，快速了解它们的动态特征，笔者基于FORTRAN77语言编写了3个程序，它们分别是：

(1) ZDZDG5-HV-NHTHFXA.FOR，固体潮整点观测数据预处理及分波潮汐参数的维尼迪柯夫法调和分析计算程序（简称"HV程序"）；

(2) ZDZDG5-HT-NHTHFXA.FOR，固体潮整点观测数据预处理及分波潮汐参数的非数字滤波调和分析计算程序（简称"HT程序"）；

(3) FZZDG6-MT-NHTHFXA.FOR，固体潮分钟观测数据预处理及分波潮汐参数的非数字滤波调和分析计算程序（简称"MT程序"）。

HV程序使用了维尼迪柯夫数字滤波器，可称它为数字滤波调和分析程序；HT程序和MT程序是直接对观测数据做调和分析计算，则称它们为非数字滤波调和分析程序。对源程序使用Compaq visual Fortran 6.5编辑器编辑生成扩展名为".exe"的执行程序，可在安装Windows XP操作系数的计算机上运行。

本章基于HT程序介绍其程序构成、程序功能、计算目录和使用的常数表、程序对数据量纲和格式的要求、观测数据的属性参数以及将它们导入计算程序的引导文件、主要计算结果和程序的检验方法与示例。

8.1 程序简介

HV程序、HT程序和MT程序统称为固体潮观测数据预处理及潮汐参数计算程序。它们的计算过程总体都分两个阶段：第一阶段为观测数据的预处理，主要目标是掉格改正和剔除坏数据，并给出逐日NAKAI拟合序列结果及其序列结果的统计均值和方差；第二阶段为潮汐参数计算，主要目标是获得主要波群（含 1/3 日、半日、周日波群）的月度、年度和整体序列潮汐参数，并给出月度序列潮汐参数的统计均值及其方差，HT 程序和 MT 程序还可获得周期大于 1 天且小于 1 年的各个非潮汐长周期及潮汐长周期波群的振幅和相位。

　　HV 程序和 HT 程序在第一阶段的计算过程和计算结果均相同。在第二阶段，HV 程序使用维尼迪柯夫法调和分析方法计算分波群的潮汐参数，只能给出 1/3 日波、半日波和周日波等波群的潮汐参数；HT 程序直接根据杜德森调和展开式进行调和分析计算，既可获得分波群（1/3 日波、半日波、周日波和部分长周期波）的潮汐参数，还能给出各个计算区段内的方差、漂移系数，以及周期大于 1 天且小于 1 年的非潮汐长周期波群的振幅和相位。

　　值得注意的是，使用 HV 程序时，为了满足 48 小时组内数据的连续性，对缺数采用了基于理论值的补插方法；为了剔除质量不好的 48 小时组数据，又采用了"双日 –48 小时"的 NAKAI 法拟合检验计算，根据拟合检验计算结果，对 48 小时组数据进行取舍。而使用 HT 程序时，这两个操作步骤都不存在，数据的取舍直接针对单个整点值。所以使用 HT 程序计算潮汐参数更为方便，而且能使数据的利用效果达到最佳。

　　对比 HT 程序和 MT 程序，可视 MT 程序为基础程序，HT 程序为 MT 程序的特例。如果 MT 程序只计算数据序列中"00"分时刻（整点）的数据，那就等同于 HT 程序的计算效果。如果忽略整点时刻共有的"00"分，则时间数据就可简化为 10 位数字。在使用 FORTRAN77 语言编程时，读 10 位数字的整型数比读 12 位的整型数要简便得多，因而 HT 程序中的观测数据读写过程就比 MT 程序简单得多。又由于 HT 程序、MT 程序中多处涉及对观测数据的读写过程，为了使用方便，将 HT 程序从 MT 程序中分离出来而形成一个单独程序。在处理大批量观测数据时，还需要考虑计算时间问题，计算同一时间尺度的整点值数据序列，HT 程序计算耗时仅相当于 MT 程序耗时的 2% 左右。如果仅仅为了获得潮汐响应函数（振幅比 A、滞后因子 B、M2 波潮汐因子 $M2A$ 和 M2 波相位滞后 $M2B$）和非潮汐的趋势信息（$RK1$、$RK2$ 及日均值动态曲线等），选用 HT 程序完全能满足计算要求。因此，一般情况下均使用 HT 程序对大批量数据进行计算，本书也以 HT 程序为基础进行介绍。

8.2 HT 程序构成

源程序代码（见附录1）共 2405 行（含注释行，下同），含主程序 1852 行；子程序 7 个，553 行。将主程序按计算功能标记分区为"STEP - 01"～"STEP - 20"，各个区段的功能及起始行序号见表 8 - 1，各个子程序的名称及实参数见表 8 - 2。

表 8 - 1 HT 主程序分区（1 ～ 1852）

区段	功能	起始行序号
第一阶段	观测数据预处理（1 ～ 973）	1
STEP - 01	读入常数表 - D484. DAT	47
STEP - 02	准备计算（统计）结果汇总表	76
STEP - 03	读入计算起止日期和数据文件属性参数	135
STEP - 04	准备存放计算结果文件	211
STEP - 05	计算纬度系数及方位角系数	235
STEP - 06	将观测数据读入内存，并计算同步理论值及微分值	274
STEP - 07	根据一阶差分确定掉格信息/位置/掉格次数	330
STEP - 08	实施第一阶段掉格改正	418
STEP - 09	逐日 NAKAI 拟合计算，数据过滤后存于 GCZ03. DA0 中	466
STEP - 10	NAKAI 法计算结果统计分析及其保存	615
STEP - 11	第二阶段掉格改正，输入 GCZ03，输出 GCZ04. DA0	777
STEP - 12	保存第二阶段平滑整点值数据及 NAKAI 拟合汇总结果	928
第二阶段	分波群潮汐参数计算（974 ～ 1852）	974
STEP - 13	计算月度、年度数据的分段参数	990

续表 8 - 1

区段	功能	起始行序号
STEP - 14	计算大地系数/分波振幅	1040
STEP - 15	计算起始儒略日数，六个天文参数理论初始相位	1131
STEP - 16	逐月、年、整体调和分析计算，第二层循环，起点 700	1188
STEP - 17	第三层循环，起点 600，同类计算中的分段循环由 IF-DZSI 控制	1276
STEP - 18	第四层循环，起点 500，同段计算中的 2 次循环由 JSCS 控制	1321
STEP - 19	第五层循环——依次将观测数据读入，标记为 320～330	1339
STEP - 20	处理和保存调和分析结果	1563

表 8 - 2　HT 子程序目录（1852～2405）

序号	名称及实参数	功能	首行
1	COMPIT0 （ID1，IT0）	由日期 ID1（8 位）计算儒略日数 IT0（整型数）	1852
2	COMPT00 （ID1，T00，BT）	由日期 ID1（8 位）（年 - 月 - 日）计算儒略日 T00（双精度）	1876
3	NAKAIJSA1 （N，N1，AM，AM2，IDATI，IDATI2，BL，GX3，GX4，SMD0，SMD1，SMD2）	组成并解算法方程	1900
4	NAKAIJSA2 （N，N3，AM，AM3，IDATI，IDATI3，BL，GX3，GX4，DET1，DET2，SMD0，IDGS0）	分段 NAKAI 计算，挑选出正常段	1996
5	TIDEM （M，T01，T00N，GX2，BT）	由儒略日 T01（双精度）计算分钟理论值及其微分值（M）	2049

续表 8 – 2

序号	名称及实参数	功能	首行
6	JGTJFX（K，A）	一维数组的统计分析：计算最大/最小/平均值/方差值	2260
7	GS31（N，M，A，IZ，IXZ）	解正则方程	2328

8.3 HT 程序功能

HT 程序的主要功能有：观测数据预处理、潮汐参数的调和分析计算和批量数据文件主要计算结果的汇总与统计。

8.3.1 观测数据预处理

观测数据预处理的主要目标是消除数据序列中的"掉格"和"坏数据"，使数据连续和平滑，通常又把观测数据预处理称为数据的平滑处理。平滑处理的基本方法是：基于数据序列一阶差分识别数据序列中的掉格并进行改正，基于逐日 NAKAI 拟合的二次重复计算识别"坏数据"并加以剔除。

1. 掉格改正

由于仪器性能、地基不稳或其他环境干扰等因素的影响，观测数据序列总是向某一方向偏转。当偏转达到极限时，就得进行记录平衡点的调整，从而改变了数据序列的比较基准，导致数据序列中出现突升或突降的"阶梯"现象，这种"阶梯"通常称之为"掉格"。掉格的存在使得数据不方便使用——计算结果失真。程序预处理阶段设置了掉格改正功能，并在相应的计算结果中记忆各个数据文件的掉格次数。

对数据实施掉格改正的关键是确定掉格的位置和大小。寻找掉格位置的方法是基于数据序列的一阶差分数字大小进行判别，具体做法是：假定数据序列的正常差分"限"为 $ER1$，把它作为一级门槛，以 $ER1$ 的 3 倍

ER3 作为二级门槛，选取数据序列中连续 5 个观测点 A1、A2、A3、A4、A5，它们的观测数据依次为 g_1、g_2、g_3、g_4、g_5，其对应的理论值依次为 s_1、s_2、s_3、s_4、s_5；由 5 个观测值组成 4 个一阶差分值 *CF1*、*CF2*、*CF3*、*CF4*。如果 *CF1* 的数字大于 *ER3*，而后 3 个差分值都小于 *ER1*，则可确认 A、B 两点之间存在掉格。其掉格改正值 $DG = CF1 + delt \times (s_1 - s_2)$，*delt* 为潮汐振幅比。从 B 点开始，其后的数据都要增加 1 个常数 *DG*。

在程序中设置了两个阶段的掉格改正，其一是在观测数据读入内存后的掉格改正（见程序中的 STEP – 07、STEP – 08），其二是在实施 NAKAI 拟合检验剔除"坏数据"后的掉格改正（见程序中的 STEP – 11）。

2. 识别与剔除"坏数据"

识别与剔除"坏数据"是基于逐日 NAKAI 拟合的二次重复计算实现的，其计算过程在程序中的 STEP – 09 中。

8.3.2　潮汐参数的调和分析计算

对平滑数据基于间接观测平差和调和分析方法实施逐月（序列长度大于 14 天）、逐年（序列长度大于 31 天）和整体（序列长度大于 366 天）三种步长间隔计算，给出不同时间序列的潮汐参数计算结果。程序中 STEP – 13 ~ STEP – 15 为计算准备阶段，STEP – 16 ~ STEP – 19 为计算过程，STEP – 20 为计算结果的归类整理、统计和保存。

8.3.3　计算结果的汇总与统计

汇总功能：对批量数据文件进行连续性计算，给出各个数据文件同类计算结果的汇总表。汇总表可方便对同类测项的同类特征参数进行横向对比分析。程序一共给出 6 个汇总表，置于二级目录 \ T24 \ ZDZHTJS \ 下。

（1）掉格信息，见 HT-DGXXHZB. BBB。

（2）NAKAI 拟合参数，见 HT-NAKJGHZB. BBB。

（3）月度调和分析主要结果，见 HT-ZYCXCSHZB. BBB。

（4）年度/整体调和分析主要结果，见 HT-ZTNDCXCSHZB. BBB。

（5）数据内在质量评价参数，见 HT-SJNZZLZBHZB. BBB。

（6）长周期波振幅和相位，见 HT-LONGTIMEHZB. BBB。长周期潮汐波群含 7.10 天、9.13 天、13.66 天、27.55 天、31.81 天，长周期波含 2.85 天、5.70 天、11.41 天、22.83 天、45.66 天、91.31 天、182.60 天、365.20 天。

统计功能：对长序列数据不同时段计算结果基于统计原理进行统计分析，给出序列的统计均值及其方差。统计对象有逐日 NAKAI 法拟合参数（含振幅比 A、滞后因子 B、漂移系数 $RK1$ 和方差 $SMD1$）和逐月调和分析结果（含方差 $SMD2$，漂移系数 $RK2$，M3、S2、M2、K1、O1 波群的潮汐参数）。

8.4　HT 程序计算目录

8.4.1　一级目录

一级目录\ T24\ 存放常数表、计算程序和计算过程中的过渡文件，过渡文件的扩展名一律约定为"DA0"。

8.4.2　二级目录

二级目录\ T24\ HGCZWJ\ 存放整点观测数据和引导文件，与 HV 程序共用。MT 程序的二级目录为\ T24\ MGCZWJ\ 。

二级目录\ T24\ ZDZHTJS\ 存放计算结果，相应 HV 程序的二级目录为\ T24\ ZDZHVJS\ ，MT 程序的二级目录为\ T24\ FZZMTJS\ 。

8.4.3　三级目录

为存放不同类别的计算结果，在二级目录\ T24\ ZDZHTJS\ 之下建立 10 个三级子目录，依次为：

HTDGXXWJ—存放掉格信息；

HTNA0WJ—存放 NAKAI 拟合原始结果；

HTNAKWJ—存放 NAKAI 拟合筛选结果；

HTNAAWJ—存放 NAKAI 拟合 *A* 结果；

HTNBBWJ—存放 NAKAI 拟合 *B* 结果；

HTNKKWJ—存放 NAKAI 拟合 *RK1* 结果；

HTPHZDZWJ—存放平滑数据；

HTFBCSWJ—存放调和分析分波潮汐参数；

HTTHCSWJ—存放调和分析原始结果；

HTLONWJ—存放长周期波振幅相位。

MT 程序的三级目录是在 \ T24 \ FZZHTJS \ 之下，并将上述 10 个三级子目录中的 HT 换为 MT。

HV 程序的三级目录是在 \ T24 \ ZDZHVJS \ 之下，并将上述 10 个三级子目录中的 HT 换为 HV。但应删除 HVLONWJ（HV 程序计算结果无长周期波），增加 HVN48WJ（存放 48 小时组 NAKAI 拟合计算结果）。

8.5　常数表 D484. DAT

HT 程序和 MT 程序调用的常数表为 D484. DAT，该常数表所含数据依次有：

（1）484 个分波（1/3 日波 16 个、半日波 150 个、周日波 197 个、长周期波 121 个）的杜德森幅角数、起潮位阶数、振幅因子。

（2）6 个天文参数每小时变化角度。

（3）波群分组参数：逐月计算将 484 个分波分为 19 个波群（1/3 日波群 1 组、半日波群 5 组、日波群 6 组、长周期波群 7 组）；逐年计算将 484 个分波分为 22 个波群（1/3 日波群 1 组、半日波群 6 组、日波群 8 组、长周期波群 7 组）；整体计算将 484 个分波分为 25 个波群（1/3 日波群 1 组、半日波群 6 组、日波群 11 组、长周期波群 7 组）。

HV 程序调用的杜德森常数表为 D484A. DAT，它与 D484. DAT 的区别有两点：一是文件首增加了维尼迪柯夫数字滤波器；二是为了适应 1/3 日、半日和周日波群的分开计算，在原 D484. DAT 的逐月、逐年、整体计算波群分组参数尾部都增加了两行。

8.6 数据格式与量纲

8.6.1 数据格式

观测数据格式为文本数据格式，数据序列每小时 1 条记录，时间数据含 10 个数字字符，"年"占 4 位，"月""日""时"各占 2 位，如 2017123101 表示 2017 年 12 月 31 日 01 点；缺数"记录"可以忽略，也可用"999999"占位。

8.6.2 数据量纲

原始数据量纲约定：重力 $10^{-8}\,\mathrm{ms}^{-2}$（微伽）；倾斜 $10^{-3}''$（毫角秒）；体应变 10^{-9}；水位以"m"（米）为单位；洞体线应变和钻孔线、差、面应变数据以"10^{-10}"为单位。

对数据做预处理后得到的数据称为平滑数据，平滑数据的量纲约定：重力 $10^{-8}\,\mathrm{ms}^{-2}$（微伽）；倾斜 $10^{-3}''$（毫角秒）；体、线、差、面应变 10^{-9}；水位以"mm"（毫米）为单位。

8.7 引导文件

8.7.1 引导文件的构成

观测数据以测项分量为独立单元构建数据文件，每个数据文件设置 12 个约束（属性）参数，形成 1 条记录，称为引导记录，记录内的参数称为引导参数。将所有引导记录集合构成的文件称为引导文件，并以 ZDZCXB. FLE 表示。计算时，程序对引导文件是实名调用、自动导入。

引导文件是联系计算程序和所有待计算数据文件（数据）的纽带，引导文件的记录条数与待计算的数据文件个数相同。

引导文件使用的 12 个属性参数在源程序中的代码依次是：（1）顺序号 IXH；（2）数据文件名 CAGCZ；（3）测站经度 WL（°）；（4）测站纬度 RZ（°）；（5）测站高程 H1（m）；（6）测量基线方位角 AZ0（°）；（7）通道号 NG（整型）；（8）时差校正 BT（相对于北京时间之间的时差）；（9）数据量纲换算系数 BZ0；（10）潮汐振幅比（NAKAI 拟合比值的统计均值 A）DELT0；（11）选择参数 IQXZ；（12）测项分量名称 TZMC。

8.7.2　引导参数的约定及其作用

（1）顺序号：是引导文件内各条记录从 1 开始向后的自然排列顺序号，设置该字段可灵活选择计算对象。例如，当只需要计算第 J 个数据文件时，在执行计算程序时，根据提示输入"IHH1，IXHN"，在终端输入"J，J"即可；当需要计算第 J_1 ～ J_2 的数据文件时，在终端输入"J_1，J_2"即可；当 J_2 大于引导文件的记录条数时，计算完最后 1 个数据文件后自动结束。例如，引导文件有 100 条记录，对应有 100 个数据文件，但我们只需要计算第 13 ～ 15 个数据文件，则在终端提示输入"IHH1，IXHN"后，键入"13，15"即可完成第 13 ～ 15 个数据文件的计算。

（2）数据文件名 CAGCZ：约定长度 18 个西文字符，由阿拉伯数字 0～9 和英文字母构成。其中：第 1 ～ 5 位字符为台站的 5 位数字代码；第 6 位字符为同一站点的顺序号，可代表同一台站的不同测项或同一测项分量的不同观测仪器等；第 7 ～ 10 位字符为测项分量 4 位数字代码；第 11 位的字符由自己定义，例如，对于"十五"数据可用"S"表示，模拟观测数据可使用"M"表示，但不能使用"L"表示，程序约定"L"是理论值的专用字符（它是为了检验计算程序，将理论值作为观测数据计算对象时的专用字符）；第 12 位字符"H"代表整点值文件，"M"代表分钟值文件；第 13、14 位字符可用 0 ～ 9 数字字符或英文字母，以便区分同一测道的不同时段记录等，对年度数据文件，可用年度的后 2 位数字；第 15 ～ 18 位为数据文件扩展名，一律使用".TXT"。

（3）～（5）地理坐标：经度 WL、纬度 RZ、高程 H1。

经度、纬度是固体潮理论值计算的必要参数，不可缺少，其量纲应以"°"为单位，准确到0.001°，取位至0.0001°。高程H1应以"m"（米）为单位，取位至0.1 m。H1也是理论值计算的必要参数之一，一般情况下，它相比于地球半径显得很小，对计算结果的影响也较小，特别是在低山、丘陵和平原地区，其影响可以忽略，如果该值未知，可用估计值代替。但在高原地区不能忽略其影响，此时如果对该参数进行估计，也要使其与真实值尽可能接近。需要注意的是，无论高程对计算结果有无影响，因为计算程序已经设置了它，输入参数中就不能缺省它。

（6）方位角AZ0：方位角是倾斜和分量应变（含线应变、差应变）的必要属性参数，以"°"为单位，准确到1°，取位至0.1°。盲向测量如重力、体应变、面应变和水位等测项的观测结果与方位角无关，其值可设置为0°，没有实质性意义，只是起占"位"的作用。

（7）通道号NG：固体潮汐有多个测项，有的测项还具有多个分量，该程序针对的计算对象是测项分量。各个测项分量的物理意义及其理论值的计算公式各不相同。为了适应不同测项分量的计算，计算程序中设置了8个通道，用整型数NG表示，其取值与测项分量的对应关系如下：

NG=1—重力（代码2121），观测数据正负号的约定为重力指向地心为正，反之为负。

NG=2—静水位（代码4112）或体应变（代码2330）。其水位符号定义为：地面井口标高为"0"，垂直向下为"正"，读数为井口至浮子（水位传感器）所在水面的高差，水位下降时读数增大（对应张应变），反之读数减小（对应压应变）；对于体应变，适用于（定义的）受压读数减小、拉张读数增大的数据序列。

NG=3—动水位（代码4111）或体应变（代码2330）。其水位符号定义为：地面井内（水位传感器）处的水面标高为"0"，垂直向上为"正"，读数为观测井口（水位传感器）处水面至实际水面的高差，水位下降时读数减小（对应张应变），反之读数增大（对应压应变）；对于体应变，适用于（定义的）受压读数增大、拉张读数减小时的体应变观测数据序列。

NG=4—倾斜：3位数字代码221—水平摆、222—垂直摆、223—水管、225—井下摆/竖直摆；其符号定义为北倾/东倾为正，反之为负；第4位数字码1—南北分量（0°）、2—东西分量（90°）、3—北东分量

（45°）、4—北西分量（315°）。注意：对倾斜分量计算结果起决定作用的不是分量代码第 4 位的数字，而是方位角 AZ0。

NG = 5—洞体水平线应变：3 位数字代码 231—伸缩，其符号定义为拉张为正，反之为负；第 4 位数字码的定义与倾斜同。

NG = 6—钻孔水平线应变：3 位数字代码 232—YRY/RZB，其符号定义为拉张为正，反之为负，钻孔放大系数取 1；第 4 位数字码的定义与伸缩同。

NG = 7—钻孔水平差应变：4 位数字代码 2326、2327，其符号定义同 5。计算时，所给方位角为左侧方位角，例如应变 1 道 2326 定义为 90°方向的观测值减去 0°方向的观测值，则 AZ1 = 0°；应变 2 道 2327 定义为 45°方向的观测值减 315°方向的观测值，则 AZ2 = 315°。钻孔放大系数取 3.2。

NG = 8—钻孔水平面应变：4 位数字代码 2325 = 1 + 3、2328 = 2 + 4，其符号定义同 5，钻孔放大系数取 1。

（8）时差校正 BT：对于按北京时间计时的数据序列，BT = 0；以世界时间计时的数据序列，BT = 8，其余类推。

（9）数据量纲换算系数 BZ0：为防止数据量纲不规范或比例系数存在整体性系统偏差而设置。它只适用于数据文件全序列具有相同换算系数的情况。如果数据序列存在比例系数分段现象，则需要预先利用其他程序，借助人工操作方法进行归一化换算，使整个数据文件的量纲达到统一。

（10）各个数据文件之潮汐振幅比 A 的近似值 DELT0。理论上，重力 DELT0 ≈ 1.16，倾斜 DELT0 ≈ 0.69，应变 DELT0 ≈ 1.00。当实际结果相差太大时，可先通过初步计算获得其初始值。设置该参数的主要作用是区别 A 序列中的过大或过小值，并进行合理取舍。

（11）选择参数 IQXZ：如果需要对该文件执行计算，则设置为 1；否则，设置为非 1。

（12）测项名称 TZMC：限 28 个西文字符（或 14 个汉字），不能多于 28 个西文字符，可少于 28 个，但不能少于 2 个西文字符。如果名称中既有中文字符又有西文字符，则西文（含数字）字符最好成对出现。

8.8 计算及结果说明

8.8.1 计算

计算前需做好两件事，一是根据计算对象（数据文件），按§8.7建立引导文件；二是选定计算磁盘，建立一级目录＼T24＼，再按§8.4.2建立二级和三级子目录。如果数据的时间序列长，而又只需要计算某一时间段的数据，则可在引导文件前加起、止时间（含年、月、日的8位整型数）。

将执行程序和常数表置于＼T24＼目录下，将观测数据及其引导文件置于＼T24＼HGCZWJ＼或＼T24＼MGCZWJ＼目录下，点击执行程序，首先输入待计算文件的起、止序号（JSXH1，JSXHN，即引导文件中的观测数据文件的顺序号）和计算内容的截止参数JSJD0，然后按回车键，程序将逐一对起、止序号区间的数据文件执行计算直至结束。

因为计算分钟值数据占用时间较长，实际计算中，有时并不一定需要做全套计算，如有时可能只需要进行到预处理计算，有时只需要进行到逐月计算，有时只需要进行到逐年计算，有时又需要进行到整体计算等，设置JSJD0这个参数可按需要灵活控制计算的进程。JSJD0的取值为$0 \sim 3$，其所控制的计算进程如下：

JSJD0 = 0，截止到预处理计算；

JSJD0 = 1，截止到逐月调和分析计算；

JSJD0 = 2，截止到逐年调和分析计算；

JSJD0 = 3，截止到整体调和分析计算。

注意：计算时应查看磁盘剩余空间，确保剩余空间是HGCZWJ或MGCZWJ文件所占空间的2倍以上，以便满足存放计算结果对磁盘空间的需求。

8.8.2 主要计算结果说明

主要计算结果有三类：一是逐日拟合计算结果；二是分波群潮汐参数计算结果；三是主要计算结果汇总表。

8.8.2.1 逐日拟合计算结果

每个数据文件在数据预处理阶段将给出 7 个结果文件，每个文件名称均含 24 个西文字符。字符 1～14 为数据文件名，字符 15～17 为 "HT-"（"HT" 为计算程序代码，在 HV 程序计算结果中为 "HV"，在 MT 程序计算结果中为 "MT"），字符 21～24 为 ".TXT"，字符 18～20 为结果类别区分字符，它们的代码及物理意义如下：

DGZ：掉格信息，存放目录为 HTDGXXWJ；

NA0：逐日 NAKAI 拟合原始结果，存放目录为 HTNA0WJ；

NAK：逐日 NAKAI 拟合有效序列结果，存放目录为 HTNAKWJ；

NAA、NBB、NKK：逐日 NAKAI 拟合潮汐振幅比 A、滞后因子 B、漂移一次项系数 $RK1$ 的有效序列结果，存放目录分别为 HTNAAWJ、HTNB-BWJ、HTNKKWJ。

PHZ：平滑数据，存放目录为 HTPHZDZWJ（在 MT 程序计算结果中为 MTPHFZZWJ）。

8.8.2.2 分波群潮汐参数计算结果

每个数据文件在调和分析阶段将给出 3 个结果文件，每个结果文件名称均含 24 个西文字符。其中，字符 1～14 为数据文件名；字符 15～17 设置同 §8.7.2；字符 21～24 为 ".TXT"；字符 18～20 为结果类别区分字符，它们的代码及物理意义如下：

ZTB：调和分析明细结果，存于三级目录 \ T24 \ ZDZHTJS \ HTTHC-SWJ \ 下；

M2A/M2B：潮汐因子/相位滞后，这两个文件存于三级目录 \ T24 \ ZDZHTJS \ HTFBCSWJ \ 下。

8.8.2.3 主要计算结果汇总表

在计算批量文件时，抽取每个文件的一些重要计算结果存放在称之为汇总表的文件中，可方便横向对比或后续使用，汇总表文件均存放在二级目录 ZDZHTJS 中。这些汇总表有：

（1）表 1. HT-DGXXHZB. BBB—掉格信息汇总表，给出的信息依次有：序号、文件名（取前 14 个字符，以下同）、台站名（取前 8 个字符，以下同）、量纲换算系数 BZ、利用数据个数、差分限 1、差分限 2、初次平滑数据掉格数 $IDG1$、NAKAI 拟合后二次平滑数据掉格数 $IDG2$、掉格总数 $IDGZ = IDG1 + IDG2$。

（2）表 2. HT-NAKJGHZB. BBB—逐日 NAKAI 拟合参数及统计结果汇总表，给出的信息依次有：序号、文件名、台站名、量纲换算系数 BZ、方位角 $AZ0$、通道号 NG、首数日期、尾数日期、原始数据个数、完整率、利用数据个数、利用率、数据天数、掉格总数、潮汐响应振幅比 A 及其离散百分比相对误差 AM、滞后因子 B 及其离散误差 BM、漂移一次项系数 $RK1$ 及其离散误差 $RK1M$、拟合方差 SMD 及其离散误差 $SMDM$。

（3）表 3. HT-ZYCXCSHZB. BBB—逐月潮汐参数及统计结果汇总表，给出的信息依次有：序号、文件名、台站名、量纲换算系数 BZ、首数日期、尾数日期、原始数据个数、首次计算方差、利用数据个数、第二次计算方差、漂移一次项系数 $RK2$，以及 M3、S2、M2、K1、O1 这 5 个波群的潮汐参数（$M3A$、$M3B$、$S2A$、$S2B$、$M2A$、$M2AM$、$M2B$、$K1A$、$K1B$、$O1A$、$O1B$）（相位滞后以"°"为单位，$M2AM$ 为潮汐因子 $M2A$ 的中误差，以下同）。

（4）表 4. HT-ZTNDCXCSHZB. BBB—整体/年度间隔计算的 6 个分波群潮汐参数汇总表，给出的信息依次有：序号、文件名、台站名、量纲换算系数 BZ、首数日期、尾数日期、原始数据个数、初次计算方差、利用数据个数、第二次计算方差 $SMD2$、漂移一次项系数 $RK2$，以及 M3、S2、M2、K1、S1、O1 这 6 个波群的潮汐参数（$M3A$、$S2A$、$S2B$、$M2A$、$M2AM$、$K1A$、$S1A$、$O1A$）及相位滞后（$M3B$、$S2B$、$M2B$、$K1B$、$S1B$、$O1B$）。

（5）表 5. HT-SJNZZLZBHZB. BBB—数据内在质量评价参数汇总表，给出的信息依次有：序号、文件名、台站名、首数日期、尾数日期、原始数据个数、利用数据个数。来自逐日拟合参数的统计均值有：方差 *SMDZR*、漂移一次项系数 *RK1ZR* 及其离散误差 *RK1MZR*、潮汐响应振幅比 *A* 及其离散相对百分比误差 *AM*、滞后因子的离散误差 *BM*；来自逐月调和分析计算参数的统计均值有：方差 *SMDZY*、漂移一次项系数 *PYX-SZY*、M2 波的潮汐因子 *M2A* 及其离散相对百分比误差 *M2AM*、M2 波相位滞后 *M2B* 的离散误差 *M2BM*；来自年度或整体调和分析计算参数有方差 *SMDNZ*、漂移一次项系数 *PYXSZTND*、S1 波群的观测振幅 *S1A*。

（6）表 6. HT-LONGTIMEHZB. BBB—长周期潮汐波群/长周期波振幅和相位汇总表，给出的信息依次有：序号、文件名、台站名、利用数据个数。来自整体或年度调和分析计算结果的 *SMDZR2*、漂移一次项系数 *RK2*，以及 2 ~ 365 天之间不同周期波群的振幅和相位（T2.85A、T2.85B、T5.71A、T5.71B、T7.10A、T7.10B、T9.13A、T9.13B、T11.41A、T11.41B、T13.66A、T13.66B、T22.83A、T22.83B、T27.55A、T27.55B、T31.81A、T31.81B、T45.66A、T45.66B、T91.31A、T91.31B、T182.6A、T182.6B、T365.2A、T365.2B，数字以"天"为单位）。

第 9 章 程序检验

对程序的检验包含两个层面，一是正确性检验，二是实用性检验。正确性检验通过将理论值作为观测值输入程序计算来完成，实用性检验通过大量实际观测数据的跟踪分析计算来完成。

9.1 理论值计算程序

要了解如何用固体潮理论值作为输入数据对程序实施正确性检验，有必要先简要了解一下固体潮理论值计算程序。

固体潮理论值计算有两种方法，一是天顶距法，二是分波法。基于天顶距法编写的程序约定为 EARTHTIDE. FOR，基于分波法编写的程序为 EARTHTIDE484. FOR，"484" 意为取 484 个分波计算程序。计算对象的属性参数有 7 个，依次是台站 5 位数字代码、经度、纬度、高程、时差校正、起/止年月日等，它们可通过调用引导文件 STATION. DAT 导入计算程度中。计算前，先在一级目录 \ T24 \ 下建立二级目录 \ LLZ \，再在二级目录 \ LLZ \ 下建立四个三级目录 \ LLFZZ \、\ LLZDZ \、\ WFFZZ \、\ WFZDZ \，分别存放理论分钟值、理论整点值、微分分钟值、微分整点值。计算时，终端将首先提示输入 "NF"。NF 只能有两种选择："1" 或者 "8"。如果输入 1，则将继续提示输入通道号 NG1、方位角 AZ1。如果 NG1 为 4/5/6/7 中的任意一数，则后续 AZ1 应输入待计算测项分量的方位角；如果 NG1 为 1/2/3/8 中的任意一数，则后续 AZ1 可为 0，因为这些测项分量的计算结果与方位角无关，AZ1 仅仅起占位作用。如果 "NF" 输入 8，后面将不会再提示输入信息，程序将一次性完成从 1 到 8 的 8 个通道的第一分量（有向测项分量 AZ1 = 0 的分量）的计算。计算结果文件名约定为 18 位，其中：第 1~5 位为测站 5 位数字代码；第 6 位为测站顺序码；第 7~10 位为测项分量代码；第 11 位约定为 "L" 则特指理论值、"W" 特指微分值；第 12 位为 "H" 则特指整点值、"M" 则特指分钟值；第 13、14 位为机动码；第 15~18 位为扩展名，一律设置为 ".TXT"。为了区分两个理论值计算程序计算的结果，可以利用结果文件名的第 13、14 个字符，例如，天顶距法的结果文件名可用 "TT"，分波法的结果文件名可用 "DD"。

9.2　理论值计算方法检验

固体潮观测数据分析的基本方法是将观测值与同步理论值进行比较。在数据预处理阶段，使用天顶距公式计算固体潮理论值（简称 "T 法理论值"）；在数据调和分析计算阶段，使用分波公式计算固体潮理论值（简称 "D 法理论值"）。选取北京白家疃地震台（116.170°E、40.180°N、197.5 m）2018 年度的固体潮理论值，表 9-1 列出了两种理论值序列差值统计结果。表中结果表明：重力极差介于 $-0.34 \times 10^{-8} \sim 0.38 \times 10^{-8}$ ms^{-2}；体应变介于 $-0.09 \times 10^{-9} \sim 0.09 \times 10^{-9}$；倾斜介于 $-0.09 \times 10^{-3}'' \sim$ $0.06 \times 10^{-3}''$；钻孔面应变介于 $-0.13 \times 10^{-9} \sim 0.12 \times 10^{-9}$。

表 9-1　T 法与 D 法理论值差值统计结果

序号	分量	差值个数	差值极小	差值极大	方差
1	重力/(10^{-8} ms^{-2})	525600	-0.34	0.38	0.09
2	体应变 1/(10^{-9})	525600	-0.09	0.08	0.02
3	体应变 2/(10^{-9})	525600	-0.08	0.09	0.02
4	倾斜 NS/($10^{-3}''$)	525600	-0.09	0.06	0.02
5	洞应变 NS/(10^{-9})	525600	-0.09	0.07	0.02
6	钻孔应变 NS/(10^{-9})	525600	-0.09	0.07	0.02

续表 9-1

序号	分量	差值个数	差值极小	差值极大	方差
7	钻孔差应变 01/(10^{-9})	525600	-0.05	0.07	0.02
8	钻孔面应变 01/(10^{-9})	525600	-0.13	0.12	0.03

9.3 理论值的 NAKAI 计算结果检验

用固体潮理论值作为观测值实施 NAKAI 计算，所得的潮汐响应比值 A 应为 "1"，所得滞后因子 B 应为 "0"，如果有差别，应当在计算误差所允许的范围之内。表 9-2 给出了 T 法理论值的 NAKAI 拟合结果的统计均值及其方差。表中结果表明：A 的统计均值为 1.00000，离散相对误差小于 0.135%；B 的统计均值（绝对值）小于 0.00012，离散误差小于 0.153%；拟合方差 SMD 小于 0.00250。

表 9-2 T 法理论值逐日拟合结果均值

序号	分量	方位	A	$AM/\%$	B	$BM/\%$	$RK1$	SMD
1	重力	0.0	1.00000	0.032	0.00001	0.032	0.00002	0.00249
2	体应变 1	0.0	1.00000	0.072	-0.00001	0.104	0.00001	0.00222
3	体应变 2	0.0	1.00000	0.072	-0.00001	0.104	-0.00001	0.00222
4	倾斜 NS	0.0	1.00000	0.134	-0.00002	0.152	-0.00000	0.00223
5	洞应变 NS	0.0	1.00000	0.072	-0.00011	0.098	-0.00002	0.00223
6	钻孔应变 NS	0.0	1.00000	0.072	-0.00011	0.098	-0.00002	0.00223
7	钻孔差应变	0.0	1.00000	0.111	0.00011	0.135	-0.00002	0.00223
8	钻孔面应变	0.0	1.00000	0.046	0.00001	0.061	-0.00002	0.00224

表 9-3 列出了 D 法理论值的 NAKAI 拟合结果的统计均值及其方差。

表中结果表明：A 的统计均值介于 $0.99995 \sim 1.00018$ 之间，离散相对误差小于 0.17%；B 的统计均值（绝对值）小于 0.017，离散误差小于 0.13%；拟合方差 SMD 小于 0.035。

表9-3　D 法理论值逐日拟合结果均值

序号	分量	方位	A	$AM/\%$	B	$BM/\%$	$RK1$	SMD
1	重力	0.0	1.00018	0.13947	−0.01337	0.12443	−0.00383	0.03435
2	体应变1	0.0	1.00017	0.13914	−0.01591	0.12306	0.00074	0.00924
3	体应变2	0.0	1.00017	0.13914	−0.01591	0.12306	−0.00074	0.00924
4	倾斜 NS	0.0	0.99995	0.16561	−0.01112	0.12825	0.00013	0.00514
5	洞应变 NS	0.0	1.00001	0.15280	−0.01175	0.12605	0.00117	0.00731
6	钻孔应变 NS	0.0	1.00001	0.15280	−0.01175	0.12605	0.00117	0.00731
7	钻孔差应变01	0.0	1.00001	0.16035	−0.01463	0.12609	0.00043	0.00556
8	钻孔面应变01	0.0	1.00016	0.13981	−0.01623	0.12282	0.00107	0.01287

9.4　理论值的调和分析计算结果检验

表9-4 列出了 T 法理论值的调和分析计算结果。表中结果表明：$M2A$ 介于 $1.00005 \sim 1.00007$，$M2B$（绝对值）小于 $0.009°$；$O1A$ 介于 $0.99978 \sim 0.99990$，$O1B$（绝对值）小于 $0.07°$。

表9-4　T 法理论值的调和分析结果

序号	分量	$S2A$	$S2B$	$M2A$	$M2B$	$K1A$	$K1B$	$O1A$	$O1B$
1	重力	0.99979	−0.00562	1.00007	−0.00883	0.99953	0.00847	0.99987	−0.02761
2	体应变1	0.99983	−0.00406	1.00007	−0.00747	0.99953	0.00811	0.99990	−0.02279

续表 9-4

序号	分量	S2A	S2B	M2A	M2B	K1A	K1B	O1A	O1B
3	体应变2	0.99983	-0.00406	1.00007	-0.00747	0.99953	0.00811	0.99990	-0.02279
4	倾斜NS	0.99982	-0.00336	1.00007	-0.00702	0.99972	0.01175	0.99978	-0.06755
5	洞应变NS	0.99979	-0.00386	1.00006	-0.00728	0.99952	0.00797	0.99989	-0.02358
6	钻孔应变NS	0.99979	-0.00386	1.00006	-0.00728	0.99952	0.00797	0.99989	-0.02358
7	差应变O1	0.99978	-0.00342	1.00005	-0.00693	0.99952	0.00838	0.99990	-0.02028
8	面应变O1	0.99992	-0.00400	1.00007	-0.00745	0.99952	0.00831	0.99989	-0.02285

表9-5列出了D法理论值的调和分析计算结果。表中结果表明：M2A介于1.00000~1.00001，M2B（绝对值）小于0.013；O1A介于1.00000~1.00007，O1B（绝对值）小于0.017。

表9-5　D法理论值的调和分析结果

序号	分量	S2A	S2B	M2A	M2B	K1A	K1B	O1A	O1B
1	重力	1.00001	-0.00001	1.00001	-0.01234	1.00000	0.00047	1.00000	-0.01288
2	体应变1	1.00001	0.00005	1.00001	-0.01233	1.00000	0.00051	1.00000	-0.01282
3	体应变2	1.00001	0.00005	1.00001	-0.01233	1.00000	0.00051	1.00000	-0.01282
4	倾斜NS	0.99999	0.00024	1.00000	-0.01208	1.00007	0.00001	1.00007	-0.01607
5	洞应变NS	1.00000	-0.00007	1.00000	-0.01237	1.00000	0.00059	1.00000	-0.01305
6	钻孔应变NS	1.00000	-0.00007	1.00000	-0.01237	1.00000	0.00059	1.00000	-0.01305
7	差应变O1	1.00000	-0.00012	1.00000	-0.01237	1.00000	0.00051	1.00000	-0.01203
8	面应变O1	1.00001	-0.00003	1.00001	-0.01234	1.00000	0.00047	1.00000	-0.01289

9.5　对实际观测数据的计算检验

通过计算大量观测数据，完成了对程序的适用性检验。作者完成了4

份观测数据跟踪分析报告，分别是：

（1）地震台站 2015—2018 年重力整点值观测数据的初步跟踪分析结果；

（2）地震台站 2015—2018 年地倾斜整点值观测数据的初步跟踪分析结果；

（3）地震台站 2015—2018 年地应变整点值观测数据的初步跟踪分析结果；

（4）地震台站 2015—2018 年深井承压水位整点值观测数据的初步跟踪分析结果。

读者如有需要，可以直接和作者联系获取。

第 10 章　重力潮汐整点值观测数据初步跟踪分析结果

本章介绍中国地震台站 2015—2018 年重力潮汐整点值观测数据的初步跟踪分析结果。其数据来自中国地震台网中心前兆台网部预处理数据库。结果选用全国 23 个省（直辖市、自治区）的 51 个台/54 套重力仪的整点值观测数据共 1.55×10^6 个。该数据按年度分割成 189 个数据文件。在数据预处理过程中，对其中 24 个数据文件进行了记录格值的统一修正，对其中 19 个数据文件进行了记录格值的分段修正。逐日 NAKAI 拟合计算给出每个文件的日序列拟合参数，基于统计学原理给出各个拟合参数的统计均值及其离散（相对）误差，分别用 A、AM、B、BM、$RK1$、$RK1M$、$SMD1$ 和 $SMD1M$ 来表示它们，这些参数统称为逐日 NAKAI 拟合特征参数。对每个数据文件做年度非数字滤波调和分析计算，给出的年度计算结果有：漂移系数 $RK2$、年度方差 $SMD2$，以及 M3、S2、M2、K1、O1 这 5 个主波群的潮汐因子（$M3A$、$S2A$、$M2A$、$K1A$、$O1A$）和相位滞后（$M3B$、$S2B$、$M2B$、$K1B$、$O1B$）等，这些参数统称为年度调和分析特征参数。本章详细介绍了 A、AM、B、$RK1$、$SMD1$、$RK2$、$SMD2$、$M2A$ 和 $M2B$ 这 9 个特征参数，并介绍了各个分量潮汐响应振幅比 A 在四个年度间的极差统计结果。为方便特征参数的横向对比，将全部文件的同一特征参数汇总并按从优到劣的顺序进行排列，介绍顺序排列序列中优段 95%、90% 和 70% 的特征参数范围及其均值。将所有特征参数劣段 10% 的结果文件视为特征参数异常文件，将异常文件汇总并按仪器类别和省（市、区）分别统计，本书列出了异常文件在不同仪器类别中出现的比率，以及在各个省（市、区）中出现的比率。这些结果可以作为参照，以对今后的同类观测结果或对其他年度的同类观测结果进行评判。

10.1　数据预处理

观测数据在进入实际应用之前，需要进行平滑和归一处理。所谓平滑处理就是剔除掉格和"坏数据"，使其数据的时序曲线显得平滑。所谓归一处理，主要是核准数据量纲换算所使用的记录格值是否正确，如果不正确，则基于潮汐理论和统计学原理，将其归算到统一系统中。

10.1.1　数据概况

本书收集到 2015—2018 年全国地震监测系统 51 个台站/54 套重力仪的整点值观测数据，这些数据来自中国地震台网中心前兆台网部预处理数据库。将这些数据以年度为单位分割成 189 个数据文件，共拥有 1554433 个整点值数据。数据经过 NAKAI 法拟合筛选，最终获得 1545659 个有用数据参与最终结果的计算，数据的整体完整率为 93.921%、整体利用率为 99.429%。各个年度的数据分布情况见表 10-1。

表 10-1　台站重力 2015—2018 年观测数据统计表

年度	文件/个	日历/个	实有数据/个	完整率/%	利用数据/个	利用率/%
2015	45	394200	373064	94.638	369392	99.016
2016	45	395280	385044	97.410	383307	99.549
2017	47	411720	377650	91.725	375814	99.515
2018	52	455520	418675	91.911	417146	99.635
合计/平均	189	1656720	1554433	93.921	1545659	99.429

10.1.2 掉格改正

由于仪器性能、地基或其他环境干扰等因素的影响，观测数据序列总是向某一方向偏转，当偏转达到极限时，就必须进行记录平衡点的调整，从而使得数据序列的比较基准发生变化，导致数据序列中出现突升或突降的"阶梯"，这种"阶梯"通常称之为"掉格"。掉格的存在使得数据不方便使用，特别是当使用 HT 法对 1 个年度数据做整体计算时，掉格的存在将会使计算结果失真。HT 程序的预处理阶段设置了掉格改正功能，并在相应的计算结果中记忆了各个数据文件的掉格次数。统计结果显示：189 个数据文件的总掉格次数为 841 次，其中掉格 0～1 次的文件有 81个、掉格 2～5 次的文件有 58 个、掉格 6～10 次的文件有 25 个、掉格11～20 次的文件有 17 个、掉格大于 20 次的文件有 8 个，掉格次数最多的是固原炭山 6402312121SH17 的 43 次（见表 10－2）。

表 10－2 掉格次数大于 20 的 8 个文件

序号	文件名	台站地点	利用数据/个	掉格/次
1	5100152121SH18	成都	8413	21
2	53029c2121GH15	下关	6335	35
3	53029c2121SH17	下关	2750	30
4	5320012121GH17	贵阳	8502	21
5	5400142121SH16	拉萨	8409	22
6	63019a2121SH15	大武台	8329	35
7	6402312121SH17	固原炭山	8389	43
8	65096H2121GH17	榆树沟	4315	24

10.1.3 记录格值校准

数据以"天"为单位，基于 NAKAI 拟合检验公式（10－1）进行拟合计算：

$$v_t = aR_t + bR'_t + \sum_{l=0}^{2} k_l t^l - Y_t$$

$$b = a\Delta t \tag{10-1}$$

每天可给出一组潮汐振幅比 a_i。每个数据文件全序列 n 天可给出含有 n 个 a_i 序列值的一组 $[a]_n$，$[a]_n = [a_1, a_2, \cdots, a_n]$。基于统计原理可给出 $[a]_n$ 序列的统计均值 A。A 定义为观测振幅与理论振幅之比，通常称为潮汐振幅比。显然，A 与仪器的记录格值呈线性关系。如果仪器标定准确无误，全年的 a 值序列应该接近某一基值。如果记录格值使用不当，a 值序列将会出现以下两种现象：①存在明显的系统偏差；②存在明显的分段现象。

对于情况①，可以在引导文件中修改换算系数 BZ 进行调整。表 10 - 3 列出了各个年度数据记录格值进行了整体调整的有关文件。

表 10 - 3　记录格值统一修正的 24 个数据文件

年度	序号	文件名	台站地点	换算系数
2015	1	5100972121SH15	西昌小庙	0.300
	2	5101062121SH15	姑咱	2.000
	3	5305652121SH15	勐腊	-0.600
2016	1	1500362121SH16	海拉尔	0.840
	2	3727812121SH16	济南	2.000
	3	5100972121SH16	西昌小庙	0.300
	4	5101062121SH16	姑咱	2.000
	5	5300172121SH16	昆明	1.073
	6	5305652121SH16	勐腊	-0.600
	7	5320012121SH16	贵阳	-0.700

续表 10 - 3

年度	序号	文件名	台站地点	换算系数
2017	1	1500362121SH17	海拉尔	0.840
	2	2200402121SH17	长白山	1.140
	3	3727812121SH17	济南	2.000
	4	5100972121SH17	西昌小庙	0.300
	5	5101062121SH17	姑咱	2.000
	6	53029c2121SH17	下关	1.186
	7	5305652121SH17	勐腊	-0.600
2018	1	1500362121SH18	海拉尔	0.840
	2	37005K2121SH18	郯城	0.800
	3	3727812121SH18	济南	1.771
	4	5100972121SH18	西昌小庙	0.300
	5	5101062121SH18	姑咱	2.000
	6	53029c2121SH18	下关	-8.230
	7	65015d2121SH18	库尔勒	1.493

对于情况②，a 值序列存在明显分段现象时，可则采用以下步骤进行调整：

①根据 [a] 的时序曲线确定分段节点（准确到日期）；②分段计算潮汐振幅比均值 A_j；③根据 A_j 确定各区段的换算系数 BZ_j；④对数据进行分段换算，换算后的数据文件名的第 11 个字符以 "G" 替换原数据文件名的 "S"。表 10 - 4 列出了分段改正的 19 个文件及其改正信息。改正系数 "0.000" 意为删除该区段的数据记录。

表 10 - 4　记录格值分段调整信息

年度	文件名	台站地点	分段	截止日期1	BZ_1	截止日期2	BZ_2	截止日期3	BZ_3
2015	1500362121SH15	海拉尔	2	20151113	1.000	20151231	0.825		
	3500402121SH15	厦门	2	20151008	-0.548	20151231	-1.090		
	37005D2121SH15	郯城马陵山	4	20150314	0.543	20150527	0.000	20151010	0.508
				20151231	0.000				
	4200232121SH15	武昌九峰	2	20151103	0.800	20151231	0.689		
	5100522121SH15	攀枝花	2	20150326	1.131	20151231	1.000		
	53029c2121SH15	下关	2	20150526	1.955	20151231	1.000		
	5310832121SH15	孟连	3	20150128	1.000	20150817	0.000	20151231	1.000
	5320012121SH15	贵阳	3	20150922	-0.690	20151115	-3.188	20151231	-0.681
2016	5135112121SH16	自贡	4	20160328	1.000	20160508	-2.500	20161213	1.000
				20161231	-1.706				
	4200232121SH16	武昌九峰	2	20160331	0.669	20161231	1.000		
	4600172121SH16	琼中	2	20160529	0.646	20161231	1.000		
	53029c2121SH16	下关	2	20161120	1.000	20161231	0.000		
	65096H2121SH16	榆树沟	3	20160811	1.000	20161206	12.200	20161231	1.518
2017	5320012121SH17	贵阳	2	20171113	-0.693	20171231	-3.787		
	65096H2121SH17	榆树沟	8	20170209	3.550	20170221	1.000	20170401	1.620
				20170509	2.905	20170601	0.860	20170812	3.130
				20170821	1.362	20171231	0.000		
2018	5100522121SH18	攀枝花	2	20181120	1.000	20181231	-0.910		
	5305652121SH18	勐腊	2	20180220	-0.596	20181231	0.000		
	5320012121SH18	贵阳	2	20180118	-3.600	20181231	-0.700		
	5400142121SH18	拉萨	3	20180409	1.420	20181130	1.000	20181231	0.000

表 10 - 5 按仪器列出了记录格值调整前的 A 值汇总结果，表 10 - 6 列出了记录格值调整后的 A 值汇总结果。

表 10 - 5 记录格值调整前潮汐振幅比 A 的汇总结果

序号	文件名	台站地点	A_{2015}	A_{2016}	A_{2017}	A_{2018}	年度	均值	极差
1	1107412121	北京	1.121	1.123	1.123	1.121	4	1.122	0.002
2	1200622121	蓟县	0.000	0.000	1.143	1.133	2	1.138	0.010
3	12006B2121	蓟县	1.160	1.158	1.160	1.157	4	1.159	0.003
4	1500362121	海拉尔	1.184	1.398	1.399	1.396	4	1.344	0.215
5	1500542121	乌加河	1.154	1.154	1.155	1.155	4	1.155	0.001
6	2100422121	沈阳	1.122	1.111	1.110	1.099	4	1.110	0.023
7	2200402121	长白山	0.000	0.000	1.018	1.023	2	1.020	0.005
8	2300162121	牡丹江	1.166	1.164	1.165	1.164	4	1.165	0.002
9	2306412121	漠河	1.150	1.152	1.152	1.151	4	1.151	0.002
10	31001g2121	佘山	1.169	1.155	1.170	1.176	4	1.168	0.021
11	3500192121	泉州	0.000	0.000	0.000	1.145	1	1.145	0.000
12	3500402121	厦门	-2.077	0.000	0.000	0.000	1	-2.077	0.000
13	3500662121	福州	1.157	1.156	1.156	1.156	4	1.156	0.001
14	3500862121	漳州	1.154	1.153	1.153	1.154	4	1.154	0.001
15	3501062121	漳州	0.000	0.000	0.000	1.181	1	1.181	0.000
16	3501192121	莆田	0.000	0.000	0.000	1.145	1	1.145	0.000
17	3501372121	龙岩	0.000	0.000	0.000	1.165	1	1.165	0.000
18	37001C2121	泰安	1.171	1.173	1.173	1.175	4	1.173	0.004
19	37005D2121	郯城	1.652	0.000	0.000	0.000	1	1.652	0.000
20	37005K2121	郯城	0.000	0.000	0.000	1.476	1	1.476	0.000
21	3727812121	济南	0.000	0.574	0.594	0.663	3	0.610	0.089
22	4100222121	郑州	1.163	1.161	1.162	1.160	4	1.161	0.003
23	4200232121	九峰	1.486	1.320	1.163	1.144	4	1.278	0.342
24	4200392121	宜昌	1.237	1.241	1.239	1.243	4	1.240	0.006
25	4200612121	黄梅	1.208	1.206	1.192	1.193	4	1.200	0.016
26	4209732121	十堰柳林	1.166	1.165	1.164	1.166	4	1.165	0.002
27	4401842121	深圳	1.154	1.150	1.155	1.158	4	1.154	0.008

续表 10 - 5

序号	文件名	台站地点	A_{2015}	A_{2016}	A_{2017}	A_{2018}	年度	均值	极差
28	4401872121	深圳	1.154	1.149	1.153	1.156	4	1.153	0.007
29	4500282121	灵山	0.000	1.175	1.175	1.173	3	1.174	0.002
30	4500422121	凭祥	1.164	1.162	1.155	1.150	4	1.158	0.014
31	4600172121	琼中	1.179	1.432	1.180	1.178	4	1.242	0.254
32	5100152121	成都	1.157	1.156	1.146	1.169	4	1.157	0.023
33	5100522121	南山	1.131	1.170	1.151	0.893	4	1.086	0.277
34	5100972121	西昌小庙	4.002	3.941	3.943	3.933	4	3.955	0.069
35	5101062121	姑咱	0.583	0.581	0.581	0.568	4	0.578	0.015
36	5135112121	自贡	1.146	1.090	1.145	1.146	4	1.132	0.056
37	5300172121	昆明	1.173	1.115	1.176	1.171	4	1.159	0.061
38	5302272121	昭通	1.169	1.126	1.172	1.173	4	1.160	0.047
39	53029c2121	下关	1.027	1.039	0.978	-0.141	4	0.726	1.180
40	5305652121	勐腊	-1.979	-1.932	-1.950	-1.912	4	-1.943	0.067
41	5310832121	孟连	0.565	1.150	1.150	1.149	4	1.003	0.585
42	5320012121	贵阳	-1.492	-1.682	-1.483	-1.497	4	-1.539	0.199
43	5400142121	拉萨	1.137	1.147	1.119	1.134	4	1.134	0.028
44	5400532121	狮泉河	1.167	1.170	1.171	1.171	4	1.170	0.004
45	6100112121	西安	1.189	1.186	1.169	1.181	4	1.181	0.020
46	6200212121	兰州	1.155	1.154	1.154	1.153	4	1.154	0.002
47	6200312121	高台	1.155	1.155	1.155	1.156	4	1.155	0.001
48	6300142121	格尔木	1.165	1.164	1.164	1.165	4	1.164	0.001
49	63019a2121	大武	1.158	1.156	1.164	1.165	4	1.161	0.009
50	6400232121	银川	1.172	1.173	1.172	1.168	4	1.171	0.005
51	6402312121	固原炭山	1.144	1.144	1.142	1.142	4	1.143	0.002
52	6501292121	乌什	1.154	1.154	1.153	1.152	4	1.153	0.002
53	65015d2121	库尔勒	1.154	1.164	1.165	0.777	4	1.065	0.388
54	65096H2121	榆树沟	1.142	0.791	0.563	1.160	4	0.914	0.597

表10-6 记录格值校正后的潮汐振幅比A的汇总结果

序号	文件名	台站地点	BZ_{2015}	BZ_{2016}	BZ_{2017}	BZ_{2018}	A_{2015}	A_{2016}	A_{2017}	A_{2018}	年度	A均值	A极差
1	1107412121	北京	1.000	1.000	1.000	1.000	1.121	1.123	1.123	1.121	4	1.122	0.002
2	1200622121	蓟县	0.000	0.000	1.000	1.000	0.000	0.000	1.143	1.133	2	1.138	0.010
3	12006B2121	蓟县	1.000	1.000	1.000	1.000	1.160	1.158	1.160	1.157	4	1.159	0.003
4	1500362121	海拉尔	0.840	0.840	0.840	0.840	1.153	1.174	1.175	1.172	4	1.169	0.022
5	1500542121	乌加河	1.000	1.000	1.000	1.000	1.154	1.154	1.155	1.155	4	1.155	0.001
6	2100422121	沈阳	1.000	1.000	1.000	1.000	1.122	1.111	1.110	1.099	4	1.110	0.023
7	2200402121	长白山	1.000	0.000	1.140	1.000	0.000	0.000	1.160	1.023	2	1.092	0.137
8	2300162121	牡丹江	1.000	1.000	1.000	1.000	1.166	1.164	1.165	1.164	4	1.165	0.002
9	2306412121	漠河	1.000	1.000	1.000	1.000	1.150	1.152	1.152	1.151	4	1.151	0.002
10	31001g2121	佘山	1.000	1.000	1.000	1.000	1.169	1.155	1.170	1.176	4	1.168	0.021
11	3500192121	泉州	0.000	0.000	0.000	0.000	0.000	0.000	0.000	1.145	1	1.145	0.000
12	3500402121	厦门	1.000	0.000	0.000	0.000	1.156	0.000	0.000	0.000	1	1.156	0.000
13	3500662121	福州	1.000	1.000	1.000	1.000	1.157	1.156	1.156	1.156	4	1.156	0.001
14	3500862121	漳州	1.000	1.000	1.000	1.000	1.154	1.153	1.153	1.154	4	1.154	0.001
15	3501062121	漳州	0.000	0.000	0.000	1.000	0.000	0.000	0.000	1.181	1	1.181	0.000
16	3501192121	莆田	0.000	0.000	0.000	1.000	0.000	0.000	0.000	1.145	1	1.145	0.000
17	3501372121	龙岩	0.000	0.000	0.000	1.000	0.000	0.000	0.000	1.165	1	1.165	0.000
18	37001C2121	泰安	1.000	1.000	1.000	1.000	1.171	1.173	1.173	1.175	4	1.173	0.004

续表10-6

序号	文件名	台站地点	BZ_{2015}	BZ_{2016}	BZ_{2017}	BZ_{2018}	A_{2015}	A_{2016}	A_{2017}	A_{2018}	年度	A均值	A极差
19	37005D2121	郯城	1.000	0.000	0.000	0.000	1.159	0.000	0.000	0.000	1	1.159	0.000
20	37005K2121	郯城	0.000	0.000	0.000	0.800	0.000	0.000	0.000	1.181	1	1.181	0.000
21	3727812121	济南	0.000	2.000	2.000	1.770	0.000	1.148	1.188	1.173	3	1.170	0.040
22	4100222121	郑州	1.000	1.000	1.000	1.000	1.163	1.161	1.162	1.160	4	1.161	0.003
23	4200232121	九峰	1.000	1.000	1.000	1.000	1.161	1.171	1.163	1.144	4	1.160	0.027
24	4200392121	宜昌	1.000	1.000	1.000	1.000	1.237	1.241	1.239	1.243	4	1.240	0.006
25	4200612121	黄梅	1.000	1.000	1.000	1.000	1.208	1.206	1.192	1.193	4	1.200	0.016
26	4209732121	十堰	1.000	1.000	1.000	1.000	1.166	1.165	1.164	1.166	4	1.165	0.002
27	4401842121	深圳	1.000	1.000	1.000	1.000	1.154	1.150	1.155	1.158	4	1.154	0.008
28	4401872121	深圳	1.000	1.000	1.000	1.000	1.154	1.149	1.153	1.156	4	1.153	0.007
29	4500282121	灵山	0.000	1.000	1.000	1.000	0.000	1.175	1.175	1.173	3	1.174	0.002
30	4500422121	凭祥	1.000	1.000	1.000	1.000	1.164	1.162	1.155	1.150	4	1.158	0.014
31	4600172121	琼中	1.000	1.000	1.000	1.000	1.179	1.176	1.180	1.178	4	1.178	0.004
32	5100152121	成都	1.000	1.000	1.000	1.000	1.157	1.156	1.146	1.169	4	1.157	0.023
33	5100522121	南山	1.000	1.000	1.000	1.000	1.163	1.170	1.151	1.154	4	1.160	0.019
34	51 00972121	西昌小庙	0.300	0.300	0.300	0.300	1.201	1.182	1.183	1.180	4	1.186	0.021
35	5101062121	姑咱	2.000	2.000	2.000	2.000	1.168	1.162	1.161	1.138	4	1.157	0.030
36	5135112121	自贡	1.000	1.000	1.000	1.000	1.146	1.155	1.145	1.146	4	1.148	0.010

续表 10 - 6

序号	文件名	台站地点	BZ_{2015}	BZ_{2016}	BZ_{2017}	BZ_{2018}	A_{2015}	A_{2016}	A_{2017}	A_{2018}	年度	A 均值	A 极差
37	5300172121	昆明	1.000	1.070	1.000	1.000	1.173	1.196	1.176	1.171	4	1.179	0.025
38	5302272121	昭通	1.000	1.000	1.000	1.000	1.169	1.126	1.172	1.173	4	1.160	0.047
39	53029c2121	下关	1.000	1.000	1.190	-8.230	1.144	1.167	1.155	1.165	4	1.158	0.023
40	5305652121	勐腊	-0.600	-0.600	-0.600	1.000	1.187	1.160	1.170	1.159	4	1.169	0.028
41	5310832121	孟连	1.000	1.000	1.000	1.000	1.152	1.150	1.150	1.149	4	1.150	0.003
42	5320012121	贵阳	1.000	-0.700	1.000	1.000	1.162	1.176	1.163	1.163	4	1.166	0.014
43	5400142121	拉萨	1.000	1.000	1.000	1.000	1.137	1.147	1.119	1.140	4	1.136	0.028
44	5400532121	狮泉河	1.000	1.000	1.000	1.000	1.167	1.170	1.171	1.171	4	1.170	0.004
45	6100112121	西安	1.000	1.000	1.000	1.000	1.189	1.186	1.169	1.181	4	1.181	0.020
46	6200212121	兰州	1.000	1.000	1.000	1.000	1.155	1.154	1.154	1.153	4	1.154	0.002
47	6200312121	高台	1.000	1.000	1.000	1.000	1.155	1.155	1.155	1.156	4	1.155	0.001
48	6300142121	格尔木	1.000	1.000	1.000	1.000	1.165	1.164	1.164	1.165	4	1.164	0.001
49	63019a2121	大武	1.000	1.000	1.000	1.000	1.158	1.156	1.164	1.165	4	1.161	0.009
50	6400232121	银川	1.000	1.000	1.000	1.000	1.172	1.173	1.172	1.168	4	1.171	0.005
51	6402312121	固原炎山	1.000	1.000	1.000	1.000	1.144	1.144	1.142	1.142	4	1.143	0.002
52	6501292121	乌什	1.000	1.000	1.000	1.000	1.154	1.154	1.153	1.152	4	1.153	0.002
53	65015d2121	库尔勒	1.000	1.000	1.000	1.490	1.154	1.164	1.165	1.161	4	1.161	0.011
54	65096H2121	榆树沟	1.000	1.000	1.000	1.000	1.142	1.159	1.168	1.160	4	1.157	0.026

10.2　逐日 NAKAI 拟合特征参数

观测数据经过掉格改正、剔除"坏数据"和记录格值改正后，用 NAKAI 拟合公式进行逐日计算，给出每个数据文件拟合参数的时序值 $[a]$、$[b]$、$[rk_1]$、$[smd_1]$，基于统计原理可给出它们的统计均值，分别以 A、B、$RK1$ 和 $SMD1$ 表示之，同时给出它们的离散误差（或离散相对百分比误差——仅针对 A 有 AM），分别以 AM、BM、$RK1M$ 和 $SMD1M$ 表示之。将 A、AM、B、BM、$RK1$、$RK1M$、$SMD1$ 和 $SMD1M$ 这 8 个参数统称为观测数据的逐日 NAKAI 拟合特征参数。每个数据文件都有 1 组（8 个）特征参数，189 个数据文件就有 189 组特征参数。按照对这 8 个特征参数的优、劣判断方式，又可将它们分为大小型参数和对称型参数两类。将同类特征参数按从小到大的顺序进行排列，大小型类参数是指在新序列中其值越小越优、越大越劣，而对称型类参数是指在新序列中其值越居中越优、越靠两端越劣。显然，AM、BM、$SMD1$、$RK1M$ 和 $SMD1M$ 为大小型参数，A、B 和 $RK1$ 为对称型参数。为了描述这些特征参数的横向动态分布情况，将同类 2229 个特征参数列在一起，并按从小到大的顺序进行排列，依次考察其最小值、最大值、均值、中位数，再根据优、劣分布特性统计其占总个数 95%、90% 和 70% 的数值范围与均值。下面依次介绍 A、AM、B、$RK1$ 和 $SMD1$ 这 5 个特征参数。

10.2.1　潮汐振幅比 A

统计 189 个 A，均值为 1.161，最小值为长白山 2200402121SH18 的 1.023，最大值为宜昌 4200392121SH18 的 1.243，中位数为蓟县 12006B2121SH15 的 1.160。A 为对称型参数，可视从小到大排序后越靠两端的 A 可信度越低，越靠近中间的 A 可信度越高，取 A 在序列的居中不同比例数量，结果显示：

居中 95% 的 A 的范围为 1.119 ～ 1.206，均值为 1.161；
居中 90% 的 A 的范围为 1.123 ～ 1.189，均值为 1.161；

居中 70% 的 A 的范围为 1.146～1.175，均值为 1.161。

基于居中 95% 的统计结果预估：A 的变化范围介于 1.1～1.2 之间，全国均值介于 1.160～1.161 之间。4 年中 A 小于 1.1 的文件有 2 个，大于 1.2 的文件有 7 个（见表 10-7）。

表 10-7 A 小于 1.1、大于 1.2 的文件

序号	文件名	台站地点	利用数据/个	A
1	2100422121SH18	沈阳	8760	1.099
2	2200402121SH18	长白山	8707	1.023
3	4200392121SH15	宜昌	8731	1.237
4	4200392121SH16	宜昌	8741	1.241
5	4200392121SH17	宜昌	8760	1.239
6	4200392121SH18	宜昌	8760	1.243
7	4200612121SH15	黄梅	8732	1.208
8	4200612121SH16	黄梅	8778	1.206
9	5100972121SH15	西昌小庙	8441	1.201

10.2.2 潮汐振幅比的离散相对误差 AM（%）

AM 反映各个文件 a 序列值的离散度，以 % 表示之。统计 189 个 AM，均值为 1.955，最小值为下关 53029c2121GH16 的 0.446，最大值为下关 53029c2121GH15 的 21.278，中位数为琼中 4600172121SH15 的 1.191。AM 为单向型参数，取 AM 从小到大排序后序列值的低值段（优段）不同比例数量，结果显示：

优段 95% 的 AM 的范围为 0.446～6.543，均值为 1.481；

优段 90% 的 AM 的范围为 0.446～4.671，均值为 1.266；

优段 70% 的 AM 的范围为 0.446～1.611，均值为 0.943。

基于居中 95% 的统计结果预估：AM 小于 6.6，全国均值小于 1.5。4 年中 AM 大于 6.6 的文件有 10 个（见表 10-8）。

表 10 - 8　*AM* 大于 6.6 的文件

序号	文件名	台站地点	*AM*
1	3500402121GH15	厦门	6.734
2	3727812121SH17	济南	6.609
3	5135112121GH16	自贡	7.179
4	5302272121SH16	昭通	6.905
5	53029c2121GH15	下关	21.278
6	53029c2121SH17	下关	14.292
7	5400142121SH15	拉萨	7.737
8	5400142121SH16	拉萨	10.033
9	65096H2121GH16	榆树沟	9.409
10	65096H2121GH17	榆树沟	14.153

10.2.3　潮汐滞后因子 *B*

　　B 反映观测相位对理论相位的平均滞后，*B* 即为以"分钟"表示的滞后时间。*B* 为"负"表示观测相位滞后于理论相位，*B* 为"正"表示观测相位超前于理论相位。

　　统计 189 个 *B*，数值均值为 - 2.011，数字均值（指绝对值均值，下同）为 2.388，最小值为成都 5100152121SH16 的 - 16.360，最大值为昆明 5300172121SH17 的 7.470，中位数为孟连 5310832121SH18 的 - 1.200。*B* 为对称型参数，可视从小到大排序后越靠两端的 *B* 可信度越低，越靠近中间的 *B* 可信度越高，取 *B* 在序列的居中不同比例数量，结果显示：

　　居中 95% 的 *B* 的范围为 - 10.510 ~ 1.540，数值均值为 - 1.920，数字均值为 2.114；

　　居中 90% 的 *B* 的范围为 - 6.900 ~ 1.100，数值均值为 - 1.796，数字均值为 1.920；

　　居中 70% 的 *B* 的范围为 - 4.650 ~ 0.100，数值均值为 - 1.518，数字均值为 1.526。

基于居中95%的统计结果预估：B 介于 $-11.0 \sim 1.6$ 之间，全国均值介于 $-2.0 \sim -1.5$ 之间。4 年中 B 小于 -11.0 的文件有 4 个，大于 1.6 的文件有 5 个（见表 10-9）。

表 10-9 B 小于 -11.0、大于 1.6 的文件

序号	文件名	台站地点	利用数据/个	B
1	1500362121SH16	海拉尔	8645	1.83
2	4209732121SH17	十堰柳林	8690	-11.50
3	4209732121SH18	十堰柳林	8747	-12.15
4	5100152121SH15	成都	8726	-12.61
5	5100152121SH16	成都	8354	-16.36
6	5100522121SH17	南山	8318	2.29
7	5300172121SH15	昆明	8755	3.49
8	5300172121SH17	昆明	8349	7.47
9	5400142121SH16	拉萨	8409	3.21

10.2.4 零漂移系数 $RK1$（$\times 10^{-8}$ ms^{-2} · d^{-1}）

统计 189 个 $RK1$，数值均值为 3.524，数字均值为 4.567，最小值为下关 53029c2121SH18 的 -33.690，最大值为厦门 3500402121GH15 的 58.600，中位数为乌加河 1500542121SH17 的 2.630。$RK1$ 为对称型参数，可视从小到大排序后越靠两端的 $RK1$ 可信度越低，越靠近中间的 $RK1$ 可信度越高，取 $RK1$ 在序列的居中不同比例数量，结果显示：

居中95%的 $RK1$ 的范围为 $-3.300 \sim 18.990$，数值均值为 3.158，数字均值为 3.570；

居中90%的 $RK1$ 的范围为 $-2.560 \sim 11.680$，数值均值为 2.987，数字均值为 3.254；

居中70%的 $RK1$ 的范围为 $-0.280 \sim 7.390$，数值均值为 2.676，数字均值为 2.688。

基于居中95%的统计结果预估：$RK1$ 介于 $-3.4 \sim 19.0$ 之间，全国

均值小于 3.6。4 年中 *RK1* 小于 − 3.4 的文件有 3 个，大于 19.0 的文件有 5 个（见表 10 − 10）。

表 10 − 10　*RK1* 小于 − 3.4、大于 19.0 的文件

序号	文件名	台站地点	利用数据/个	*RK1*
1	1200622121SH17	蓟县	4915	25.00
2	3500402121GH15	厦门	6445	58.60
3	3501372121SH18	龙岩重力	8725	− 16.96
4	4200232121SH17	九峰	8752	− 7.41
5	5100972121SH15	西昌小庙	8441	36.63
6	53029c2121SH18	下关	2209	− 33.69
7	5320012121GH15	贵阳	8648	19.24
8	5320012121SH16	贵阳	8679	19.55

10.2.5　方差 *SMD1*（$\times 10^{-8}\,\text{ms}^{-2}$）

统计 189 个 *SMD1*，均值为 1.280，最小值为格尔木 6300142121SH15 的 0.490，最大值为下关 53029c2121SH17 的 13.290，中位数为灵山 4500282121SH18 的 0.880。*SMD1* 为单向型参数，取 *SMD1* 从小到大排序后序列的低值段（优段）不同比例数量，结果显示：

优段 95% 的 *SMD1* 的范围为 0.490 ～ 3.030，均值为 1.050；

优段 90% 的 *SMD1* 的范围为 0.490 ～ 2.420，均值为 0.964；

优段 70% 的 *SMD* 的范围为 0.490 ～ 1.170，均值为 0.782。

基于居中 95% 的统计结果预估：*SMD1* 小于 3.1。4 年中 *SMD1* 大于 3.1 的文件有 9 个（见表 10 − 11）。

表 10 – 11　SMD1 大于 3.1 的文件 9 个

序号	文件名	台站地点	利用数据/个	SMD1
1	37005D2121GH15	郯城	4991	3.14
2	4100222121SH16	郑州	8784	3.11
3	53029c2121GH15	下关	6335	4.55
4	53029c2121SH17	下关	2750	13.29
5	5320012121GH18	贵阳	3836	4.42
6	5400142121SH15	拉萨	8392	5.98
7	5400142121SH16	拉萨	8409	8.29
8	5400142121SH17	拉萨	1894	4.78
9	65096H2121GH17	榆树沟	4315	3.39

10.3　年度调和分析特征参数

对平滑数据采用非数字滤波调和分析方法按年度做调和分析计算，可以获得周日及周日频段内 15 个主波群的潮汐参数，同时还可以获得表征拟合残差分布特征的方差 SMD2 和反映非潮汐年度趋势变化特征的漂移一次项系数 RK2，此外还可以获得周期为 7 天、9 天、14 天、27 天及 31 天等长周期频段的振幅与相位。本章只介绍 SMD2、RK2、M2 波群潮汐因子 M2A、M2 波群相位滞后 M2B、S2 波与 M2 波相位滞后之差 $\Delta\varphi_2$、K1 波与 O1 波相位滞后之差 $\Delta\varphi_1$ 6 个特征参数。

10.3.1　漂移系数 RK2 （$\times 10^{-8}\,\mathrm{ms}^{-2}\cdot\mathrm{d}^{-1}$）

漂移一次项系数 RK2 是各个数据文件按年度（整体）调和分析计算得到的拟合漂移一次项系数，为使其与 NAKAI 逐日拟合计算结果中的 RK1 相区别，采用 RK2 表示之（量纲与 RK1 同）。

统计 189 个 *RK2*，数值均值为 −51. 158，数字均值为 59. 293，最小值为长白山 2200402121SH17 的 −9266. 930，最大值为下关 53029c2121SH17 的 75. 910，中位数为海拉尔 1500362121GH15 的 2. 020。*RK2* 为对称型参数，可视从小到大排序后越靠两端的 *RK2* 可信度越低，越靠近中间的 *RK2* 可信度越高，取 *RK2* 在序列的居中不同比例数量，结果显示：

居中 95% 的 *RK2* 的范围为 −8. 280 ~ 18. 690，数值均值为 2. 385，数字均值为 3. 306；

居中 90% 的 *RK2* 的范围为 −2. 960 ~ 9. 770，数值均值为 2. 225，数字均值为 2. 867；

居中 70% 的 *RK2* 的范围为 −1. 370 ~ 6. 220，数值均值为 2. 025，数字均值为 2. 210。

从全国范围看，漂移系数 *RK2* 以正值为主。基于居中 95% 的统计结果预估：*RK2* 介于 −9. 0 ~ 19. 0 之间。4 年中 *RK2* 小于 −9. 0 的文件有 4 个，大于 19. 0 的文件有 5 个（见表 10 − 12）。

表 10 − 12　*RK2* 小于 −9. 0、大于 19. 0 的文件

序号	文件名	台站地点	利用数据/个	漂移系数 *RK2*
1	1200622121SH17	蓟县	4915	59. 81
2	2200402121SH17	长白山	744	−9266. 93
3	3500402121GH15	厦门	6445	59. 39
4	3501372121SH18	龙岩	8725	−17. 80
5	5100972121SH15	西昌小庙	8397	41. 44
6	53029c2121SH17	下关	2750	75. 91
7	53029c2121SH18	下关	2209	−1011. 36
8	5320012121GH18	贵阳	3836	−58. 69
9	5400142121SH17	拉萨	1894	19. 99

10.3.2 拟合方差 $SMD2$（$\times 10^{-8}\ \mathrm{ms}^{-2}$）

$SMD2$ 是各个数据文件按年度（整体）调和分析计算得到的拟合标准方差，为使其与 NAKAI 逐日拟合计算结果中的 $SMD1$ 相区别，采用 $SMD2$ 表示之（量纲与 $SMD1$ 同）。

统计 189 个 $SMD2$，均值为 28.918，最小值为郯城 37005K2121SH18 的 0.870，最大值为西昌小庙 5100972121SH15 的 473.770，中位数为库尔勒 65015d2121SH18 的 16.120。$SMD2$ 为单向型参数，取 $SMD2$ 从小到大排序后序列值的低值段（优段）不同比例数量，结果显示：

优段 95% 的 $SMD2$ 的范围为 0.870～81.800，均值为 22.726；

优段 90% 的 $SMD2$ 的范围为 0.870～65.650，均值为 20.126；

优段 70% 的 $SMD2$ 的范围为 0.870～32.160，均值为 12.471。

基于居中 95% 的统计结果预估：$SMD2$ 小于 82.0。4 年中 $SMD2$ 大于 82.0 的文件有 10 个（见表 10-13）。

表 10-13 $SMD2$ 大于 82.0 的文件

序号	文件名	台站地点	利用数据/个	$SMD2$
1	3500402121GH15	厦门	6445	83.92
2	5100972121SH15	西昌小庙	8397	473.77
3	5100152121SH18	成都	8413	150.21
4	53029c2121GH15	下关	6335	111.63
5	5100522121SH17	南山	8318	92.85
6	53029c2121SH17	下关	2750	109.66
7	6300142121SH16	格尔木	8282	106.86
8	5320012121GH17	贵阳	8502	97.21
9	6402312121SH15	固原炭山	8672	88.29
10	65015d2121SH16	库尔勒	8695	83.11

10.3.3 M2 波潮汐因子 *M2A*

M2A 是各个数据文件按年度（整体）调和分析计算得到的 M2 波群的潮汐因子，统计 189 个 *M2A*，均值为 1.161，最小值为长白山 2200402121SH18 的 1.026，最大值为宜昌 4200392121SH18 的 1.248，中位数为乌加河 1500542121SH17 的 1.161。*M2A* 为对称型参数，可视从小到大排序后越靠两端的 *M2A* 可信度越低，越靠近中间的 *M2A* 可信度越高，取 *M2A* 在序列的居中不同比例数量，结果显示：

居中 95% 的 *M2A* 的范围为 1.102 ~ 1.212，均值为 1.161；

居中 90% 的 *M2A* 的范围为 1.118 ~ 1.195，均值为 1.162；

居中 70% 的 *M2A* 的范围为 1.141 ~ 1.180，均值为 1.163。

基于居中 95% 的统计结果预估：*M2A* 介于 1.1 ~ 1.2 之间，全国均值介于 1.161 ~ 1.163 之间。4 年中 *M2A* 小于 1.1 的文件有 4 个，大于 1.2 的文件有 5 个（见表 10 – 14）。

表 10 – 14 *M2A* 小于 1.1、大于 1.2 的文件

序号	文件名	台站地点	利用数据/个	*M2A*
1	2200402121SH18	长白山	8707	1.026
2	2306412121SH15	漠河	7824	1.092
3	4200392121SH16	宜昌	8741	1.247
4	4200392121SH15	宜昌	8731	1.242
5	4200392121SH17	宜昌	8760	1.245
6	4200392121SH18	宜昌	8760	1.248
7	5100972121SH15	西昌小庙	8397	1.222
8	5135112121SH15	自贡重力	6947	1.089
9	53029c2121SH17	下关	2750	1.071

10.3.4　M2 波群相位滞后 $M2B$（°）

$M2B$ 是各个数据文件按年度（整体）调和分析计算得到的 M2 波群的潮汐相位滞后，统计 189 个 $M2B$，数值均值为 -0.798，数字均值为 1.005，最小值为成都 5100152121SH16 的 -6.340，最大值为昆明基准 5300172121SH17 的 2.970，中位数为西安 6100112121SH16 的 -0.490。$M2B$ 为对称型参数，可视从小到大排序后越靠两端的 $M2B$ 可信度越低，越靠近中间的 $M2B$ 可信度越高，取 $M2B$ 在序列的居中不同比例数量，结果显示：

居中 95% 的 $M2B$ 的范围为 $-4.360 \sim 0.930$，数值均值为 -0.783，数字均值为 0.876；

居中 90% 的 $M2B$ 的范围为 $-3.270 \sim 0.340$，数值均值为 -0.733，数字均值为 0.786；

居中 70% 的 $M2B$ 的范围为 $-1.910 \sim 0.060$，数值均值为 -0.599，数字均值为 0.605。

基于居中 95% 的统计结果预估：$M2B$ 介于 $-4.4 \sim 1.0$ 之间，全国均值介于 $-0.8 \sim -0.5$ 之间。4 年中 $M2B$ 小于 -4.5 的文件有 4 个，大于 1.0 的文件有 5 个（见表 10 - 15）。

表 10 - 15　$M2B$ 小于 -4.5、大于 1.0 的文件

序号	文件名	台站地点	利用数据/个	$M2B$
1	2306412121SH15	漠河	7824	2.22
2	4209732121SH17	十堰柳林	8690	-4.67
3	4209732121SH18	十堰柳林	8747	-4.94
4	5100152121SH15	成都	8726	-5.09
5	5100152121SH16	成都	8354	-6.34
6	5100972121SH15	西昌小庙	8397	1.25
7	5135112121SH15	自贡	6947	1.89
8	5300172121SH15	昆明	8755	2.83
9	5300172121SH17	昆明	8349	2.97

10.3.5　S2 波与 M2 波相位滞后之差 $\Delta\varphi_2$（°）

本书约定 $\Delta\varphi_2 = S2B - M2B$，$S2B$ 来自太阳引力潮，$M2B$ 来自月亮引力潮。目前的静力潮汐理论假定引力传播速度与光速相等，潮汐相位滞后的系统误差主要来自时间服务系统，$\Delta\varphi_2$ 则完全消除了时间服务系统差，于是基于 $\Delta\varphi_2$ 可以考察引力传播速度与光速之间的差异。

统计 189 个 $\Delta\varphi_2$，数值均值为 0.564，数字均值为 0.858，最小值为下关 53029c2121SH17 的 – 5.200，最大值为厦门 3500402121GH15 的 4.190，中位数为兰州十里店 6200212121SH16 的 0.530。

居中 95% 的 $\Delta\varphi_2$ 的范围为 – 1.470 ～ 1.990，数值均值为 0.588，数字均值为 0.704；

居中 90% 的 $\Delta\varphi_2$ 的范围为 – 0.650 ～ 1.900，数值均值为 0.597，数字均值为 0.655；

居中 70% 的 $\Delta\varphi_2$ 的范围为 – 0.050 ～ 1.320，数值均值为 0.581，数字均值为 0.583。

基于居中 95% 的统计结果预估：$\Delta\varphi_2$ 介于 – 1.5 ～ 2.0 之间，全国均值约为 0.6，表示太阳半日波 S2 的相位要超前于月亮半日波 M2 的相位 0.6°（约为 1.2 分钟）。4 年中 $\Delta\varphi_2$ 小于 – 1.5 的文件有 4 个，大于 2.0 的文件有 5 个（见表 10 – 16）。

表 10 – 16　$\Delta\varphi_2$ 小于 – 1.5、大于 2.0 的文件

序号	文件名	台站地点	利用数据/个	$\Delta\varphi_2$
1	31001g2121SH15	松江佘山	8736	3.55
2	3500402121GH15	厦门	6445	4.19
3	5100152121SH18	成都	8413	3.84
4	5100972121SH15	西昌小庙	8397	– 4.25
5	5135112121SH15	自贡	6947	2.70
6	5135112121SH17	自贡	7796	3.82
7	5300172121SH15	昆明	8755	– 3.36

续表 10 – 16

序号	文件名	台站地点	利用数据/个	$\Delta\varphi_2$
8	53029c2121SH17	下关	2750	– 5.20
9	53029c2121SH18	下关	2209	– 4.45

10.3.6 K1 波与 O1 波相位滞后之差 $\Delta\varphi_1$ (°)

本书约定 $\Delta\varphi_1 = K1B - O1B$，$K1B$ 来自太阳引力潮，$O1B$ 来自月亮引力潮。统计 189 个 $\Delta\varphi_1$，数值均值为 0.031，数字均值为 0.917，最小值为下关 53029c2121SH18 的 – 20.480，最大值为厦门 3500402121GH15 的 8.450，中位数为漳州台 3500862121SH16 的 0.080。

居中 95% 的 $\Delta\varphi_1$ 的范围为 – 3.980 ~ 2.560，数值均值为 0.121，数字均值为 0.564；

居中 90% 的 $\Delta\varphi_1$ 的范围为 – 1.920 ~ 2.330，数值均值为 0.142，数字均值为 0.439；

居中 70% 的 $\Delta\varphi_1$ 的范围为 – 0.360 ~ 0.840，数值均值为 0.112，数字均值为 0.231。

基于居中 95% 的统计结果预估：$\Delta\varphi_1$ 介于 – 4.0 ~ 2.6 之间，全国均值约为 0.12，表示太阳周日波 K1 的相位要超前于月亮周日波 O1 的相位 0.12°（约为 0.5 分钟）。4 年中 $\Delta\varphi_1$ 小于 – 4.0 的文件有 4 个，大于 2.6 的文件有 5 个，占 2.6%（见表 10 – 17）。

表 10 – 17 $\Delta\varphi_1$ 小于 – 4.0、大于 2.6 的文件

序号	文件名	台站地点	利用数据/个	$\Delta\varphi_1$
1	3500402121GH15	厦门	6445	8.45
2	5135112121SH17	自贡	7796	2.73
3	53029c2121GH15	下关	6335	– 7.85
4	53029c2121SH17	下关	2750	5.08
5	53029c2121SH18	下关	2209	– 20.48

续表 10 - 17

序号	文件名	台站地点	利用数据/个	$\Delta\varphi_1$
6	5305652121GH18	勐腊	1211	3.48
7	5320012121GH17	贵阳	8502	-5.98
8	5320012121GH18	贵阳	3836	8.22
9	5400142121SH17	拉萨	1894	-9.57

10.3.7　$\Delta\varphi_2$、$\Delta\varphi_1$ 的天文学意义

目前的潮汐理论建立在引力传播速度与光速相等的前提下。由于月亮到地球的距离只有 1 秒左右，而太阳到地球的距离超过 8 分钟。由 $\Delta\varphi_2$ 的全国均值推断，太阳半日波 S2 的相位要超前于月亮半日波 M2 的相位 0.6°（约为 1.2 分钟），太阳周日波 K1 的相位要超前于月亮周日波 O1 的相位 0.12°（约为 0.5 分钟）。由此可以估算：太阳与地球之间，引力传播速度与光速不存在显著差异。如果上述结果中太阳波的相位超前于月亮波是引力速度与光速不等所致，则表明：引力速度略大于光速。

10.4　讨论

本书引用了 11 个特征参数对年度整点重力潮汐观测数据做了定量描述，并列出了 2015—2018 年期间各个特征参数的大致变化范围，希望能就这些结果展开讨论，看能否将它们作为评价其他年度数据和跟踪今后观测数据的参考依据。

本书的潮汐参数是基于 HT 法（非数字滤波调和分析方法）计算得到的，由于 HT 法的灵活性，可以计算分钟值序列数据。面对大量分钟值序列数据的不断产出，迫切需要相应的计算程序，笔者希望能为 HT 程序（对应还有适合计算分钟数据的 MT 程序）提供测试，看是否有推广价值。

目前很多人在关注"引力波"问题，现有的大量重力潮汐观测数据理应在这方面发挥作用。本书根据 $\Delta\varphi_2$、$\Delta\varphi_1$ 的全国统计均值推断，引力传播速度与光速之间不存在明显差异，这一结论是否有参考意义？希望引起关注和讨论。

第 11 章　地倾斜潮汐观测数据初步跟踪分析结果

本章介绍中国地震台站 2015—2018 年地倾斜潮汐整点值观测数据的初步跟踪分析结果。数据来自中国地震台网中心前兆台网部预处理数据库。将数据按年度分割成独立文件，通过 NAKAI 拟合计算，筛选出有效文件 2745 个，它们涵盖全国 30 个省（直辖市、自治区）、212 个台站/点、373 套仪器，拥有整点值观测数据约 2.3×10^7 个。在数据预处理阶段，对其中 40 个文件的记录格值进行了统一系数调整，对其中 94 个文件的记录格值进行了分段系数调整，对其中 207 个文件使用了反向方位角。逐日 NAKAI 拟合计算给出每个文件的日序列拟合参数，基于统计学原理，给出统计均值及其离散（相对）误差，分别以 A、AM、B、BM、RK1、RK1M、SMD1 和 SMD1M 表示它们，这些参数统称为逐日 NAKAI 拟合特征参数。对每个数据文件做年度非数字滤波调和分析计算，给出的年度计算结果有：漂移系数 RK2、年度方差 SMD2，以及 M3、S2、M2、K1、O1 这 5 个主波群的潮汐因子（M3A、S2A、M2A、K1A、O1A）和相位滞后（M3B、S2B、M2B、K1B、O1B）等，这些参数统称为年度调和分析特征参数。本章详细介绍了 A、AM、B、RK1、SMD1、RK2、SMD2、M2A 和 M2B 这 9 个特征参数，并介绍了各个分量潮汐响应振幅比 A 四个年度的极差统计结果。为了方便特征参数横向对比，将全部文件的同一特征参数汇总并按从优到劣的顺序进行排列，介绍顺序排列序列中优段 95%、90% 和 70% 的特征参数范围及其均值。将所有特征参数劣段 10% 结果文件视为特征参数异常文件，将异常文件汇总并按仪器类别和按省（市、区）分别统计，本书列出了异常文件在不同仪器类别中出现的比率，以及在各个省（市、区）中出现的比率。这些结果可以作为参照，以对今后的同类观测结果或对其他年度的同类观测结果进行评判。

11.1 观测数据预处理

观测数据在进入实际应用之前，需要进行平滑和归一处理。所谓平滑处理就是剔除掉格和"坏数据"，使其数据的时序曲线显得平滑。所谓归一处理，主要是核准所使用的方位角是否正确、数据量纲换算所使用的记录格值是否正确，如果不正确，则基于潮汐理论和统计学原理，将其归算到统一系统中。

11.1.1 数据概况

从中国地震台网中心收集到 2015—2018 年全国地倾斜整点值观测数据，按年度构建数据文件 2822 个。经过初步计算发现，其中 77 个数据文件（见表 11 - 1）的数据无潮汐信息或潮汐响应函数很不稳定，将这些数据文件统称为无潮数据文件，在正式计算中将它们剔除。

最终计算结果采用了 2745 个数据文件，这些数据文件涵盖全国 30 个省（直辖市、自治区）的 212 个台站/点、373 套地倾斜观测仪器，其中包括水平摆倾斜仪 75 套、垂直摆倾斜仪 140 套、水管倾斜仪 116 套、井下竖直摆倾斜仪 42 套（见表 11 - 2）。

表 11 - 1　无潮数据文件 77 个

序号	文件名	序号	文件名	序号	文件名
1	2200432221SH15	7	5300512221SH15	13	13009E2221SH16
2	2200432222SH15	8	5300512222SH15	14	13009E2222SH16
3	3201182221SH15	9	5301432211SH15	15	13009E2224SH16
4	3201182222SH15	10	5301432212SH15	16	1301982221SH16
5	5100992221SH15	11	6302772221SH15	17	1301982222SH16
6	5100992222SH15	12	6510312251SH15	18	1401312251SH16

续表11-1

序号	文件名	序号	文件名	序号	文件名
19	1401312252SH16	39	2201332221SH17	59	33005A2251SH18
20	14013J2251SH16	40	2201332222SH17	60	33005A2252SH18
21	14013J2252SH16	41	3501712221SH17	61	3302222221SH18
22	3300382221SH16	42	3501712222SH17	62	3302222222SH18
23	3300382222SH16	43	4300112212SH17	63	3303212222SH18
24	4400512221SH16	44	4500202221SH17	64	4209522221SH18
25	5400132211SH16	45	4500202222SH17	65	4209522222SH18
26	6502412251SH16	46	5101422221SH17	66	4300112212SH18
27	6502412252SH16	47	5101422222SH17	67	4500202221SH18
28	6505022251SH16	48	5400132211SH17	68	4500202222SH18
29	6505022252SH16	49	54005B2222SH17	69	5101242251SH18
30	11074V2221SH17	50	1200722211SH18	70	5300832211SH18
31	11074V2222SH17	51	1200722212SH18	71	5310812221SH18
32	1200712211SH17	52	1312422251SH18	72	5400132211SH18
33	1200712212SH17	53	1401452221SH18	73	5400132212SH18
34	1300942221SH17	54	2100812232SH18	74	62001A2251SH18
35	1300942222SH17	55	2201332221SH18	75	6402452222SH18
36	1300942224SH17	56	2201332222SH18	76	6516912221SH18
37	1511812221SH17	57	3203922251SH18	77	6516912222SH18
38	1511812222SH17	58	3203922252SH18		

表11-2　各省（直辖市、自治区）地倾斜观测站/点数及各类仪器套数统计

序号	地区	总站点/个	221点/个	222点/个	223点/个	225点/个	221套/套	222套/套	223套/套	225套/套	总套数	文件/个
1	北京	3	0	1	1	1	1	2	2	1	6	38
2	天津	2	2	0	0	0	3	2	2	0	7	36

续表 11-2

序号	地区	总站点/个	221 点/个	222 点/个	223 点/个	225 点/个	221/套	222/套	223/套	225/套	总套数	文件/个
3	河北	11	4	4	2	1	7	14	6	1	28	193
4	山西	12	7	1	3	1	8	4	4	1	17	129
5	内蒙古	10	2	3	5	0	4	6	8	0	18	126
6	辽宁	14	4	0	7	3	8	5	8	3	24	195
7	吉林	5	0	0	5	0	0	6	5	0	11	79
8	黑龙江	5	0	1	3	1	0	3	4	1	8	68
9	上海	2	0	0	0	2	1	1	1	2	5	40
10	江苏	4	0	1	1	2	1	4	1	2	8	54
11	浙江	10	3	6	1	0	5	9	3	1	18	122
12	安徽	5	0	1	4	0	4	4	4	0	12	88
13	福建	7	0	5	2	0	0	7	5	0	12	94
14	江西	5	0	4	1	0	0	5	3	0	8	64
15	山东	5	1	2	1	1	3	3	4	2	12	100
16	河南	3	0	0	3	0	0	0	3	1	4	32
17	湖北	7	0	2	4	1	0	5	6	1	12	94
18	湖南	1	1	0	0	0	1	1	1	0	3	18
19	广东	4	0	4	0	0	0	5	1	0	6	41
20	广西	3	0	2	1	0	0	4	1	0	5	28
21	海南	1	0	0	1	0	0	1	1	0	2	16
22	重庆	1	0	0	1	0	0	1	1	0	2	16
23	四川	11	1	7	2	1	5	12	4	1	22	151
24	贵州	0	0	0	0	0	0	0	0	0	0	0
25	云南	16	3	5	8	0	6	11	11	0	28	220
26	西藏	2	1	0	1	0	1	2	1	0	4	25
27	陕西	10	0	6	4	0	0	8	8	0	16	130
28	甘肃	15	1	0	6	8	1	2	7	8	18	143
29	青海	8	4	1	1	2	5	4	1	2	12	91
30	宁夏	5	1	1	2	1	1	4	4	1	10	59
31	新疆	25	7	3	4	11	10	5	6	14	35	255
	合计	212	42	60	74	36	75	140	116	42	373	2745

经统计，2745个数据文件共拥有整点观测数据22556028个，整体完整率为93.74%。经过预处理舍弃"坏数据"后实际采用22120133个数据计算最后结果，数据整体利用率为98.07%。各年度的数据量分布情况见表11-3。

表11-3 各年度数据量分布情况

年度	文件/个	应有数据/个	实有数据/个	利用数据/个	完整率/%	利用率/%
2015	658	5764080	5431404	5332105	94.228	98.172
2016	679	5964336	5565229	5438418	93.308	97.721
2017	706	6184560	5766369	5655086	93.238	98.070
2018	702	6149520	5793026	5694524	94.203	98.300
合计	2745	24062496	22556028	22120133	93.739	98.068

11.1.2 掉格改正

统计结果显示：2745个数据文件的总掉格次数为10269次，其中掉格0次的文件有1099个，掉格1次的文件有462个，掉格2～3次的文件有487个、掉格4～6次的文件有269个、掉格7～10次的文件有153个、掉格11～20次的文件有171个，掉格21～50次的文件有93个，掉格大于50次的文件有11个，掉格次数最多的是长白山火山监测站2200432221SH16的66次（见表11-4）。

表11-4 掉格次数大于50的11个文件

序号	文件名	台站地点	利用数据/个	掉格/次
1	2200432221SH16	长白山	6283	66
2	3201182221SH16	溧阳	3130	56
3	3201182222SH16	溧阳	4113	52

续表 11 - 4

序号	文件名	台站地点	利用数据/个	掉格/次
4	3201182221SH17	溧阳	3033	52
5	3400952212SH15	佛子岭	4148	60
6	3600722221SH16	宜春	5070	52
7	5300412232SH15	洱源	4859	57
8	5305612233SH15	勐腊	8047	53
9	6200332252GH16	高台	6391	52
10	6302772222SH15	玉树	7074	65
11	6302772221GH17	玉树	5154	62

11.1.3 记录格值校准

将数据以"天"为单位，基于 NAKAI 拟合检验公式（11 - 1）进行拟合计算：

$$v_t = aR_t + bR'_t + \sum_{l=0}^{2} k_l t^l - Y_t$$

$$b = a\Delta t \qquad\qquad (11 - 1)$$

每天可给出一组潮汐振幅比 a_i、滞后因子 b_i、漂移一次项系数 k_{1i} 和标准方差 smd_i。每个数据文件全序列 n 天可给出含有 n 个序列值的一组 $[a]n$，$[b]n$，$[k_1]n$，$[smd]n$：

$$[a]_n = [a_1, a_2, \cdots, a_n];$$
$$[b]_n = [b_1, b_2, \cdots, b_n];$$
$$[k_1]_n = [k_{11}, k_{12}, \cdots, k_{1n}];$$
$$[smd]_n = [smd_1, smd_2, \cdots, smd_n]。$$

基于统计原理可给出各个序列的统计均值 A、B、$K1$ 和 SMD。A 为观测振幅对理论振幅之比，通常称为潮汐振幅比。显然 A 与仪器的记录格值呈线性关系。若仪器标定准确无误，全年的 a 值序列应该接近某一基值。若记录格值使用不当，a 值序列将会出现以下两种现象：①存在明显的系统偏差；②存在明显的分段现象。

对于情况①，可以在引导文件中修改 *BZ* 以调整。表 11 - 5 列出了各个年度对数据进行记录格值整体调整的有关文件。4 个年度记录格值整体调整的测项文件有 40 个，占 1.46%，其中 2018 年的调整文件数达到了 20 个。

表 11 - 5　2015—2018 年记录格值整体调整文件明细

年度	序号	文件名	台站地点	换算系数	年度	序号	文件名	台站地点	换算系数
2015	1	2200412231SH15	长白山	5.00	2018	1	5301432212SH18	丽江	0.10
	2	5101242251SH15	甘孜	5.00		2	5305612231SH18	勐腊	0.10
	3	3100122251SH15	佘山	10.00		3	5307212212SH18	石屏	0.10
	4	33005A2251SH15	湖州	10.00		4	5301432211SH18	丽江	0.20
	5	6100122222SH15	西安子午	10.00		5	6200222211SH18	十里店	0.20
	6	2105512251SH15	海城	20.00		6	2200432221SH18	长白山	2.50
2016	1	1402212211SH16	阳泉	0.10		7	2300192222SH18	牡丹江	2.50
	2	2105512251SH16	海城	10.00		8	3300512221SH18	湖州	2.50
	3	2200412231SH16	长白山	10.00		9	4200242251SH18	武昌九峰	2.50
	4	3100122251SH16	佘山	10.00		10	4200242252SH18	武昌九峰	2.50
	5	33005A2251SH16	湖州	10.00		11	4402522222GH18	韶关	2.50
	6	5310812222SH16	孟连	10.00		12	5105312222SH18	马兰山	2.50
	7	5400132212SH16	拉萨	10.00		13	6300212221SH18	南山口台	2.50
2017	1	5305612231SH17	勐腊	0.05		14	2105512251GH18	海城	5.00
	2	5301432212SH17	丽江	0.10		15	5101242252SH18	甘孜	5.00
	3	6200332251SH17	高台	5.00		16	51014B2212SH18	康定	5.00
	4	2105512251SH17	海城	10.00		17	5302212211SH18	昭通	5.00
	5	33005A2251SH17	湖州	10.00		18	6200332251SH18	高台	5.00
	6	5400132212SH17	拉萨	10.00		19	6200332252SH18	高台	5.00
	7	6200332252SH17	高台	10.00		20	3305812221SH18	绍兴塔山	10.00

对于地倾斜潮汐振幅比 [a] 存在明显分段现象的情况②，则需要分段统计 [a] 的均值 A_j，再根据实际情况（基于潮汐理论或各段振幅比由经验判断）求出各段的改正系数，然后对数据进行归一改正。表11-6～表11-9 依次列出了各个年度对数据进行记录格值分段调整的文件及相关信息。4 个年度记录格值分段调整的测项文件数有 94 个，占 3.42%，其中 2018 年的调整文件数达到了 32 个。

表11-6　2015 年度记录格值分段调整文件明细

序号	文件名	台站地点	截止日期1	换算系数	截止日期2	换算系数	截止日期3	换算系数
1	1300432222SH15	东良	20150609	1.00	20150820	-2.68	20151231	-1.00
2	1400812211SH15	离石	20150909	1.00	20151205	2.01	20151231	1.00
3	1416012211SH15	五台	20151118	1.00	20151231	3.31		
4	1500312211SH15	海拉尔	20150517	1.00	20150618	0.25	20150716	1.00
5	1500592231SH15	乌加河	20150506	1.00	20151231	1.54		
6	2101082221SH15	朝阳	20150802	9.90	20151231	1.00		
7	2200912231SH15	延边	20150906	1.00	20151231	0.51		
8	3104912251SH15	查山	20150630	-1.00	20151231	1.00		
9	3400942222SH15	佛子岭	20150802	1.00	20151231	7.00		
10	4603412232SH15	五指山	20150505	-1.11	20151231	1.00		
11	53056B2222SH15	勐腊	20150706	1.00	20151231	3.20		
12	6102922233SH15	宝鸡	20150618	2.54	20151231	1.00		
13	62001A2251SH15	兰州	20150810	1.00	20151231	4.34		
14	6300212222SH15	南山口	20150221	1.00	20151231	1.68		
15	6302052211SH15	门源	20150526	1.00	20151231	0.50		
16	6302052212SH15	门源	20150526	1.00	20151231	0.50		
17	6505012222SH15	阿图什	20151030	0.45	20151121	43.30	20151231	0.50

表 11-7　2016 年度记录格值分段调整文件明细

序号	文件名	台站地点	截止日期1	换算系数	截止日期2	换算系数	截止日期3	换算系数
1	2101082221SH16	朝阳	20160424	0.45	20161128	-1.38	20161231	0.92
2	2101082222SH16	朝阳	20160426	1.00	20161231	-1.00		
3	2200922222SH16	利民	20160723	0.59	20161231	1.00		
4	3302212212SH16	海宁	20160611	1.00	20161231	0.48		
5	3303212222SH16	永嘉	20160707	1.00	20160812	0.08	20161231	1.00
6	3400652221SH16	泾县	20161015	1.00	20161231	0.00		
7	3400942221SH16	佛子岭台	20160730	1.00	20161231	27.00		
8	3600132222SH16	南昌	20161102	1.00	20161231	0.00		
9	3702622233SH16	嘉祥	20160228	-1.00	20161231	1.00		
10	4300112212GH16	长沙	20160314					
11	4400812222SH16	潮州	20160519	0.50	20161231	1.00		
12	5300612222SH16	永胜灵源	20160530	0.00	20161231	1.00		
13	5301432211SH16	丽江	20160202	0.18	20160214	0.00	20161231	1.00
14	5305612232SH16	勐腊	20161201	1.00	20161231	0.26		
15	53056B2222SH16	勐腊	20160326	0.00	20161231	1.00		
16	5310812221SH16	孟连	20160714	0.00	20161231	1.00		
17	54005B2222SH16	狮泉河	20160825	1.00	20161231	0.00		
18	6102922232SH16	宝鸡上王	20160923	1.00	20161231	2.00		
19	62001A2251SH16	兰州	20160503	2.50	20161231	1.00		
20	62001A2252SH16	兰州	20160503	2.00	20161231	1.00		
21	6200332252SH16	高台	20160706	1.00	20161231	9.12		
22	6201652221SH16	安西	20160706	1.00	20161231	1.76		
23	6215112252SH16	古浪横梁	20160803	1.00	20161231	0.00		

表 11 - 8　2017 年度记录格值分段调整文件明细

序号	文件名	台站地点	截止日期1	换算系数	截止日期2	换算系数	截止日期3	换算系数
1	1200632211SH17	蓟县	20171205	1.00	20171227	0.10	20171231	1.00
2	1301912222SH17	宽城	20170613	-1.00	20171231	1.00		
3	1402212211SH17	阳泉	20170404	0.11	20171231	1.00		
4	14013J2252SH17	大同	20170619	3.00	20171231	-6.00		
5	15005H2222SH17	乌加河	20170503	1.00	20171231	2.36		
6	2200412231SH17	长白山	20170426	5.26	20170928	1.79	20171231	1.00
7	2200412232SH17	长白山	20170426	3.40	20170821	2.04	20170928	4.33
8	3100122251SH17	佘山	20170626	4.60	20171231	1.00		
9	3100122252SH17	佘山	20170626	1.00	20171016	0.21	20171231	0.51
10	3305912222SH17	丽水龙泉	20170823	1.00	20171231	4.93		
11	4401912222SH17	信宜	20170715	1.00	20171231	10.00		
12	5101242251SH17	甘孜	20170607	6.00	20171231	24.90		
13	5300412236SH17	洱源	20170410	1.00	20171231	2.27		
14	5300542232SH17	楚雄	20170731	2.61	20171231	1.00		
15	5302212211SH17	昭通	20170319	1.00	20171231	2.58		
16	5307212212SH17	石屏	20170820	1.00	20171231	0.45		
17	5310812221SH17	孟连	20170618	1.00	20171231	10.00		
18	54005B2221SH17	狮泉河	20170417	4.16	20170823	1.00	20171231	2.20
19	6102512222SH17	华阴	20170609	10.00	20171231	1.00		
20	6214212251SH17	永登莺鸽	20171120	2.16	20171231	1.00		
21	6215932221SH17	武都姚寨	20171002	1.00	20171231	1.33		
22	6302772221SH17	玉树	20170629	3.12	20171012	0.03	20171231	1.00

表 11 - 9　2018 年度记录格值分段调整文件明细

序号	文件名	台站地点	截止日期1	换算系数	截止日期2	换算系数	截止日期3	换算系数
1	0400122252SH18	昌平	20180702	0.76	20181231	0.10		
2	2105512251SH18	海城	20180326	2.40	20181231	0.14		
3	2200912231SH18	利民	20180803	1.00	20181231	2.27		
4	2200912232SH18	利民	20180615	2.73	20180803	1.00	20181231	1.42
5	3200432252SH18	徐州	20180303	1.00	20180311	0.44	20181231	1.00
6	3300382221SH18	宁波	20180324	0.56	20180712	1.00	20181231	0.52
7	3304312211SH18	平阳	20180522	1.00	20180703	0.24		
8	3305912221SH18	丽水龙泉	20180127	2.65	20181231	1.00		
9	3400942222SH18	佛子岭台	20180503	2.00	20180818	1.00	20181231	11.30
10	3500422231SH18	厦门	20180915	1.00	20181231	1.53		
11	35004B2221SH18	厦门	20181023	1.00	20181206	8.14	20181231	1.44
12	4401912222SH18	信宜	20180415	0.00	20180620	1.00	20181231	2.00
13	4402522222SH18	韶关	20181126	1.00	20181231	0.28		
14	4500402221SH18	凭祥	20180817	1.00	20181231	10.00		
15	4500402222SH18	凭祥	20180603	1.00	20180727	6.30	20181231	0.86
16	5300412236SH18	洱源	20180512	2.14	20181231	1.00		
17	5305612232SH18	勐腊	20180702	0.30	20181231	1.00		
18	5310812222SH18	孟连	20181021	1.00	20181231	0.00		
19	54005B2221SH18	狮泉河	20180527	1.00	20181231	1.71		
20	6100312222SH18	乾陵	20180721	1.50	20181002	2.93	20181231	-10.45
21	6201622231SH18	安西	20180705	3.52	20181231	1.00		
22	6201622232SH18	安西	20180705	5.49	20181231	1.00		

续表 11-9

序号	文件名	台站地点	截止日期1	换算系数	截止日期2	换算系数	截止日期3	换算系数
23	6201652222SH18	安西	20180904	1.00	20181231	1.81		
24	6210822231SH18	白银	20180401	1.00	20180831	-1.00	20181231	1.00
25	6214212251SH18	永登莺鸽	20180926	2.00	20181231	7.56		
26	6214212252SH18	永登莺鸽	20180926	1.00	20181231	3.76		
27	6214412251SH18	景泰寺滩	20180620	1.00	20180917	3.08	20181231	1.00
28	6301022251SH18	德令哈	20180720	1.00	20181231	0.56		
29	6301852251SH18	湟源	20180216	2.00	20180916	5.11	20181231	1.65
30	6302412231SH18	同仁	20180622	1.00	20181231	2.65		
31	65012C2221SH18	乌什	20181115	1.00	20181231	-1.00		
32	6505022252SH18	阿图什	20180402	7.00	20181231	1.00		

此外，为了便于快速查找各个文件潮汐响应振幅比是否有分段现象，可先基于 A 的离散相对误差 AM 判断。设定 AM 的极限值 AM_J，绘制 $AM_I > AM_J$ 的时序曲线，根据时序曲线便可判断 $[a]$ 是否有分段现象。如果根据时序曲线还不能确定是否有分段现象，可变更原方位角（±45°、±90°）重新计算 $[a]$，视结果情况再次判定。

11.1.4　方位角

地倾斜观测结果与方位角相关，所以安装仪器需要严格定向，规范要求方位角的测量精度应优于1°。

地倾斜观测中方向的定向约定为：东倾、北倾为正，反之为负。通常，摆式仪器方位角的取值约定是：NS 方向 0°，EW 方向 90°，NE 方向 45°，NW 方向 315°。水管倾斜仪安装的方位角一般不是正南北、正东西，本书的做法是将方位角从 0° 到 360° 划分为 4 个（开）区间（如图 11-1 所示），即：Ⅰ 区 315°—45°；Ⅱ 区 45°—135°；Ⅲ 区 135°—225°；Ⅳ 区 225°—315°。NS 方向的方位角取值范围一般为 Ⅰ 区（315°顺时针—45°），

EW 方向的方位角取值范围一般为Ⅱ区（45°顺时针—135°）。

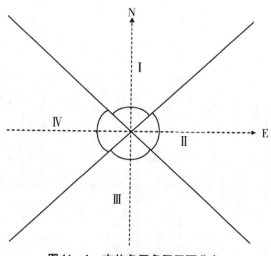

图 11 – 1　方位角四象限平面分布

统计 2745 个测项文件的方位角，取值范围在Ⅰ、Ⅱ区的有 2539 个，在Ⅲ、Ⅳ区的有 207 个（见表 11 – 10），占 7.50%。

需要指出的是，当发现逐日拟合计算结果中的潮汐振幅比不正常时，首先要确认所使用的方位角是否正确。基于 $[a]$ 的符号判断，如果 $[a]$ 的符号均为"–"，应使用原方位角 ±180°重新计算；如果 $[a]$ 的符号在"+""–"之间摆动，可使用原方位角 ±90°（或 ±45°）重新计算，视情况判定结果不正常是否与方位角的取值有关。

表11-10　2015—2018年观测数据定向方位角与约定方向相反的测项文件

序号	文件名	台站地点	方位角/°	序号	文件名	台站地点	方位角/°	序号	文件名	台站地点	方位角/°
1	11001B2233SH15	西拨子	225	19	1416012211SH17	五台	180	37	2100752212SH15	营口	264
2	11001B2233SH16	西拨子	225	20	1416012211SH18	五台	180	38	2100752212SH16	营口	264
3	11001B2233SH17	西拨子	225	21	1416012212SH15	五台	270	39	2100752212SH17	营口	264
4	11001B2233SH18	西拨子	225	22	1416012212SH16	五台	270	40	2100752212SH18	营口	264
5	1200722211SH17	蓟县小辛庄	180	23	1416012212SH17	五台	270	41	2100812231SH15	丹东	249.3
6	1200722212SH17	蓟县小辛庄	270	24	1416012212SH18	五台	270	42	2100812231SH16	丹东	249.3
7	1300922234SH15	张家口	225	25	1500312211GH15	海拉尔	180	43	2100812231SH17	丹东	249.3
8	1300922234SH16	张家口	225	26	1500312211SH16	海拉尔	180	44	2100812231SH18	丹东	249.3
9	1300922234SH17	张家口	225	27	1500312211SH17	海拉尔	180	45	2100812232SH15	丹东	220
10	1300922234SH18	张家口	225	28	1500312211SH18	海拉尔	180	46	2100812232SH16	丹东	220
11	1301912222GH17	宽城	270	29	1503432212SH15	包头	270	47	2100812232SH17	丹东	220
12	1301912222SH18	宽城	270	30	1503432212SH16	包头	270	48	2101082222SH17	朝阳	270
13	1402212212SH15	阳泉	270	31	1503432212SH17	包头	270	49	2101082222SH18	朝阳	270
14	1402212212SH16	阳泉	270	32	1503432212SH18	包头	270	50	2102212232SH15	抚顺	290
15	1402212212SH17	阳泉	270	33	2100752211SH15	营口	189.4	51	2102212232SH16	抚顺	290
16	1402212212SH18	阳泉	270	34	2100752211SH16	营口	189.4	52	2102212232SH17	抚顺	290
17	1416012211GH15	五台	180	35	2100752211SH17	营口	189.4	53	2102212232SH18	抚顺	290
18	1416012211SH16	五台	180	36	2100752211SH18	营口	189.4	54	2107412233SH15	抚顺南山	139.6

续表 11 - 10

序号	文件名	台站地点	方位角/°	序号	文件名	台站地点	方位角/°	序号	文件名	台站地点	方位角/°
55	2107412233SH16	抚顺南山	139.6	73	3200432251SH17	徐州	180	91	3300322221SH15	宁波	180
56	2107412233SH17	抚顺南山	139.6	74	3200432251SH18	徐州	180	92	3300382222SH17	宁波	270
57	2107412233SH18	抚顺南山	139.6	75	3200432252GH18	徐州	270	93	3300382222SH18	宁波	270
58	2107582222SH17	抚顺市木奇	270	76	3200432252SH15	徐州	270	94	3300502222SH15	湖州	270
59	3100122251GH17	余山	180	77	3200432252SH16	徐州	270	95	3300502222SH16	湖州	270
60	3100122251SH15	余山	180	78	3200432252SH17	徐州	270	96	3300502222SH17	湖州	270
61	3100122251SH16	余山	180	79	3201182221SH16	溧阳	180	97	3300502222SH18	湖州	270
62	3100122251SH18	余山	180	80	3201182222SH16	溧阳	270	98	3300592211SH15	湖州	180
63	31001e2222SH15	余山	270	81	3201182222SH17	溧阳	270	99	3300592211SH16	湖州	180
64	31001e2222SH16	余山	270	82	3201182222SH18	溧阳	270	100	3300592211SH17	湖州	180
65	31001e2222SH17	余山	270	83	3201612231SH15	常熟	173	101	3300592211SH18	湖州	180
66	31001e2222SH18	余山	270	84	3201612231SH16	常熟	173	102	3300592212SH15	湖州	270
67	31049122252SH15	查山	180	85	3201612231SH17	常熟	173	103	3300592212SH16	湖州	270
68	31049122252SH16	查山	180	86	3201612231SH18	常熟	173	104	3300592212SH17	湖州	270
69	31049122252SH17	查山	180	87	3201612232SH15	常熟	139.5	105	3300592212SH18	湖州	270
70	31049122252SH18	查山	180	88	3201612232SH16	常熟	139.5	106	3304512211SH15	定海	225
71	3200432251SH15	徐州	180	89	3201612232SH17	常熟	139.5	107	3304512211SH16	定海	225
72	3200432251SH16	徐州	180	90	3201612232SH18	常熟	139.5	108	3304512211SH17	定海	225

续表 11-10

序号	文件名	台站地点	方位角/°	序号	文件名	台站地点	方位角/°	序号	文件名	台站地点	方位角/°
109	3304512211SH18	定海	225	127	3402932212SH16	泗县	270	145	3701432252SH16	荣成	180
110	3304532231SH15	定海	180	128	3402932212SH17	泗县	270	146	3701432252SH17	荣成	180
111	3304532231SH16	定海	180	129	3402932212SH18	泗县	270	147	3701432252SH18	荣成	180
112	3304532231SH17	定海	205	130	3500422232SH15	厦门	146	148	3702622233SH15	嘉祥	221
113	3304532231SH18	定海	205	131	3500422232SH16	厦门	146	149	4200242251SH15	武昌九峰	180
114	3305912221GH18	丽水龙泉	180	132	3500422232SH17	厦门	146	150	4200242251SH16	武昌九峰	180
115	3305912221SH15	丽水龙泉	180	133	3500422232SH18	厦门	146	151	4200242251SH17	武昌九峰	180
116	3305912221SH16	丽水龙泉	180	134	3501142236SH17	莆田	163	152	4200242251SH18	武昌九峰	180
117	3305912221SH17	丽水龙泉	180	135	3501142236SH18	莆田	163	153	4200242252SH15	武昌九峰	270
118	3305912222GH17	丽水龙泉	270	136	37001H2251SH15	泰安	270	154	4200242252SH16	武昌九峰	270
119	3305912222SH15	丽水龙泉	270	137	37001H2251SH16	泰安	270	155	4200242252SH17	武昌九峰	270
120	3305912222SH16	丽水龙泉	270	138	37001H2251SH17	泰安	270	156	4200242252SH18	武昌九峰	270
121	3305912222SH18	丽水龙泉	270	139	37001H2251SH18	泰安	270	157	5101072233SH15	姑咱	225
122	3309322231SH15	诸暨东和	225	140	37001H2252SH15	泰安	180	158	5101072233SH16	姑咱	225
123	3309322231SH16	诸暨东和	225	141	37001H2252SH16	泰安	180	159	5101072233SH17	姑咱	225
124	3309322231SH17	诸暨东和	225	142	37001H2252SH17	泰安	180	160	5101072233SH18	姑咱	225
125	3309322231SH18	诸暨东和	225	143	37001H2252SH18	泰安	180	161	5300812234SH15	云龙	313.7
126	3402932212SH15	泗县	270	144	3701432252SH15	荣成	180	162	5300812234SH16	云龙	313.7

续表 11-10

序号	文件名	台站地点	方位角/°	序号	文件名	台站地点	方位角/°	序号	文件名	台站地点	方位角/°
163	53008812234SH17	云龙	313.7	178	62059322252SH16	武都两水	270	193	65011422251SH15	和田	180
164	53008812234SH18	云龙	313.7	179	62059322252SH17	武都两水	270	194	65011422251SH16	和田	180
165	62003322251SH15	高台	180	180	62059322252SH18	武都两水	270	195	65011422251SH17	和田	180
166	62003322251SH16	高台	180	181	62139222232SH15	嘉峪关西	135.9	196	65011422251SH18	和田	180
167	62003322251SH17	高台	180	182	62139222232SH16	嘉峪关西	135.9	197	65011422252SH15	和田	270
168	62003322251SH18	高台	180	183	62139222232SH17	嘉峪关西	135.9	198	65011422252SH16	和田	270
169	62003322252GH16	高台	270	184	62139222232SH18	嘉峪关西	135.9	199	65011422252SH17	和田	270
170	62003322252SH15	高台	270	185	62159122231SH15	武都姚寨	268	200	65011422252SH18	和田	270
171	62003322252SH17	高台	270	186	62159122231SH16	武都姚寨	268	201	65012C2221GH18	乌什	180
172	62003322252SH18	高台	270	187	62159122231SH17	武都姚寨	268	202	65012C2221SH15	乌什	180
173	62059322251SH15	武都两水	180	188	62159122231SH18	武都姚寨	268	203	65012C2221SH16	乌什	180
174	62059322251SH16	武都两水	180	189	63027422212SH15	玉树	270	204	65012C2221SH17	乌什	180
175	62059322251SH17	武都两水	180	190	63027422212SH16	玉树	270	205	65024122251SH17	新源	180
176	62059322251SH18	武都两水	180	191	63027422212SH17	玉树	270	206	65024122251SH18	新源	180
177	62059322252SH15	武都两水	270	192	63027422212SH18	玉树	270	207	65167122251SH18	阳霞	270

11.2　逐日 NAKAI 拟合特征参数

观测数据经过掉格改正、剔除"坏数据"和记录格值改正后，用 NAKAI 拟合公式进行逐日计算，给出每个数据文件拟合参数的时序值 $[a]$、$[b]$、$[rk_1]$、$[smd_1]$，基于统计原理可给出它们的统计均值，分别以 A、B、$RK1$ 和 $SMD1$ 表示之，同时给出它们的离散误差（或离散相对百分比误差——仅针对 A 有 AM），分别以 AM、BM、$RK1M$ 和 $SMD1M$ 表示之。将 A、AM、B、BM、$RK1$、$RK1M$、$SMD1$ 和 $SMD1M$ 这 8 个参数统称为观测数据的逐日 NAKAI 拟合特征参数。每个数据文件都有 1 组（8 个）特征参数，2745 个数据文件就有 2745 组特征参数。为了描述这些特征参数的横向动态分布情况，将同类 2745 个特征参数列在一起，并按从小到大的顺序进行排列，依次考察其最小值、最大值、均值、中位数，再根据优、劣分布特性统计其占总个数 95%、90% 和 70% 的数值范围与均值。下面依次介绍 A、AM、B、$RK1$ 和 $SMD1$ 这 5 个特征参数。

11.2.1　潮汐振幅比 A

按照弹性地球的静力潮汐理论，地倾斜观测数据的潮汐振幅比 A 应近似等于 0.7。统计 2745 个 A，均值为 0.766，最小值为五指山 4603412231SH15 的 0.105，最大值为查山 3104912252SH18 的 5.164，中位数为乾陵 61003e2232SH16 的 0.653。A 为对称型参数，可视从小到大排序后越靠两端的 A 值可信度越低，越靠近中间的 A 可信度越高，取 A 在序列的居中不同比例数量，结果显示：

居中 95% 的 A 的范围为 0.298 ~ 2.411，均值为 0.712；

居中 90% 的 A 的范围为 0.359 ~ 1.614，均值为 0.687；

居中 70% 的 A 的范围为 0.500 ~ 0.862，均值为 0.656。

表 11 - 11 列出了排序后 A 序列值的低值段（$A < 0.255$）和高值段（$A > 2.80$）各 50 个文件的明细表。

表 11-11　A 低值段和高值段各 50 个文件明细

低值段				高值段			
序号	文件名	台站地点	A	序号	文件名	台站地点	A
1	11001B2233SH16	西拨子	0.209	1	3104912251GH15	查山	3.569
2	11001B2233SH18	西拨子	0.235	2	3104912251SH16	查山	4.373
3	1416012211SH16	五台	0.183	3	3104912251SH17	查山	4.252
4	2100752211SH15	营口	0.243	4	3104912251SH18	查山	4.347
5	2100782211SH15	营口	0.237	5	3104912252SH15	查山	5.097
6	2100782211SH18	营口	0.254	6	3104912252SH16	查山	4.974
7	2105512251SH16	海城	0.242	7	3104912252SH17	查山	4.779
8	2105512251SH17	海城	0.243	8	3104912252SH18	查山	5.164
9	2200412232SH15	长白山	0.171	9	3304312211GH18	泉州	3.202
10	2200412232SH16	长白山	0.174	10	3304312211SH17	泉州	3.153
11	3100122251SH18	佘山	0.244	11	3304312212SH15	泉州	4.209
12	3201182221SH18	溧阳	0.195	12	3304312212SH16	泉州	4.114
13	3300512221SH15	湖州	0.126	13	3304312212SH17	厦门	4.103
14	3300512221SH16	湖州	0.207	14	3304312212SH18	厦门	4.013
15	3300512221SH17	湖州	0.217	15	3305812221SH18	厦门	3.875
16	3400952212SH16	佛子岭	0.197	16	3500142231SH15	厦门	4.188
17	41003d2251SH15	郑州荥阳	0.167	17	3500142231SH16	厦门	4.277
18	41003d2251SH16	郑州荥阳	0.158	18	3500142231SH17	厦门	4.313
19	41003d2252SH15	郑州荥阳	0.225	19	3500142231SH18	厦门	4.306
20	41003d2252SH16	郑州荥阳	0.184	20	3500162221SH15	厦门	2.878
21	4200242251SH15	武昌九峰	0.186	21	3500162221SH16	厦门	2.972

续表 11－11

低值段				高值段			
序号	文件名	台站地点	A	序号	文件名	台站地点	A
22	4200242251SH16	武昌九峰	0.189	22	3500162221SH17	厦门	2.803
23	4200242251SH17	武昌九峰	0.187	23	3500162221SH18	莆田	2.940
24	4200242252SH15	武昌九峰	0.195	24	3500422232SH15	莆田	3.383
25	4200242252SH16	武昌九峰	0.195	25	3500422232SH16	莆田	3.322
26	4200242252SH17	武昌九峰	0.197	26	3500422232SH17	莆田	3.273
27	4603412231SH15	五指山	0.105	27	3500422232SH18	莆田	3.308
28	5000222231SH15	黔江	0.206	28	35004B2221GH18	莆田	3.826
29	5101242251SH16	甘孜	0.125	29	35004B2221SH15	莆田	3.624
30	5101242252SH15	甘孜	0.176	30	35004B2221SH16	莆田	3.674
31	5101242252SH16	甘孜	0.143	31	35004B2221SH17	莆田	3.636
32	5101242252SH17	甘孜	0.151	32	35004B2222SH17	莆田	2.905
33	5105312222SH15	马兰山	0.161	33	35004B2222SH18	烟台	2.927
34	5105312222SH16	马兰山	0.187	34	3501122221SH15	烟台	3.630
35	5105312222SH17	马兰山	0.196	35	3501122221SH16	烟台	3.604
36	5310812221GH17	孟连	0.201	36	3501122221SH17	烟台	3.116
37	5310812222SH16	孟连	0.155	37	3501122221SH18	泉州	3.205
38	5400132212SH15	拉萨	0.126	38	3501142231SH15	泉州	2.967
39	54005B2221SH16	狮泉河	0.146	39	3501142231SH16	泉州	2.930
40	62001A2252SH15	兰州	0.230	40	3501142231SH17	泉州	2.886
41	6215932221SH15	武都姚寨	0.187	41	3501142231SH18	厦门	2.958
42	6215932221SH16	武都姚寨	0.131	42	3501142236SH17	厦门	4.454
43	6302772221SH16	玉树	0.177	43	3501142236SH18	厦门	4.424

续表 11 -11

低值段				高值段			
序号	文件名	台站地点	A	序号	文件名	台站地点	A
44	6302772222SH17	玉树	0.242	44	3700252231SH15	厦门	2.852
45	6302772222SH18	玉树	0.206	45	3700252231SH16	厦门	2.872
46	6509712252SH17	喀什栏杆	0.238	46	3700252231SH17	厦门	2.856
47	6509712252SH18	喀什栏杆	0.229	47	3700252231SH18	厦门	2.840
48	6516712252SH15	阳霞	0.183	48	6200222211SH15	兰州十里店	3.264
49	6516712252SH16	阳霞	0.203	49	6200222211SH16	兰州十里店	3.238
50	6516712252SH17	阳霞	0.169	50	6200222211SH17	兰州十里店	3.274

11.2.2　潮汐振幅比 A 的离散相对误差 AM （%）

AM 反映了 $[a]$ 序列的离散程度。按照误差理论和地倾斜观测目标，期望 AM 越小越好，所以 AM 为单向型参数。统计 2745 个文件的 AM，均值为 25.088，最小值为乾陵 6100342222SH18 的 2.205，最大值为五指山 4603412231SH15 的 964.041，中位数为银川 6400212211SH16 的 16.304。取 AM 从小到大排序后序列值的低值段（优段）不同比例数量，结果显示：

优段 95% 的 AM 的范围为 2.205～76.467，均值为 19.995；

优段 90% 的 AM 的范围为 2.205～51.114，均值为 17.692；

优段 70% 的 AM 的范围为 2.205～25.305，均值为 12.614。

表 11 -12 列出了 AM 从小到大排序后序列值高值段（$AM > 84.7$）的 100 个文件。

表 11－12　*AM* 高值段 100 个文件

序号	文件名	台站地点	*AM*	序号	文件名	台站地点	*AM*
1	1400482221SH15	代县	94.675	25	3201182221SH17	溧阳	206.104
2	14005f2212SH15	夏县	89.286	26	3201182222SH17	溧阳	177.435
3	14013J2252GH17	大同	126.906	27	3304532231SH16	定海	120.619
4	1416012211SH16	五台	86.744	28	3400942221GH16	佛子岭	123.347
5	15014B2212SH15	乌海	91.290	29	3400952211SH16	佛子岭	265.903
6	2101082221GH15	朝阳	110.086	30	3400952212SH16	佛子岭	270.028
7	2100752211SH18	营口	89.987	31	3600722221SH15	宜春	89.254
8	2100812232SH16	丹东	85.050	32	3600722222SH15	宜春	106.694
9	2101082221GH16	朝阳	101.352	33	3600722221SH16	宜春	120.039
10	2105512251SH15	海城	113.390	34	3600722221SH18	宜春	88.015
11	2105512251SH16	海城	90.641	35	3600722221SH17	宜春	105.846
12	2105512251SH17	海城	87.459	36	3701432252SH15	荣成	101.726
13	2107582222SH17	抚顺市木奇	131.456	37	3701432252SH16	荣成	107.122
14	2200432221SH16	长白山	153.770	38	3701432252SH18	荣成	120.298
15	2200432221SH17	长白山	134.323	39	3701432252SH17	荣成	111.189
16	3100122251SH15	佘山	90.754	40	4603412231SH15	五指山	964.041
17	3100122251SH16	佘山	94.313	41	4500202221SH16	灵山	123.202
18	3100122251SH18	佘山	182.291	42	4500292221SH18	灵山	91.784
19	3100122251GH17	佘山	122.142	43	4603432221SH16	五指山	95.818
20	3201182221SH16	溧阳	214.966	44	4500292221SH17	灵山	117.297
21	3201182222SH16	溧阳	162.140	45	4603432221SH18	五指山	88.793
22	3201182221SH18	溧阳	873.135	46	51014B2211SH18	康定	137.668
23	3201182222SH18	溧阳	105.668	47	5300262211SH15	腾冲	111.631
24	3201632221SH16	常熟	91.819	48	5300262212SH15	腾冲	208.026

续表 11 - 12

序号	文件名	台站地点	AM	序号	文件名	台站地点	AM
49	5300262211SH16	腾冲	98.973	75	6215932221SH16	武都姚寨	329.883
50	5300262212SH16	腾冲	191.088	76	6215932221SH18	武都姚寨	124.352
51	5300512221SH16	楚雄	98.809	77	6301022251GH18	德令哈	97.913
52	5300512222SH16	楚雄	93.713	78	6215932221GH17	武都姚寨	110.858
53	5300262211SH18	腾冲	85.018	79	6302412231GH18	同仁	85.498
54	5300262212SH18	腾冲	183.162	80	6402432221SH16	泾源	104.920
55	5300412231SH18	洱源	84.739	81	6402432222SH16	泾源	84.971
56	5300262211SH17	腾冲	91.189	82	6302772222SH18	玉树	84.717
57	5300262212SH17	腾冲	143.275	83	6402432221SH18	泾源	135.469
58	53006A2221SH17	永胜灵源	94.875	84	6402452221SH18	泾源	280.357
59	5300752232SH17	弥渡	107.403	85	6402432221SH17	泾源	125.475
60	5400132212SH15	拉萨	124.087	86	6505012221SH16	阿图什	87.308
61	54005B2221SH15	狮泉河	97.229	87	6515012211SH15	巴里坤	96.966
62	5310812222SH16	孟连	108.432	88	6516712251SH15	阳霞	92.248
63	5400132212SH16	拉萨	113.204	89	6509712251SH16	喀什栏杆	119.028
64	5302152221SH17	云县	98.848	90	6509712252SH16	喀什栏杆	157.809
65	5310812221GH17	孟连	222.015	91	6515012211SH16	巴里坤	95.767
66	5400132212SH17	拉萨	142.306	92	6516712251SH16	阳霞	106.780
67	6115932221SH15	陇县八渡	109.263	93	6516712252SH16	阳霞	93.095
68	6201622231SH15	安西	86.193	94	6509712252SH18	喀什栏杆	92.725
69	6115932221SH16	陇县八渡	97.189	95	6509712251SH17	喀什栏杆	105.660
70	6115932221SH18	陇县八渡	99.845	96	6509712252SH17	喀什栏杆	130.725
71	6215932221SH15	武都姚寨	108.420	97	6515012211SH18	巴里坤	99.131
72	6115932221SH17	陇县八渡	94.088	98	6515012211SH17	巴里坤	102.163
73	6214212251SH16	永登莺鸽	89.690	99	6516712251SH17	阳霞	121.328
74	6215112251SH16	古浪横梁	91.664	100	6516712252SH17	阳霞	87.943

11.2.3 潮汐滞后因子 B

地球近似于弹性体，在正常情况下，B 应等于或接近"0"。统计
2745 个 B，数值均值为 2.406，数字均值为 22.787，最小值为查山
3104912251GH15 的 -548.202，最大值为厦门 3500422231GH18 的
560.840，中位数为常熟 3201612231SH15 的 3.446。B 为对称型参数，可
视从小到大排序后越靠两端的 B 可信度越低，越靠近中间的 B 可信度越
高，取 B 在序列的居中不同比例数量，结果显示：

居中 95% 的 B 的范围为 $-87.703 \sim 71.158$，数值均值为 3.147，数
字均值为 15.236；

居中 90% 的 B 的范围为 $-51.312 \sim 49.758$，数值均值为 3.475，数
字均值为 12.063；

居中 70% 的 B 的范围为 $-13.935 \sim 21.245$，数值均值为 3.852，数
字均值为 6.937。

表 11-13 列出了 B 从小到大排序后序列值的低值段（$B < -98$）和
高值段（$B > 88$）各 50 个文件。

表 11-13　B 低值段和高值段各 50 个文件

低值段				高值段			
序号	文件名	台站地点	B	序号	文件名	台站地点	B
1	31001e2222SH15	佘山	-100.78	1	31001c2231SH15	佘山	91.70
2	3104912251GH15	查山	-548.20	2	31001f2211SH15	佘山	97.96
3	31001e2222SH16	佘山	-100.52	3	31001c2231SH16	佘山	96.62
4	31001f2212SH16	佘山	-99.01	4	3104912252SH15	查山	172.26
5	33005A2251SH15	湖州	-197.19	5	31001c2231SH18	佘山	94.49
6	3300382221SH17	宁波	-140.50	6	31001f2211SH16	佘山	92.38
7	33005A2251SH16	湖州	-214.17	7	31001f2211SH18	佘山	90.11
8	3302212212SH15	海宁	-136.13	8	3104912252SH16	查山	378.93
9	3302212212GH16	海宁	-133.20	9	31001c2231SH17	佘山	93.42

续表 11 - 13

低值段				高值段			
序号	文件名	台站地点	B	序号	文件名	台站地点	B
10	33005A2251SH17	湖州	-229.29	10	3104912252SH18	查山	350.31
11	3304532231SH16	定海	-359.99	11	3104912252SH17	查山	357.07
12	3302212212SH17	海宁	-291.18	12	3201632221SH16	常熟	90.20
13	3500162222SH15	泉州	-258.01	13	3303212221SH15	永嘉	244.52
14	3500422232SH15	厦门	-276.60	14	3304312211SH15	平阳	437.14
15	35004B2221SH15	厦门	-220.65	15	3303222221SH18	永嘉	407.47
16	35004B2222SH15	厦门	-342.14	16	3304512212SH15	定海	147.61
17	3500642231SH15	福州	-137.03	17	3303212221SH16	永嘉	227.87
18	3500162222SH18	泉州	-234.75	18	3304312211GH18	平阳	127.78
19	3500162222SH16	泉州	-254.56	19	3304532232SH15	定海	163.89
20	3500422232SH18	厦门	-269.11	20	3304312211SH16	平阳	489.72
21	3500422232SH16	厦门	-271.78	21	3304512212SH18	定海	159.97
22	35004B2221GH18	厦门	-226.46	22	3305912221SH15	丽水龙泉	91.22
23	35004B2222SH18	厦门	-374.42	23	3304512212SH16	定海	149.67
24	35004B2221SH16	厦门	-223.82	24	3304532232SH18	定海	203.22
25	35004B2222SH16	厦门	-350.10	25	3305812221SH18	绍兴塔山	93.43
26	3501122222SH15	莆田	-162.79	26	3304532232SH16	定海	133.68
27	3500642231SH18	福州	-135.56	27	3305912221GH18	丽水龙泉	166.41
28	3500642231SH16	福州	-139.13	28	3305912221SH16	丽水龙泉	95.21
29	3501142232SH15	莆田	-128.50	29	3303212221SH17	永嘉	219.97
30	3501142236SH15	莆田	-336.04	30	3304312211SH17	平阳	111.15
31	3500162222SH17	泉州	-249.04	31	3304512212SH17	定海	154.44
32	3500422232SH17	厦门	-272.92	32	3304532232SH17	定海	157.13
33	35004B2221SH17	厦门	-219.05	33	3305912221SH17	丽水龙泉	122.46
34	3501122222SH18	莆田	-153.62	34	3500142231SH15	泉州	128.60
35	35004B2222SH17	厦门	-376.87	35	3500422231SH15	厦门	460.02

续表 11-13

低值段				高值段			
序号	文件名	台站地点	B	序号	文件名	台站地点	B
36	3501122222SH16	莆田	-153.10	36	3500142231SH18	泉州	129.67
37	3501142232SH18	莆田	-122.84	37	3500142231SH16	泉州	132.05
38	3501142232SH16	莆田	-129.15	38	3500422231GH18	厦门	560.84
39	3501142236SH16	莆田	-330.15	39	3500422231SH16	厦门	459.47
40	3500642231SH17	福州	-137.33	40	3500142231SH17	泉州	130.03
41	3501122222SH17	莆田	-153.95	41	3500422231SH17	厦门	468.44
42	3501142232SH17	莆田	-126.18	42	3501122221SH17	莆田	116.00
43	3701432251SH16	荣成	-432.52	43	37005A2231SH15	郯城马陵山	89.34
44	3701432251SH18	荣成	-409.58	44	37005A2231SH16	郯城马陵山	88.19
45	3701432251SH17	荣成	-424.19	45	37005A2231SH17	郯城马陵山	89.37
46	4200632233SH16	黄梅	-101.35	46	6200332251SH18	高台	168.87
47	4200632233SH18	黄梅	-104.68	47	6200332251SH17	高台	168.77
48	4200632233SH17	黄梅	-106.92	48	6516712251SH15	阳霞	109.41
49	4400812222SH15	潮州	-106.61	49	6516712251SH16	阳霞	100.84
50	6301022251SH16	德令哈	-98.40	50	6516712251SH17	阳霞	109.89

11.2.4 零漂移系数 $RK1$ ($\times 10^{-3}''/\mathrm{d}$)

零漂移系数 $RK1$ 的数字大小是反映地倾斜观测结果质量好坏的重要指标之一，仪器漂移和观测场地地基稳定性特征也主要反映在 $RK1$ 中。地倾斜观测规范规定 $RK1 \leqslant 0.005''/\mathrm{d}$。根据地倾斜观测目标，期望 $RK1$ 的数字越小越好。统计 2745 个 $RK1$，数值均值为 -0.246，数字均值为 3.898，最小值为潮州 33005A2251SH15 的 -210.88，最大值为昭通 5302212211SH15 的 95.58，中位数为汉中 6105712222SH16 的 0.070。$RK1$ 为对称型参数，可视从小到大排序后越靠两端的 $RK1$ 可信度越低，越靠近中间的 $RK1$ 可信度越高，取 $RK1$ 在序列的居中不同比例数量，结果显示：

居中 95% 的 $RK1$ 的范围为 $-12.430 \sim 12.440$，数值均值为 0.055，数字均值为 2.426；

居中 90% 的 $RK1$ 的范围为 $-7.800 \sim 7.950$，数值均值为 0.060，数字均值为 2.011；

居中 70% 的 $RK1$ 的范围为 $-3.170 \sim 3.290$，数值均值为 0.054，数字均值为 1.183。

表 11 - 14 列出了 $RK1$ 从小到大排序后序列值的低值段（$RK1 < -14.4$）和高值段（$RK1 > 14.0$）各 50 个文件。

表 11 - 14　$RK1$ 低值段和高值段各 50 个文件

低值段				高值段			
序号	文件名	台站地点	$RK1$	序号	文件名	台站地点	$RK1$
1	14005f2212SH15	夏县	-18.73	1	15014B2212SH15	乌海	16.10
2	14005f2212SH16	夏县	-20.48	2	15014D2221SH16	乌海	21.14
3	2200432221SH18	长白山	-31.43	3	2105512251GH18	海城	24.58
4	3100122251SH15	佘山	-19.84	4	2200412231SH15	长白山	18.42
5	3100122251SH16	佘山	-18.78	5	2200412231SH16	长白山	35.27
6	3104912251GH15	查山	-41.98	6	3200432251SH16	徐州	16.16
7	3104912252SH15	查山	-37.98	7	3203922251SH17	江宁	25.48
8	3104912252SH16	查山	-15.34	8	33005A2252SH15	湖州	42.56
9	3201182221SH18	溧阳	-31.09	9	3305812221SH18	绍兴塔山	38.87
10	3201182222SH18	溧阳	-82.46	10	3500422231SH16	厦门	15.05
11	3203922252SH17	江宁	-18.39	11	3500422231SH17	厦门	19.73
12	33005A2251SH15	湖州	-210.88	12	3501352221SH17	龙岩	21.94
13	33005A2251SH16	湖州	-196.62	13	37001H2252SH16	泰安	14.38
14	33005A2251SH17	湖州	-117.19	14	4209222231SH16	黄石	16.35
15	3302212212SH17	海宁	-40.52	15	44005B2221SH16	汕头	15.77
16	3304312211GH18	平阳	-14.60	16	4400812221SH15	潮州	24.20

续表 11 - 14

低值段				高值段			
序号	文件名	台站地点	*RK1*	序号	文件名	台站地点	*RK1*
17	3400952212SH15	佛子岭	− 80.08	17	4400812221SH18	潮州	18.22
18	3400952212SH16	佛子岭	− 26.85	18	4500432221SH17	凭祥	14.64
19	3600722221SH15	宜春	− 54.08	19	5101422222SH18	康定	14.73
20	3600722222SH15	宜春	− 25.66	20	51014B2212SH18	康定	14.41
21	3600722222SH16	宜春	− 15.74	21	5116322221SH17	攀枝花	51.23
22	4400812222SH15	潮州	− 28.70	22	5116322221SH18	攀枝花	14.45
23	51053A2212SH15	马兰山	− 62.87	23	5300262212SH15	腾冲	61.92
24	51053A2212SH16	马兰山	− 92.19	24	5300262212SH16	腾冲	43.33
25	51053A2212SH17	马兰山	− 101.72	25	5300262212SH17	腾冲	39.93
26	51053A2212SH18	马兰山	− 114.25	26	5300262212SH18	腾冲	42.50
27	5116322222SH17	攀枝花	− 30.11	27	5300412231SH16	洱源	15.78
28	5300412232SH18	洱源	− 15.90	28	5302212211SH15	昭通	95.58
29	5300412236GH18	洱源	− 18.00	29	5302212211SH16	昭通	41.67
30	5400132212SH16	拉萨	− 40.58	30	5302212212SH17	昭通	14.98
31	5400132212SH17	拉萨	− 42.81	31	5302212212SH18	昭通	14.31
32	5400152221SH17	拉萨	− 14.42	32	5302222232SH16	昭通	14.30
33	54005B2221GH17	狮泉河	− 14.58	33	5302222232SH17	昭通	16.15
34	6200332252GH16	高台	− 54.09	34	5305612233SH17	勐腊	26.07
35	6200332252SH17	高台	− 18.57	35	5307212212GH17	石屏	30.08
36	6201622231SH15	安西	− 55.32	36	5307212212SH16	石屏	25.49
37	6201622232GH18	安西	− 21.90	37	5400152222SH16	拉萨	14.03
38	6201622232SH17	安西	− 15.27	38	6201622231GH18	安西	50.45
39	62053a2252SH15	临夏	− 27.27	39	6201622231SH17	安西	24.30
40	6302412231GH18	同仁	− 15.59	40	6302632212SH18	乐都	14.29

续表 11－14

低值段				高值段			
序号	文件名	台站地点	*RK1*	序号	文件名	台站地点	*RK1*
41	6402452221SH18	泾源	−44.29	41	6402432221SH16	泾源	14.18
42	65012C2221SH16	乌什	−14.98	42	6505012221SH15	阿图什	36.61
43	6505012222SH16	阿图什	−18.27	43	6505012221SH17	阿图什	84.72
44	6505012222SH17	阿图什	−43.66	44	6506202232SH17	阜康	15.25
45	6509712251SH16	喀什栏杆	−46.76	45	6512512251SH17	库车阿格	18.49
46	6509712251SH17	喀什栏杆	−16.94	46	6512512252SH17	库车阿格	14.36
47	6509712252SH16	喀什栏杆	−54.08	47	6512512252SH18	库车阿格	29.60
48	6509712252SH17	喀什栏杆	−40.76	48	6515012211SH16	巴里坤	14.09
49	6509712252SH18	喀什栏杆	−21.93	49	6521412251SH15	乌恰	29.51
50	6521412252SH15	乌恰	−28.83	50	6521412251SH16	乌恰	17.52

11.2.5　方差 *SMD1*（×10^{-3}″）

这里所指方差 *SMD1* 是每个文件逐日拟合方差序列的统计平均值，它表征了观测曲线对理论曲线的整体偏离程度，也是反映观测质量稳定性和可靠性的基本指标之一。按照误差理论和地倾斜观测目标，期望 *SMD1* 越小越好，地倾斜观测规范规定 *SMD1*≤0.003″。统计 2745 个 *SMD1* 均值为 2.100，最小值为湖州 31001f2212SH18 的 7.24，最大值为绍兴 3305812221SH18 的 22.45，中位数为张家口 1300912212SH16 的 1.250。*SMD1* 为单向型参数，取 *SMD1* 从小到大排序后序列值的低值段（优段）不同比例数量，结果显示：

优段 95% 的 *SMD1* 的范围为 0.220～6.830，均值为 1.609；

优段 90% 的 *SMD1* 的范围为 0.220～4.290，均值为 1.406；

优段 70% 的 *SMD1* 的范围为 0.220～1.990，均值为 1.005。

表 11－15 列出了 *SMD1* 从小到大排序后序列值高值段（*SMD1* > 7.24）的 100 个文件。

表 11 - 15　*SMD1* 高值段的 100 个文件

序号	文件名	台站地点	利用数据/个	SMD1	序号	文件名	台站地点	利用数据/个	SMD1
1	14005f2212SH15	夏县	3581	8.70	26	3303222221SH18	永嘉	4422	9.09
2	14005f2212SH16	夏县	6165	8.59	27	3304312211SH15	平阳	8533	8.77
3	14005f2212SH17	夏县	7074	7.84	28	3304312211SH16	平阳	8199	9.38
4	14013J2252GH17	大同	4507	8.43	29	3304312212SH15	平阳	8728	8.64
5	3100122251SH15	佘山	4677	9.51	30	3304312212SH16	平阳	8615	8.56
6	3100122251SH16	佘山	4952	10.83	31	3304312212SH17	平阳	8746	8.69
7	31001f2212SH18	佘山	8338	7.24	32	3304312212SH18	平阳	3003	8.12
8	3104912251GH15	查山	8087	19.07	33	3304512211SH15	定海	8741	12.17
9	3104912251SH16	查山	8692	10.69	34	3304512211SH16	定海	8773	12.15
10	3104912251SH17	查山	5319	11.23	35	3304512211SH17	定海	8746	12.15
11	3104912251SH18	查山	6911	11.00	36	3304512211SH18	定海	8558	12.56
12	3104912252SH15	查山	8546	12.38	37	3305812221SH18	绍兴塔山	6535	22.45
13	3104912252SH16	查山	8686	13.08	38	3500142231SH15	泉州	7612	16.44
14	3104912252SH17	查山	5300	13.87	39	3500142231SH16	泉州	7580	16.38
15	3104912252SH18	查山	6940	12.84	40	3500142231SH17	泉州	7696	16.86
16	3201182221SH16	溧阳	3130	9.47	41	3500142231SH18	泉州	7427	16.77
17	3201182221SH17	溧阳	3033	9.83	42	3500162221SH15	泉州	8746	13.17
18	3201182222SH16	溧阳	4113	7.29	43	3500162221SH16	泉州	8703	13.49
19	3201182222SH17	溧阳	4184	7.61	44	3500162221SH17	泉州	7691	13.14
20	3300382221SH17	宁波	8739	8.97	45	3500162221SH18	泉州	8244	14.11
21	3300382222SH18	宁波	8659	7.55	46	3500422231GH18	厦门	3709	10.74
22	33005A2251SH15	湖州	2263	8.73	47	3500422231SH15	厦门	4451	10.28
23	33005A2251SH16	湖州	5242	10.11	48	3500422231SH16	厦门	4059	10.21
24	33005A2251SH17	湖州	3264	8.83	49	3500422231SH17	厦门	3527	9.95
25	3302212212SH17	海宁	5150	13.84	50	3500422232SH15	厦门	8692	8.09

续表 11 - 15

序号	文件名	台站地点	利用数据/个	SMD1	序号	文件名	台站地点	利用数据/个	SMD1
51	3500422232SH16	厦门	8700	8.07	76	3700252231SH15	烟台	8391	7.92
52	3500422232SH17	厦门	8750	8.03	77	3700252231SH16	烟台	8511	7.91
53	3500422232SH18	厦门	8755	8.40	78	3700252231SH17	烟台	8530	8.14
54	35004B2221GH18	厦门	7962	20.34	79	3700252231SH18	烟台	8413	8.37
55	35004B2221SH15	厦门	8746	18.60	80	3701432251SH15	荣成	8718	7.81
56	35004B2221SH16	厦门	8603	19.15	81	4400512221SH15	汕头	7453	7.62
57	35004B2221SH17	厦门	8717	19.00	82	5300262211SH15	腾冲	6142	7.73
58	3500632221SH16	福州	8666	7.65	83	5300262211SH16	腾冲	5875	7.68
59	3500632221SH18	福州	8728	7.63	84	5300262211SH17	腾冲	6802	7.60
60	3500642231SH15	福州	8526	7.29	85	5300262211SH18	腾冲	6503	7.36
61	3500642231SH16	福州	8613	7.34	86	5300262212SH15	腾冲	3004	9.94
62	3500642231SH17	福州	8614	7.35	87	5300262212SH17	腾冲	2687	10.09
63	3500642231SH18	福州	8087	7.36	88	5300262212SH18	腾冲	2178	8.72
64	3501122221SH15	莆田	8701	15.89	89	5307212212GH17	石屏	8061	11.45
65	3501122221SH16	莆田	8690	15.95	90	5307212212SH15	石屏	8630	10.76
66	3501122221SH17	莆田	8728	14.38	91	5307212212SH16	石屏	8309	11.13
67	3501122221SH18	莆田	8723	15.52	92	5400132212SH16	拉萨	5763	8.27
68	3501142231SH15	莆田	8309	11.15	93	5400132212SH17	拉萨	6072	9.01
69	3501142231SH16	莆田	8038	10.91	94	6402432221SH17	泾源	6529	7.61
70	3501142231SH17	莆田	7897	10.62	95	6402432221SH18	泾源	5631	8.05
71	3501142231SH18	莆田	7780	11.23	96	6402452221SH18	泾源	504	8.08
72	3501142236SH17	莆田	8385	15.17	97	6505012221SH15	阿图什	6870	7.75
73	3501142236SH18	莆田	8334	15.41	98	6505012221SH16	阿图什	5213	8.59
74	3700212211SH17	烟台	8431	7.54	99	6505012221SH17	阿图什	2831	8.60
75	3700212211SH18	烟台	8701	7.97	100	6505012222SH16	阿图什	6476	8.35

11.3　年度调和分析计算结果

对平滑数据采用非数字滤波调和分析方法按年度做整体调和分析计算，可获得反映年度整体拟合特征的相关参数，这些参数主要有：年度漂移一次项系数 $RK2$、年度拟合方差 $SMD2$、潮汐周日频段内及部分长周期频段的潮汐参数，经过特别约定还可获得 $2 \sim 182$ 天之间的一些长周期波段的振幅和相位，这些参数统称为年度调和分析特征参数。本章只介绍 $RK2$、$SMD2$、M2 波潮汐因子 $M2A$、M2 波相位滞后 $M2B$ 这 4 个参数统计结果。

11.3.1　年度调和分析漂移因子 $RK2$（ $\times 10^{-3}''/d$ ）

年度调和分析漂移因子 $RK2$ 是非数字滤波调和分析计算结果的重要参数，它反映了年度数据序列中的线性变化特征。统计 2745 个 $RK2$，数值均值为 1.856，数字均值为 7.623，最小值为阿图什 6505012221SH17 的 -705.63，最大值为阿图什 6505012222SH17 的 2509.27，中位数为福州 3500632221SH15 的 -0.010。$RK2$ 为对称型参数，可视从小到大排序后越靠两端的 $RK2$ 可信度越低，越靠近中间的 $RK2$ 可信度越高，取 $RK2$ 在序列的居中不同比例数量，结果显示：

居中 95% 的 $RK2$ 的范围为 $-13.150 \sim 12.250$，数值均值为 -0.105，数字均值为 1.715；

居中 90% 的 $RK2$ 的范围为 $-7.100 \sim 6.560$，数值均值为 -0.080，数字均值为 1.298；

居中 70% 的 $RK2$ 的范围为 $-2.090 \sim 1.780$，数值均值为 -0.024，数字均值为 0.644。

表 11－16 列出了 $RK2$ 低值段（ $RK2 < -14.0$ ）和高值段（ $RK2 > 15.0$ ）各 50 个文件。

表 11 - 16　RK2 低值段和高值段各 50 个文件

序号	低值段				序号	高值段			
	文件名	台站地点	利用数据/个	RK2		文件名	台站地点	利用数据/个	RK2
1	3600072222222SH15	宜春	2206	-705.63	1	1107442222223SH16	白家疃	3911	87.66
2	6402452221SH18	泾源	504	-663.71	2	1300432222223SH16	东良	2467	15.26
3	6505012221SH17	阿图什	2831	-545.70	3	1301312212SH17	阳原	4476	22.09
4	5116322221SH17	攀枝花	648	-374.59	4	14005f2212SH15	夏县	3581	96.64
5	3201182221SH18	滦阳	492	-325.43	5	1401482222223SH18	临汾广胜	717	70.98
6	6515022211SH18	巴里坤	2877	-267.48	6	15014B2212SH15	乌海	7400	15.78
7	33005A2251SH16	湖州	5225	-122.54	7	15014D2221SH16	乌海	742	23.30
8	51053A2212SH18	马兰山	7292	-109.37	8	15014D2222SH16	乌海	741	63.11
9	62053a2252SH15	临夏	4250	-98.77	9	2105512251GH18	海城	8323	48.40
10	51053A2212SH17	马兰山	6900	-94.94	10	2200412231SH15	长白山	7726	17.62
11	51053A2212SH16	马兰山	7019	-91.29	11	2200412231SH16	长白山	5711	26.83
12	33005A2251SH17	湖州	3264	-85.61	12	3200432251SH16	徐州	8721	21.53
13	1107442221SH16	白家疃	3878	-75.38	13	3201182222SH18	溧阳	621	180.02
14	5300562222SH17	楚雄	1685	-69.64	14	3203922251SH16	江宁	8317	17.76
15	51053A2212SH15	马兰山	7026	-63.52	15	3203922251SH17	江宁	8114	22.52
16	6515022212SH18	巴里坤	2843	-54.49	16	33005A2252SH15	湖州	8123	45.22
17	3104912251GH15	佘山	8027	-53.73	17	3303222222SH18	永嘉	4112	26.98

续表 11-16

低值段						高值段			
序号	文件名	台站地点	利用数据/个	RK2	序号	文件名	台站地点	利用数据/个	RK2
18	65047522211SH18	精河	2872	-52.89	18	33058122221SH18	绍兴塔山	6535	36.42
19	33005A2251SH15	潮州	2263	-51.53	19	35013522221SH17	龙岩	8286	21.87
20	3400952212S1SH15	佛子岭	4143	-44.90	20	36007222221SH15	宜春	546	355.55
21	65097122252SH17	喀什栏杆	8550	-44.14	21	4209222231SH16	黄石	8680	21.24
22	62016222231SH15	安西	8017	-43.71	22	44008122211SH15	潮州	7697	15.72
23	65097122252SH16	喀什栏杆	6217	-42.90	23	51005922221SH16	攀枝花	3578	52.08
24	6200332252GH16	高台	6325	-42.88	24	51005922221SH16	攀枝花	3560	32.82
25	3400952212S1SH16	佛子岭	6665	-40.28	25	51163222223SH17	攀枝花	675	58.61
26	64023222221SH17	固原炭山	687	-32.98	26	53002622212SH18	腾冲	476	210.19
27	14014822211SH18	临汾广胜	742	-32.18	27	53005122211SH18	楚雄	4902	17.58
28	62053a2252SH16	临夏	3999	-30.80	28	53014722221SH17	丽江	1308	19.24
29	65097122251SH16	喀什栏杆	5885	-30.64	29	53022122211SH15	昭通	8487	94.30
30	65097122251SH17	喀什栏杆	7879	-28.79	30	53022122211SH16	昭通	8622	43.70
31	31049122252SH15	查山	8475	-27.68	31	53056122233SH17	勐腊	8507	31.00
32	65214122252SH15	乌恰	8487	-27.21	32	53056122233SH18	勐腊	8605	17.41
33	5310812222SH15	孟连	5073	-27.02	33	53056B2222GH15	勐腊	4217	25.32
34	65097122252SH18	喀什栏杆	8677	-26.61	34	53108122222SH16	孟连	3909	26.64

续表 11 - 16

序号	低值段				序号	高值段			
	文件名	台站地点	利用数据/个	RK2		文件名	台站地点	利用数据/个	RK2
35	44008122222SH15	潮州	8376	-25.84	35	54001522221SH16	拉萨	4414	17.91
36	1200632212SH17	蓟县	5559	-23.08	36	62001A22252SH18	兰州	742	17.12
37	2200432221SH18	长白山	6898	-22.97	37	62016222231GH18	安西	6625	41.55
38	62016222232GH18	安西	7258	-22.89	38	62016222231SH17	安西	8495	26.45
39	62053a2251SH15	临夏	4567	-22.74	39	63026522221SH15	乐都	1987	285.27
40	54005B2222GH16	狮泉河	5574	-22.43	40	64002C2221SH18	银川	739	85.30
41	64002C2222SH18	银川	740	-22.15	41	64021122252SH18	海原小山	8310	17.78
42	63024122231GH18	同仁	7318	-20.21	42	64023222222SH17	固原炭山	688	23.61
43	62003322252SH17	高台	8649	-20.20	43	64023322231SH17	固原炭山	733	16.91
44	32039222252SH17	江宁	8058	-19.87	44	65050122222SH17	阿图什	3031	2509.27
45	32011182221SH16	溧阳	3130	-19.12	45	65062002232SH17	阜康	8717	16.14
46	13013A2211SH17	阳原	4029	-18.41	46	65125122251SH17	库车阿格	8560	19.52
47	32011182221SH17	溧阳	3033	-17.83	47	65125122252SH17	库车阿格	8476	20.11
48	62016222232SH17	安西	8557	-17.21	48	65125122252SH18	库车阿格	8550	34.11
49	65097122251SH18	喀什栏杆	8447	-14.93	49	65214122251SH15	乌恰	8433	31.46
50	54005B2221GH17	狮泉河	7222	-14.62	50	65214122251SH16	乌恰	8672	16.84

11.3.2　年度调和分析拟合方差 $SMD2$ （ $\times 10^{-3\prime\prime}$ ）

年度调和分析拟合方差 $SMD2$ 是非数字滤波调和分析计算的重要参数之一，它反映了年度数据序列与选用调和分析数学模型计算的数据序列之间的离散均方差。统计 2745 个 $SMD2$ ，均值为 38.972，最小值为乌加河 1500522211SH16 的 0.900，最大值为海城 2105512251GH18 的 761.73，中位数为阿图什 6505022252GH18 的 20.060。$SMD2$ 为单向型参数，取 $SMD2$ 从小到大排序后序列值的低值段（优段）不同比例数量，结果显示：

优段 95% 的 $SMD2$ 的范围为 0.900～127.570，均值为 27.125；

优段 90% 的 $SMD2$ 的范围为 0.900～81.070，均值为 23.032；

优段 70% 的 $SMD2$ 的范围为 0.900～33.840，均值为 15.074。

表 11-17 列出了 $SMD2$ 高值段（ >129.0）的 100 个文件。

11.3.3　年度调和分析 M2 波潮汐因子 $M2A$

统计 2745 个 $M2A$ ，均值为 0.858，最小值为拉萨 5400132212SH15 的 0.068，最大值为厦门 35004B2221GH18 的 7.326，中位数为乌什 6501252232SH15 的 0.667。$M2A$ 为对称型参数，可视从小到大排序后越靠两端的 $M2A$ 可信度越低，越靠近中间的 $M2A$ 可信度越高，取 $M2A$ 在序列居中不同比例数量，结果显示：

居中 95% 的 $M2A$ 的范围为 0.323～3.226，均值为 0.770；

居中 90% 的 $M2A$ 的范围为 0.406～1.940，均值为 0.731；

居中 70% 的 $M2A$ 的范围为 0.528～0.973，均值为 0.685。

表 11-18 列出了 $M2A$ 低值段（ $M2A < 0.289$ ）和高值段（ $M2A > 3.865$ ）各 50 个文件。

表11-17　SMD2 高值段的 100 个文件

序号	文件名	台站地点	利用数据/个	SMD2
1	13124242222252SH17	赵各庄	4689	252.97
2	1400482221SH15	代县	6195	166.60
3	15008422221SH16	宝昌	8473	174.64
4	15008442221SH17	宝昌	8273	131.01
5	15008422222SH17	宝昌	8161	131.08
6	15014B2212SH15	乌海	7400	138.45
7	21055112251GH18	海城	8323	761.73
8	21055112252SH18	海城	8631	216.25
9	22004322221SH18	长白山	6898	215.74
10	22016322221SH16	磐石	8534	159.20
11	31001c22322SH18	余山	6609	228.63
12	31001f2211SH17	余山	8404	157.48
13	31001f2211SH18	余山	8108	130.26
14	31049122251GH15	佘山	8027	504.17
15	31049122251SH18	佘山	6911	210.41
16	31049122252SH15	佘山	8475	242.98
17	32004322251SH16	徐州	8721	282.07
18	32011822221SH16	溧阳	3130	154.65
19	32011822221SH17	溧阳	3033	146.60
20	32011822222SH16	溧阳	4113	190.36
21	32011822222SH17	溧阳	4184	139.44
22	32039222251SH16	江宁	8317	312.94
23	32039222251SH17	江宁	8114	177.07
24	32039222252SH16	江宁	8463	324.86
25	33005022221SH18	湖州	7964	183.71
26	33005A2251SH15	湖州	2263	178.16
27	33005A2251SH16	湖州	5225	568.03
28	33005A2252SH15	湖州	8123	550.83
29	33058122221SH18	绍兴塔山	6535	219.79
30	34009422221SH15	佛子岭	7741	187.01
31	34009422222SH16	佛子岭	8142	201.14
32	34009522211SH16	佛子岭	7396	464.01
33	34009522212SH15	佛子岭	4143	262.88
34	34009522212SH16	佛子岭	6665	505.04

续表 11-17

序号	文件名	台站地点	利用数据/个	SMD2	序号	文件名	台站地点	利用数据/个	SMD2
35	35004B2221GH18	厦门	7962	142.00	52	51163A2212SH18	攀枝花	7858	170.77
36	35013522221SH16	龙岩	8474	146.59	53	53004122232SH15	洱源	4819	360.62
37	35013522221SH16	龙岩	8505	203.27	54	53004122236GH17	洱源	7310	130.49
38	35013522222SH17	龙岩	8303	213.35	55	53004122236GH18	洱源	7118	129.28
39	36004622221SH16	九江	8691	142.57	56	53021422211SH15	云县	8397	200.08
40	36004622221SH18	九江	8683	162.43	57	53021422211SH16	云县	8201	206.85
41	36004722232SH15	九江	8205	362.90	58	53021522211SH16	云县	8110	171.43
42	36007222221SH17	宜春	5639	171.77	59	53021522211SH17	云县	5558	135.15
43	37014432251SH18	荣成	8631	146.48	60	53022122211SH15	昭通	8487	370.26
44	42092222231SH16	黄石	8680	149.18	61	53022122211SH16	昭通	8622	543.28
45	44008122221SH15	潮州	7697	129.92	62	53022122212SH16	昭通	8546	172.68
46	44019122221GH17	信宜	6651	228.62	63	53056122231SH18	勐腊	8483	378.48
47	44025222222SH15	韶关	8739	204.11	64	53056122233SH18	勐腊	8605	132.96
48	44025222222SH16	韶关	8725	271.78	65	53056B2222SH17	勐腊	7290	155.11
49	44025222222SH17	韶关	8676	145.52	66	53056B2222SH18	勐腊	6401	217.22
50	45002202221SH16	灵山	7915	193.74	67	53072122211SH18	石屏	8573	156.51
51	51163A2212SH17	攀枝花	7185	186.11	68	53072212212GH17	石屏	8061	174.81

续表 11－17

序号	文件名	台站地点	利用数据/个	SMD2	序号	文件名	台站地点	利用数据/个	SMD2
69	530721221212SH16	石屏	8309	218.87	85	630274221212SH16	玉树	8304	171.82
70	531081221221GH17	孟连	8317	136.88	86	630277221221GH17	玉树	5066	313.25
71	540013221212SH16	拉萨	5763	156.81	87	640211225252SH18	海原小山	8310	232.98
72	54005B221221GH17	狮泉河	7222	172.80	88	650114225252SH15	和田	8551	265.40
73	610131221222SH17	安康	8342	135.03	89	65029f2212SH15	阿合奇	8497	254.79
74	620033221252GH16	高台	6325	352.89	90	650501221221SH15	阿图什	6798	291.48
75	620131221251SH16	武山	8247	220.04	91	650501221221SH16	阿图什	5213	199.78
76	620162221231GH18	安西	6625	219.28	92	650501222221SH16	阿图什	6476	211.28
77	620162221232GH18	安西	7258	166.69	93	650620221231SH15	阜康	8421	279.25
78	630206221221SH18	门源	8252	153.46	94	650620221231SH16	阜康	8602	276.76
79	630206221221SH18	门源	8153	542.12	95	650620221231SH17	阜康	8568	282.24
80	630263221211SH18	乐都	8324	317.91	96	650971221251SH16	喀什栏杆	5885	268.18
81	630263221212SH15	乐都	8490	448.55	97	650971221252SH16	喀什栏杆	6217	351.19
82	630263221212SH17	乐都	8692	169.35	98	651251221252SH17	库车阿格	8476	314.11
83	630263221212SH18	乐都	8153	314.59	99	651251221252SH18	库车阿格	8550	212.64
84	630274221212SH15	玉树	8609	131.88	100	652141221251SH15	乌恰	8433	147.74

表 11-18　M2A 低值段和高值段各 50 个文件

		低值段					高值段		
序号	文件名	台站地点	利用数据/个	M2A	序号	文件名	台站地点	利用数据/个	M2A
1	13124222252SH16	赵各庄	7122	0.269	1	31049122251GH15	查山	8027	5.993
2	14160112211SH16	五台	8601	0.177	2	31049122251SH16	查山	8692	5.158
3	22004122232SH15	长白山	8536	0.173	3	31049122251SH17	查山	5319	5.210
4	22004122232SH16	长白山	8591	0.182	4	31049122251SH18	查山	6911	5.217
5	22004322221SH16	长白山	6283	0.288	5	31049122252SH15	查山	8475	6.273
6	23001922222SH16	牡丹江	8652	0.285	6	31049122252SH16	查山	8686	6.839
7	23001922222SH17	牡丹江	8668	0.284	7	31049122252SH17	查山	5300	6.797
8	33005122221SH15	湖州	8683	0.131	8	31049122252SH18	查山	6940	6.836
9	33005122221SH16	湖州	8703	0.256	9	33032222221SH18	永嘉	4422	4.245
10	33005122221SH17	湖州	8571	0.251	10	33043122211SH15	平阳	8533	4.501
11	36000462221SH18	九江	8683	0.257	11	33043122111SH16	平阳	8199	5.083
12	41003d2251SH15	郑州荥阳	8120	0.175	12	33043122212SH15	平阳	8728	4.389
13	41003d2251SH16	郑州荥阳	8528	0.153	13	33043122212SH16	平阳	8615	4.302
14	41003d2251SH17	郑州荥阳	8470	0.229	14	33043122212SH17	平阳	8746	4.290
15	41003d2252SH15	郑州荥阳	8165	0.235	15	33043122212SH18	平阳	3003	4.210
16	41003d2252SH16	郑州荥阳	8601	0.182	16	33058122221SH18	绍兴塔山	6535	4.466
17	42002242251SH15	武昌九峰	8675	0.228	17	35001422231SH15	泉州	7612	6.589

续表 11－18

	低值段					高值段			
序号	文件名	台站地点	利用数据/个	M2A	序号	文件名	台站地点	利用数据/个	M2A
18	4200242251SH16	武昌九峰	8713	0.221	18	3500142231SH16	泉州	7580	6.632
19	4200242251SH17	武昌九峰	8654	0.218	19	3500142231SH17	泉州	7696	6.875
20	4200242252SH15	武昌九峰	8694	0.218	20	3500142231SH18	泉州	7427	6.893
21	4200242252SH16	武昌九峰	8716	0.194	21	3500162221SH15	泉州	8746	4.759
22	4200242252SH17	武昌九峰	8709	0.198	22	3500162221SH16	泉州	8703	4.920
23	4200412221SH15	麻城	8656	0.272	23	3500162221SH17	泉州	7691	4.741
24	4500202221SH15	灵山	8623	0.191	24	3500162221SH18	泉州	8244	5.044
25	4500202221SH16	灵山	7915	0.272	25	3500422231GH18	厦门	3709	5.869
26	4603412231SH15	五指山	5234	0.159	26	3500422231SH15	厦门	4451	5.302
27	5000222231SH15	黔江	7310	0.215	27	3500422231SH16	厦门	4059	5.317
28	5101242251SH16	甘孜	8634	0.145	28	3500422231SH17	厦门	3527	5.245
29	5101242252SH15	甘孜	8658	0.174	29	3500422232SH15	厦门	8692	4.478
30	5101242252SH16	甘孜	8696	0.142	30	3500422232SH16	厦门	8700	4.383
31	5101242252SH17	甘孜	8714	0.149	31	3500422232SH17	厦门	8750	4.352
32	5105312222SH15	马兰山	8561	0.175	32	3500422232SH18	厦门	8755	4.392
33	5105312222SH16	马兰山	8619	0.169	33	35004B2221GH18	厦门	7962	7.326
34	5105312222SH17	马兰山	8543	0.192	34	35004B2221SH15	厦门	8746	6.615

续表 11-18

序号	低值段				序号	高值段			
	文件名	台站地点	利用数据/个	M2A		文件名	台站地点	利用数据/个	M2A
35	53021522221SH17	云县	5558	0.217	35	35004B2221SH16	厦门	8603	6.811
36	53108122221GH17	孟连	8317	0.247	36	35004B2221SH17	厦门	8717	6.756
37	53108122222SH16	孟连	3909	0.152	37	35004B22221SH15	厦门	8745	3.866
38	54001322212SH15	拉萨	8273	0.068	38	35004B22222SH16	厦门	8636	3.969
39	54005B2221SH16	狮泉河	7385	0.151	39	35004B22222SH17	厦门	8581	4.307
40	61013122221SH15	安康	8620	0.240	40	35004B22222SH18	厦门	8133	4.396
41	62001A2252SH15	兰州	8101	0.246	41	35011122221SH15	莆田	8701	5.885
42	62016222231SH17	安西	8495	0.253	42	35011122221SH16	莆田	8690	5.911
43	62142122251GH17	永登鸳鸯	7976	0.275	43	35011122221SH17	莆田	8728	5.274
44	62142122251SH15	永登鸳鸯	8197	0.243	44	35011122221SH18	莆田	8723	5.534
45	62142122251SH16	永登鸳鸯	8298	0.135	45	35011142231SH15	莆田	8309	4.424
46	62159322221GH17	武都姚寨	8605	0.189	46	35011142231SH16	莆田	8038	4.425
47	62159322221SH15	武都姚寨	8105	0.146	47	35011142231SH17	莆田	7897	4.350
48	62159322221SH18	武都姚寨	8626	0.250	48	35011142231SH18	莆田	7780	4.546
49	63002122221SH16	南山口	8233	0.280	49	35011142236SH17	莆田	8385	6.112
50	63027722221SH16	玉树	8516	0.172	50	35011142236SH18	莆田	8334	6.146

11.3.4　年度调和分析 M2 波相位滞后 $M2B$ (°)

统计 2745 个 $M2B$，数值均值为 3.583，数字均值为 12.241，最小值为延庆西拨子 11001B2233SH18 的 −72.51，最大值为灵山 4500202221SH16 的 83.57，中位数为太原 1400132212SH16 的 2.681。$M2B$ 为对称型参数，可视从小到大排序后越靠两端的 $M2B$ 可信度越低，越靠近中间的 $M2B$ 可信度越高，取 $M2B$ 在序列的居中不同比例数量，结果显示：

居中 95% 的 $M2B$ 的范围为 −36.792 ～ 51.875，数值均值为 3.462，数字均值为 9.873；

居中 90% 的 $M2B$ 的范围为 −27.732 ～ 36.491，数值均值为 3.329，数字均值为 8.311；

居中 70% 的 $M2B$ 的范围为 −8.951 ～ 16.625，数值均值为 3.174，数字均值为 5.167。

表 11-19 列出了 $M2B$ 从小到大排序后序列值的低值段（$M2B < -41.3$）和高值段（$M2B > 56.0$）各 50 个文件。

表 11-19 M2B 低值段和高值段各 50 个文件

	低值段					高值段			
序号	文件名	台站地点	利用数据/个	M2B	序号	文件名	台站地点	利用数据/个	M2B
1	11001B2233SH18	西拨子	8730	-72.51	1	4500202221SH16	灵山	7915	83.57
2	11001B2233SH17	西拨子	8692	-69.05	2	3300502221SH18	湖州	6315	83.40
3	3304532231SH16	定海	2777	-68.32	3	3201632221SH16	常熟	8731	83.24
4	3701432251SH16	荣成	8765	-67.92	4	3300502221SH16	湖州	8736	82.40
5	11001B2233SH16	西拨子	8726	-67.75	5	2105512251GH18	海城	8323	80.48
6	3701432251SH17	荣成	8710	-67.61	6	3300512221SH16	湖州	8703	79.54
7	3701432251SH18	荣成	8631	-66.95	7	3300502221SH17	湖州	8721	77.78
8	6301022251SH16	德令哈	8637	-66.88	8	3300512221SH17	湖州	8571	77.31
9	4200632233SH16	黄梅	8734	-65.84	9	6516712251SH16	阳霞	6546	74.20
10	6301022251SH17	德令哈	8628	-65.79	10	3300512221SH18	湖州	8687	74.14
11	4200632233SH17	黄梅	8613	-65.75	11	6215932221SH16	武都姚寨	7054	73.27
12	4200632233SH18	黄梅	8715	-65.08	12	6516712252SH17	阳霞	7108	71.71
13	6509712252SH17	喀什栏杆	8550	-65.06	13	6516712251SH15	阳霞	7582	70.76
14	6301022251GH18	德令哈	8437	-63.97	14	3304312211SH16	平阳	8199	70.29
15	1300922234SH17	张家口	8662	-63.59	15	3304312211SH15	平阳	8533	70.08
16	1300922234SH18	张家口	8622	-63.51	16	6516712251SH17	阳霞	6528	69.22
17	6205932251SH17	武都两水	8667	-62.81	17	3100121211SH15	佘山	8425	69.06

续表 11-19

	低值段					高值段			
序号	文件名	台站地点	利用数据/个	M2B	序号	文件名	台站地点	利用数据/个	M2B
18	65097122252SH18	喀什栏杆	8677	-62.60	18	45002922221SH18	灵山	8568	68.67
19	62059322251SH16	武都两水	8643	-62.52	19	31001f2211SH16	佘山	8448	68.63
20	13009222234SH16	张家口	8397	-62.33	20	31001f2211SH17	佘山	8404	68.26
21	32011822221SH18	溧阳	492	-61.85	21	33032222221SH18	永嘉	4422	67.74
22	62059322251SH16	武都两水	8580	-61.77	22	65167122252SH16	阳霞	7297	67.63
23	35011422236SH15	莆田	3776	-59.26	23	65167122252SH15	阳霞	8168	67.07
24	35011422236SH16	莆田	3470	-58.07	24	65096122233SH15	榆树沟	8722	66.40
25	33005A2251SH15	潮州	2263	-57.77	25	65096122233SH18	榆树沟	8725	66.24
26	31049122251GH15	佘山	8027	-56.17	26	65096122233SH16	榆树沟	8735	66.22
27	61013122221SH16	安康	8703	-55.33	27	65096122233SH17	榆树沟	8713	66.12
28	14013J22252GH17	大同	4507	-52.93	28	62003322251SH18	高台	8645	65.86
29	23001222231SH18	牡丹江	8696	-52.72	29	31001f2211SH18	佘山	8108	65.47
30	33005A2251SH16	潮州	5225	-52.38	30	62003322251SH17	高台	8707	65.23
31	23001222231SH17	牡丹江	8695	-51.01	31	33032122221SH15	永嘉	8641	63.87
32	65015822231SH16	库尔勒	8724	-50.14	32	62159322221SH15	武都姚寨	8105	61.39
33	61013122221SH18	安康	8530	-49.87	33	33032122221SH16	永嘉	8344	60.43
34	23001222231SH16	牡丹江	8703	-49.86	34	63027722222SH16	玉树	8244	59.66

续表 11-19

| 序号 | 低值段 | | | | 序号 | 高值段 | | | |
	文件名	台站地点	利用数据/个	M2B		文件名	台站地点	利用数据/个	M2B
35	6101312221SH17	安康	8601	−49.50	35	3300592211SH15	湖州	8727	58.78
36	6501582231SH17	库尔勒	8710	−49.46	36	3303212221SH17	永嘉	6983	58.35
37	6501582231SH18	库尔勒	8708	−49.17	37	1400832233SH16	离石	8708	58.08
38	33005A2251SH17	湖州	3264	−48.38	38	3300592211SH16	湖州	8731	57.76
39	3201182222SH17	溧阳	4184	−47.23	39	6302772222SH17	玉树	8401	57.39
40	6509712252SH16	喀什栏杆	6217	−46.77	40	6215932221SH18	武都姚寨	8626	57.28
41	3302212212SH15	海宁	8304	−46.69	41	3300592211SH18	湖州	8720	57.17
42	3302212212GH16	海宁	8596	−45.92	42	3600262231SH17	会昌	8522	57.01
43	35004B2222SH15	厦门	8745	−45.67	43	3300592211SH17	湖州	8669	56.79
44	35004B2222SH16	厦门	8636	−45.67	44	1400832233SH18	离石	8405	56.79
45	3302212212SH17	海宁	5150	−45.45	45	5302212211SH16	昭通	8622	56.78
46	35004B2222SH17	厦门	8581	−45.06	46	3600262231SH18	会昌	8454	56.72
47	35004B2222SH18	厦门	8133	−43.92	47	3600262231SH16	会昌	8589	56.68
48	3500162222SH16	泉州	8755	−41.92	48	1400832233SH17	离石	8553	56.66
49	3500162222SH15	泉州	8723	−41.39	49	3600262231SH15	会昌	8602	56.64
50	3500162222SH17	泉州	8716	−41.37	50	6215932221GH17	武都姚寨	8605	56.06

11.4　潮汐振幅比 A 年间极差

特征参数 A 在固体潮观测数据的所有特征参数中具有立基的地位和作用。当我们接触到固体潮观测数据时，首先应了解的是它们的潮汐振幅比 A。因为 A 可以检验观测仪器及其标定系统是否处于正常工作状态，对于需要定向的仪器，还可以检验仪器定向是否正确。前面按年度分别介绍了 A 的分布情况，本节将重点分析同一分量的 A 在 4 个年度的离散情况，将 4 个年度的潮汐振幅比 A 汇总于同一表中（缺值用"0.000"表示），结果表明：

4 个年度共取得不重复分量结果 773 个，其中有 44 个分量只有 1 个年度的结果，有 74 个分量有 2 个年度的结果，有 67 个分量有 3 个年度的结果，有 588 个分量有 4 个年度的结果。这也就是说，4 个年度有 729 个分量拥有 2 个（含）以上年度的结果，因此可以获得 729 个极差结果。

统计 729 个极差的大小，其分布情况是：

极差 <0.100 的分量数为 510 个，占（729 个的）70.0%；极差 $\geqslant$ 0.100 的分量数为 219 个，占 30.0%。

在极差 $\geqslant 0.100$ 的 219 个分量中，极差的大小分布情况如下：

$0.100 \leqslant$ 极差 <0.200 的分量 95 个（见表 11 – 20），占 13.0%；

$0.200 \leqslant$ 极差 <0.500 的分量 87 个（见表 11 – 21），占 11.9%；

$0.500 \leqslant$ 极差 <1.000 的分量 27 个（见表 11 – 22），占 3.7%；

极差 >1.000 的分量 10 个（见表 11 – 23），占 1.4%。

表 11-20   0.100≤极差<0.200 的 95 个文件

序号	文件名	台站地点	A_{2015}	A_{2016}	A_{2017}	A_{2018}	极大	极小	均值	极差
1	0400122251	昌平	1.057	0.944	0.939	0.944	1.057	0.939	0.971	0.118
2	11001B2231	西拨子	0.749	0.607	0.624	0.709	0.749	0.607	0.672	0.142
3	11001B2232	西拨子	0.496	0.566	0.638	0.640	0.640	0.496	0.585	0.144
4	1200632211	蓟县	0.000	0.000	0.767	0.889	0.889	0.767	0.828	0.122
5	13010A2222	易县	0.543	0.419	0.418	0.414	0.543	0.414	0.449	0.129
6	13016B2221	赤城	0.000	1.437	1.299	1.351	1.437	1.299	1.362	0.138
7	14013J2251	大同	0.000	0.000	0.409	0.605	0.605	0.409	0.507	0.196
8	15005H2221	乌加河	0.000	0.941	0.824	0.831	0.941	0.824	0.865	0.117
9	1500842222	宝昌	0.601	0.702	0.645	0.552	0.702	0.552	0.625	0.150
10	21019D2221	本溪	0.349	0.438	0.463	0.450	0.463	0.349	0.425	0.114
11	21019D2222	本溪	0.556	0.724	0.709	0.683	0.724	0.556	0.668	0.168
12	2105512252	海城	0.904	0.915	0.921	0.748	0.921	0.748	0.872	0.173
13	2107472221	抚顺	0.705	0.518	0.549	0.560	0.705	0.518	0.583	0.187
14	2107582222	抚顺	0.000	0.000	0.544	0.660	0.660	0.544	0.602	0.116
15	2200352221	双阳	0.551	0.494	0.587	0.664	0.664	0.494	0.574	0.170
16	2200432221	长白山	0.000	0.270	0.286	0.436	0.436	0.270	0.331	0.166

续表 11-20

序号	文件名	台站地点	A_{2015}	A_{2016}	A_{2017}	A_{2018}	极大	极小	均值	极差
17	2201522221	丰满	0.422	0.502	0.425	0.386	0.502	0.386	0.434	0.116
18	2201632222	磐石	0.690	0.654	0.534	0.654	0.690	0.534	0.633	0.156
19	2201612232	磐石	0.709	0.637	0.675	0.795	0.795	0.637	0.704	0.158
20	2300112222	牡丹江	0.615	0.749	0.634	0.608	0.749	0.608	0.652	0.141
21	2300922222	鹤岗	0.699	0.692	0.621	0.590	0.699	0.590	0.650	0.109
22	3200432252	徐州	0.834	0.725	0.748	0.686	0.834	0.686	0.748	0.148
23	3201182221	溧阳	0.000	0.108	0.212	0.222	0.222	0.108	0.181	0.114
24	33005A2252	湖州	0.551	0.678	0.669	0.000	0.678	0.551	0.633	0.127
25	3304312212	平阳	4.209	4.114	4.103	4.013	4.209	4.013	4.110	0.196
26	3304512211	定海	2.411	2.374	2.332	2.301	2.411	2.301	2.354	0.110
27	3304532232	定海	2.585	2.637	2.756	2.776	2.776	2.585	2.688	0.191
28	3305812222	绍兴	1.298	1.255	1.201	1.328	1.328	1.201	1.270	0.127
29	3400942221	佛子岭	0.445	0.379	0.540	0.538	0.540	0.379	0.476	0.161
30	3500142232	泉州	2.020	1.828	1.891	1.867	2.020	1.828	1.902	0.192
31	3500162221	泉州	2.878	2.978	2.803	2.936	2.978	2.803	2.899	0.175
32	3500162222	泉州	2.417	2.394	2.365	2.258	2.417	2.258	2.359	0.159

续表 11-20

序号	文件名	台站地点	A_{2015}	A_{2016}	A_{2017}	A_{2018}	极大	极小	均值	极差
33	3500422231	厦门	2.386	2.357	2.300	2.486	2.486	2.300	2.382	0.186
34	3500422232	厦门	3.381	3.322	3.273	3.307	3.381	3.273	3.321	0.108
35	3500632221	福州	1.818	2.007	1.914	1.884	2.007	1.818	1.906	0.189
36	3501142231	莆田	2.942	2.878	2.820	2.876	2.942	2.820	2.879	0.122
37	3600132221	南昌	0.629	0.567	0.558	0.661	0.661	0.558	0.604	0.103
38	3600132222	南昌	0.796	0.802	0.641	0.746	0.802	0.641	0.746	0.161
39	3600192231	南昌	0.705	0.661	0.550	0.549	0.705	0.549	0.616	0.156
40	3600472231	九江	0.694	0.752	0.715	0.621	0.752	0.621	0.696	0.131
41	3700212211	烟台	2.003	2.034	2.144	2.116	2.144	2.003	2.074	0.141
42	3700542211	郯城	1.354	1.378	1.459	1.492	1.492	1.354	1.421	0.138
43	3701432252	荣成	0.609	0.547	0.548	0.479	0.609	0.479	0.546	0.130
44	3702642222	嘉祥	0.499	0.401	0.422	0.398	0.499	0.398	0.430	0.101
45	44005B2221	汕头	0.000	0.700	0.602	0.575	0.700	0.575	0.626	0.125
46	4401912221	信宜	0.453	0.597	0.528	0.598	0.598	0.453	0.544	0.145
47	4401912222	信宜	0.800	0.763	0.883	0.809	0.883	0.763	0.814	0.120
48	4500402222	凭祥	0.613	0.628	0.570	0.508	0.628	0.508	0.580	0.120

续表 11-20

序号	文件名	台站地点	A_{2015}	A_{2016}	A_{2017}	A_{2018}	极大	极小	均值	极差
49	4603432221	五指山	0.511	0.396	0.444	0.393	0.511	0.393	0.436	0.118
50	5000222232	黔江	0.680	0.684	0.666	0.578	0.684	0.578	0.652	0.106
51	5100952221	小庙	0.791	0.756	0.749	0.927	0.927	0.749	0.806	0.178
52	5101712221	乡城	0.898	0.713	0.711	0.705	0.898	0.705	0.757	0.193
53	5105312221	马兰山	0.666	0.744	0.756	0.791	0.791	0.666	0.739	0.125
54	51053A2212	马兰山	0.643	0.590	0.519	0.506	0.643	0.506	0.565	0.137
55	51163A2212	攀枝花	0.649	0.594	0.596	0.542	0.649	0.542	0.595	0.107
56	5116322221	攀枝花	0.000	0.000	0.939	0.817	0.939	0.817	0.878	0.122
57	51163A2211	攀枝花	0.792	0.740	0.611	0.652	0.792	0.611	0.699	0.181
58	5122542221	天全	0.591	0.636	0.644	0.493	0.644	0.493	0.591	0.151
59	5122542222	天全	0.702	0.739	0.747	0.573	0.747	0.573	0.690	0.174
60	5300262211	腾冲	1.039	1.144	0.983	1.036	1.144	0.983	1.051	0.161
61	5300412236	洱源	0.691	0.702	0.762	0.874	0.874	0.691	0.757	0.183
62	5300512221	楚雄	0.000	0.353	0.514	0.551	0.551	0.353	0.473	0.198
63	5300512222	楚雄	0.000	0.313	0.491	0.434	0.491	0.313	0.413	0.178
64	5300612222	永胜	0.564	0.509	0.486	0.375	0.564	0.375	0.484	0.189

续表 11－20

序号	文件名	台站地点	A_{2015}	A_{2016}	A_{2017}	A_{2018}	极大	极小	均值	极差
65	5300752231	弥渡	0.263	0.282	0.348	0.369	0.369	0.263	0.315	0.106
66	5300872222	云龙	0.493	0.412	0.572	0.574	0.574	0.412	0.513	0.162
67	5301412232	丽江	0.760	0.620	0.757	0.696	0.760	0.620	0.708	0.140
68	5301812222	个旧	0.000	0.568	0.620	0.696	0.696	0.568	0.628	0.128
69	5302152221	云县	0.579	0.550	0.415	0.608	0.608	0.415	0.538	0.193
70	5307212211	石屏	0.886	1.009	0.990	0.840	1.009	0.840	0.931	0.169
71	5400152221	拉萨	0.000	0.843	0.714	0.671	0.843	0.671	0.743	0.172
72	54005B2222	狮泉河	0.517	0.621	0.000	0.499	0.621	0.499	0.546	0.122
73	6100122222	西安	0.686	0.795	0.753	0.726	0.795	0.686	0.740	0.109
74	6101312222	安康	0.670	0.673	0.685	0.567	0.685	0.567	0.649	0.118
75	6102512221	华阴	0.771	0.638	0.624	0.615	0.771	0.615	0.662	0.156
76	6102922233	宝鸡上王	0.537	0.712	0.716	0.643	0.716	0.537	0.652	0.179
77	6105712221	汉中	0.702	0.722	0.694	0.861	0.861	0.694	0.745	0.167
78	6110712232	宁强	0.645	0.649	0.578	0.731	0.731	0.578	0.651	0.153
79	6201312251	武山	0.595	0.518	0.473	0.552	0.595	0.473	0.535	0.122
80	6201622232	安西	0.531	0.703	0.656	0.705	0.705	0.531	0.649	0.174

续表 11-20

序号	文件名	台站地点	A_{2015}	A_{2016}	A_{2017}	A_{2018}	极大	极小	均值	极差
81	6210022232	宕昌	0.676	0.668	0.639	0.506	0.676	0.506	0.622	0.170
82	6215912232	武都	0.389	0.417	0.547	0.542	0.547	0.389	0.474	0.158
83	6215932221	武都	0.187	0.133	0.307	0.305	0.307	0.133	0.233	0.174
84	6301022252	德令哈	0.381	0.390	0.421	0.512	0.512	0.381	0.426	0.131
85	6301852251	湟源	0.461	0.451	0.457	0.645	0.645	0.451	0.503	0.194
86	6302652222	乐都	0.611	0.670	0.756	0.731	0.756	0.611	0.692	0.145
87	6302742212	玉树	0.482	0.655	0.598	0.587	0.655	0.482	0.581	0.173
88	65012C2221	乌什	0.449	0.641	0.619	0.642	0.642	0.449	0.588	0.193
89	6502332252	石场	0.577	0.676	0.667	0.687	0.687	0.577	0.652	0.110
90	6502332251	石场	0.615	0.707	0.715	0.715	0.715	0.615	0.688	0.100
91	6502412252	新源	0.000	0.000	0.526	0.631	0.631	0.526	0.579	0.105
92	6505312222	阿图什	0.000	0.675	0.779	0.787	0.787	0.675	0.747	0.112
93	6507322251	库米什	0.522	0.623	0.648	0.652	0.652	0.522	0.611	0.130
94	6515102212	木垒	0.565	0.651	0.682	0.527	0.682	0.527	0.606	0.155
95	6521412252	乌恰	0.661	0.648	0.652	0.557	0.661	0.557	0.629	0.104

表 11−21 0.200≤极差<0.500 的 87 个文件

序号	文件名	台站地点	A_{2015}	A_{2016}	A_{2017}	A_{2018}	极大	极小	均值	极差
1	0400122252	昌平	1.085	0.979	0.978	0.841	1.085	0.841	0.971	0.244
2	12007C2221	小辛庄	0.472	0.444	0.689	0.656	0.689	0.444	0.565	0.245
3	1301672224	赤城	0.761	0.980	0.000	0.000	0.980	0.761	0.870	0.219
4	1312422252	唐山	0.309	0.310	0.724	0.671	0.724	0.309	0.503	0.415
5	1400482221	代县	0.383	0.647	0.577	0.566	0.647	0.383	0.543	0.264
6	1402212212	阳泉	0.714	0.506	0.651	0.700	0.714	0.506	0.643	0.208
7	1416012211	五台	0.449	0.189	0.511	0.504	0.511	0.189	0.413	0.322
8	1500312211	海拉尔	0.731	0.509	0.496	0.510	0.731	0.496	0.562	0.235
9	15005H2222	乌加河	0.000	0.710	0.669	0.387	0.710	0.387	0.589	0.323
10	1500842221	宝昌	0.908	0.941	0.711	0.527	0.941	0.527	0.772	0.414
11	15014D2222	乌海	0.000	0.723	0.749	0.487	0.749	0.487	0.653	0.262
12	15014B2212	乌海	0.982	0.595	0.609	0.635	0.982	0.595	0.705	0.387
13	1501522231	西山咀	0.590	0.958	0.628	0.630	0.958	0.590	0.702	0.368
14	2105512251	海城	0.515	0.244	0.243	0.302	0.515	0.243	0.326	0.272
15	2107472222	抚顺	0.871	0.675	0.652	0.647	0.871	0.647	0.711	0.224
16	2200432222	长白山	0.000	0.638	0.406	0.425	0.638	0.406	0.490	0.232
17	2200412232	长白山	0.170	0.174	0.607	0.422	0.607	0.170	0.343	0.437

续表 11-21

序号	文件名	台站地点	A_{2015}	A_{2016}	A_{2017}	A_{2018}	极大	极小	均值	极差
18	2200922222	延边	1.035	0.648	0.628	0.639	1.035	0.628	0.737	0.407
19	2201632221	磐石	0.836	0.959	0.942	1.093	1.093	0.836	0.957	0.257
20	2300112221	牡丹江	0.632	0.840	0.712	0.570	0.840	0.570	0.688	0.270
21	2300192222	牡丹江	0.389	0.264	0.265	0.668	0.668	0.264	0.396	0.404
22	31001e2222	佘山	1.608	1.574	1.312	1.202	1.608	1.202	1.424	0.406
23	3104912252	崇明	5.093	4.974	4.779	5.164	5.164	4.779	5.002	0.385
24	3201182222	溧阳	0.000	0.260	0.379	0.646	0.646	0.260	0.428	0.386
25	3201632221	常熟	0.297	0.324	0.624	0.619	0.624	0.297	0.466	0.327
26	33005A2251	湖州	1.039	1.459	1.452	0.000	1.459	1.039	1.317	0.420
27	3300512221	湖州	0.210	0.207	0.217	0.579	0.579	0.207	0.303	0.372
28	3300622221	新安江	0.703	0.710	0.883	1.065	1.065	0.703	0.840	0.362
29	3300622222	新安江	0.794	0.793	0.807	0.997	0.997	0.793	0.848	0.204
30	3400612231	泾县	0.639	0.590	0.795	0.604	0.795	0.590	0.657	0.205
31	3400952211	佛子岭	0.690	0.284	0.000	0.000	0.690	0.284	0.487	0.406
32	3400942222	佛子岭	0.373	0.592	0.644	0.476	0.644	0.373	0.521	0.271
33	35004B2221	厦门	3.624	3.671	3.636	3.861	3.861	3.624	3.698	0.237
34	35004B2222	厦门	2.546	2.648	2.905	2.926	2.926	2.546	2.756	0.380

续表 11-21

序号	文件名	台站地点	A_{2015}	A_{2016}	A_{2017}	A_{2018}	极大	极小	均值	极差
35	3500642232	福州	2.547	2.554	2.306	2.566	2.566	2.306	2.493	0.260
36	3600282222	会昌	0.778	0.783	0.834	0.560	0.834	0.560	0.739	0.274
37	3600472232	九江	0.832	0.741	0.691	0.516	0.832	0.516	0.695	0.316
38	3600722222	宜春	0.340	0.687	0.660	0.647	0.687	0.340	0.584	0.347
39	3700522221	郴城	0.907	0.918	1.180	1.217	1.217	0.907	1.056	0.310
40	41003d2251	茨阳	0.166	0.157	0.298	0.515	0.515	0.157	0.284	0.358
41	41003d2252	茨阳	0.224	0.184	0.350	0.583	0.583	0.184	0.335	0.399
42	4200242251	九峰	0.186	0.189	0.185	0.472	0.472	0.185	0.258	0.287
43	4200242252	九峰	0.195	0.192	0.197	0.486	0.486	0.192	0.267	0.294
44	4300192222	长沙	0.000	0.000	0.286	0.512	0.512	0.286	0.399	0.226
45	4400812221	潮州	1.086	0.695	0.752	0.753	1.086	0.695	0.822	0.391
46	4402522221	韶关	0.637	0.688	0.731	0.861	0.861	0.637	0.729	0.224
47	4402522222	韶关	0.955	0.954	0.843	0.467	0.955	0.467	0.805	0.488
48	4500402221	凭祥	0.806	0.822	0.822	1.095	1.095	0.806	0.886	0.289
49	4603432222	五指山	0.712	0.728	0.829	0.933	0.933	0.712	0.801	0.221
50	5000222231	黔江	0.316	0.658	0.667	0.668	0.668	0.316	0.577	0.352
51	5101242252	甘孜	0.176	0.143	0.151	0.628	0.628	0.143	0.275	0.485

续表 11－21

序号	文件名	台站地点	A_{2015}	A_{2016}	A_{2017}	A_{2018}	极大	极小	均值	极差
52	51014B2212	康定	0.584	0.000	0.583	0.849	0.849	0.583	0.672	0.266
53	5105312222	马兰山	0.161	0.187	0.196	0.506	0.506	0.161	0.262	0.345
54	51053A2211	马兰山	0.632	0.424	0.359	0.423	0.632	0.359	0.459	0.273
55	5300142232	昆明	0.601	0.599	0.683	0.473	0.683	0.473	0.589	0.210
56	5300262212	腾冲	0.612	0.539	0.477	0.731	0.731	0.477	0.590	0.254
57	5300412231	洱源	0.648	1.014	0.724	0.795	1.014	0.648	0.795	0.366
58	5300872221	云龙	0.522	0.550	0.995	0.986	0.995	0.522	0.763	0.473
59	5301432212	丽江	0.000	1.170	0.743	0.741	1.170	0.741	0.885	0.429
60	5301472221	丽江	0.000	0.000	0.839	0.573	0.839	0.573	0.706	0.266
61	5302142211	云县	0.859	0.818	0.762	0.651	0.859	0.651	0.773	0.208
62	5302142212	云县	0.694	0.717	0.560	0.490	0.717	0.490	0.615	0.227
63	5305612233	勐腊	0.664	0.560	0.621	0.994	0.994	0.560	0.710	0.434
64	53056B2222	勐腊	0.669	0.565	0.399	0.527	0.669	0.399	0.540	0.270
65	5310812221	孟连	0.655	0.535	0.192	0.000	0.655	0.192	0.461	0.463
66	6100132231	西安	1.002	0.815	0.843	0.772	1.002	0.772	0.858	0.230
67	6100122221	西安	0.634	0.872	0.823	0.823	0.872	0.634	0.788	0.238
68	6102512222	华阴	0.658	0.591	0.757	0.532	0.757	0.532	0.635	0.225

续表 11－21

序号	文件名	台站地点	A_{2015}	A_{2016}	A_{2017}	A_{2018}	极大	极小	均值	极差
69	62001A2251	兰州	0.750	0.475	0.587	0.000	0.750	0.475	0.604	0.275
70	6200332251	高台	0.847	0.516	0.655	0.662	0.847	0.516	0.670	0.331
71	6200332252	高台	0.900	0.865	0.962	0.486	0.962	0.486	0.803	0.476
72	6201652221	安西	0.603	0.581	0.323	0.323	0.603	0.323	0.457	0.280
73	6201622231	安西	0.585	0.314	0.298	0.736	0.736	0.298	0.483	0.438
74	62053a2252	临夏	0.321	0.683	0.674	0.676	0.683	0.321	0.589	0.362
75	6214212252	英鸽	0.754	0.500	0.385	0.604	0.754	0.385	0.561	0.369
76	6215112252	横梁	0.756	0.712	0.326	0.375	0.756	0.326	0.542	0.430
77	6300212221	南山口	0.319	0.281	0.284	0.719	0.719	0.281	0.401	0.438
78	6302052211	门源	1.328	0.851	0.841	1.170	1.328	0.841	1.048	0.487
79	6302052212	门源	1.126	0.673	0.670	0.854	1.126	0.670	0.831	0.456
80	6302772221	玉树	0.000	0.179	0.650	0.602	0.650	0.179	0.477	0.471
81	6302772222	玉树	0.582	0.368	0.236	0.207	0.582	0.207	0.348	0.375
82	6402112251	海原	0.884	0.810	0.739	0.675	0.884	0.675	0.777	0.209
83	6402432221	泾源	1.116	1.128	1.130	1.327	1.327	1.116	1.175	0.211
84	6505022252	阿图什	0.000	0.000	0.766	0.535	0.766	0.535	0.650	0.231
85	6505012221	阿图什	1.474	1.617	1.345	0.000	1.617	1.345	1.479	0.272

续表 11-21

序号	文件名	台站地点	A_{2015}	A_{2016}	A_{2017}	A_{2018}	极大	极小	均值	极差
86	6509712251	喀什	0.583	0.769	0.924	0.845	0.924	0.583	0.780	0.341
87	6516712251	阳霞	0.343	0.291	0.340	0.618	0.618	0.291	0.398	0.327

表 11-22　0.500≤极差<1.000 的 27 个文件

序号	文件名	台站地点	A_{2015}	A_{2016}	A_{2017}	A_{2018}	极大	极小	均值	极差
1	1402212211	阳泉	0.833	1.337	0.895	0.764	1.337	0.764	0.957	0.573
2	2200412231	长白山	0.648	1.236	0.644	0.672	1.236	0.644	0.800	0.592
3	2200922221	延边	1.151	1.005	0.523	0.534	1.151	0.523	0.803	0.628
4	2200912231	延边	0.765	1.166	0.861	0.650	1.166	0.650	0.860	0.516
5	3100122251	佘山	0.869	1.078	0.437	0.236	1.078	0.236	0.655	0.842
6	3100122252	佘山	0.603	0.568	0.567	1.148	1.148	0.567	0.721	0.581
7	3104912251	查山	3.552	4.373	4.252	4.347	4.373	3.552	4.131	0.821
8	3300382221	宁波	0.000	0.000	2.075	1.116	2.075	1.116	1.595	0.959
9	3302212211	海宁	0.915	1.288	1.617	0.000	1.617	0.915	1.273	0.702
10	3305912221	龙泉	0.665	0.701	1.033	1.189	1.189	0.665	0.897	0.524
11	3400952212	佛子岭	0.690	0.174	0.000	0.000	0.690	0.174	0.432	0.516
12	3501122221	莆田	3.623	3.601	3.116	3.198	3.623	3.116	3.385	0.507

续表 11-22

序号	文件名	台站地点	A_{2015}	A_{2016}	A_{2017}	A_{2018}	极大	极小	均值	极差
13	3600722221	宜春	1.141	0.668	0.542	0.640	1.141	0.542	0.748	0.599
14	4400812222	潮州	1.560	0.757	0.746	0.741	1.560	0.741	0.951	0.819
15	4603412231	五指山	0.192	0.923	0.765	0.742	0.923	0.192	0.655	0.731
16	5101242251	甘孜	0.609	0.125	0.783	0.000	0.783	0.125	0.506	0.658
17	51014B2211	康定	0.932	0.000	0.592	0.374	0.932	0.374	0.633	0.558
18	5302212211	昭通	0.470	0.459	0.403	0.935	0.935	0.403	0.567	0.532
19	5305612231	勐腊	0.578	0.643	0.688	1.538	1.538	0.578	0.862	0.960
20	5310812222	孟连	0.604	0.136	0.635	0.677	0.677	0.136	0.513	0.541
21	54005B2221	狮泉河	0.383	0.146	0.962	0.776	0.962	0.146	0.567	0.816
22	62053a2251	临夏	0.385	0.898	0.905	0.901	0.905	0.385	0.772	0.520
23	6214212251	英鸽	0.324	0.255	0.412	0.766	0.766	0.255	0.439	0.511
24	6215112251	横梁	1.645	0.964	0.703	0.794	1.645	0.703	1.026	0.942
25	6505012222	阿图什	0.600	1.245	1.091	0.000	1.245	0.600	0.979	0.645
26	6509712252	喀什	0.730	0.278	0.233	0.228	0.730	0.228	0.367	0.502
27	6516712252	阳霞	0.173	0.214	0.170	0.674	0.674	0.170	0.308	0.504

表 11 - 23 极差 > 1.000 的 10 个文件

序号	文件名	台站地点	A_{2015}	A_{2016}	A_{2017}	A_{2018}	极大	极小	均值	极差
1	3302212212	海宁	1.075	1.097	2.390	0.000	2.390	1.075	1.521	1.315
2	3304312211	平阳	1.411	1.595	3.153	3.202	3.202	1.411	2.340	1.791
3	3304532231	定海	0.745	0.545	1.657	1.563	1.657	0.545	1.128	1.112
4	3305812221	绍兴	0.412	0.410	0.397	3.781	3.781	0.397	1.250	3.384
5	3501142236	莆田	1.535	1.564	4.434	4.389	4.434	1.535	2.980	2.899
6	5301432211	丽江	0.000	1.210	2.421	0.491	2.421	0.491	1.374	1.930
7	5305612232	勐腊	0.615	0.615	2.145	0.627	2.145	0.615	1.000	1.530
8	5307212212	石屏	2.071	2.148	2.234	0.512	2.234	0.512	1.741	1.722
9	5400132212	拉萨	0.128	1.217	1.116	0.000	1.217	0.128	0.820	1.089
10	6200222211	兰州	3.261	3.238	3.273	0.649	3.273	0.649	2.605	2.624

对于极差 >0.100 的 219 个分量出现的原因，需要认真查找。首先要从记录格值方面去查找原因，如果认为记录格值影响的可能性大，就需要对数据进行记录格值的归一化处理。

11.5　特征参数异常测项分布特征

前文介绍了 9 个特征参数的分布情况，假定每个特征参数中，位于排序劣段 10%（274 个）的结果可信度偏低或不可信，暂时把这些测项称为特征参数异常测项（简称"异常测项"）。为了解这些异常测项在不同仪器类别中出现的频次如何，在不同地区（省、市、区）出现的频次又如何，我们将每个单向型特征参数排在后 274 位的，对称型特征参数排在两端 137 位（低值段前/高值段后，共 274 个）的相关结果按仪器分类和地区分别统计，其统计结果分别见表 11-24 和表 11-25。

表 11-24　各类仪器异常测项统计

仪器代码类别	221	222	223	225
异常测项比率/%	2.00	3.84	2.23	1.91

由表 11-24 可见，异常测项出现比率最低的是钻孔倾斜仪，出现的比率最高的是垂直摆倾斜仪。

表 11-25　各地区异常测项统计

地区	总测项/个	异常测项/个	占比/%	地区	总测项/个	异常测项/个	占比/%
天津	36	5	1.54	河南	32	22	7.64
黑龙江	68	11	1.80	山东	100	83	9.22
湖南	18	3	1.85	新疆	255	221	9.63
陕西	130	28	2.39	青海	91	88	10.74

续表 11 - 25

地区	总测项/个	异常测项/个	占比/%	地区	总测项/个	异常测项/个	占比/%
河北	193	46	2.65	江西	64	64	11.11
内蒙古	126	30	2.65	云南	220	223	11.26
山西	129	40	3.45	甘肃	143	146	11.34
北京	38	12	3.51	海南	16	20	13.89
湖北	94	31	3.66	西藏	25	36	16.00
重庆	16	7	4.86	江苏	54	89	18.31
吉林	79	40	5.63	广东	41	72	19.51
宁夏	59	37	6.97	广西	28	51	20.24
辽宁	195	123	7.01	浙江	122	264	24.04
四川	151	99	7.28	上海	40	146	40.56
安徽	88	59	7.45	福建	94	370	43.74

注：占比 = 异常测项/（总测项×9）×100%

由表 11 - 25 可见，异常测项出现比率低值段的 10 个地区按由低到高排列依次是：天津、黑龙江、湖南、陕西、河北、内蒙古、山西、北京、湖北、重庆。异常测项出现比率高值段的 10 个地区按由高到低排列依次是：福建、上海、浙江、广西、广东、江苏、西藏、海南、甘肃、云南。当对特征参数存在问题进行排查时，这些地区的资料应予以重点关注。

11.6　小结与讨论

在数据预处理阶段，对其中 40 个数据文件的记录格值进行了全程同系数调整，对其中 94 个数据文件的记录格值进行了分段系数调整，对其中 207 个数据文件使用了反向方位角，这些调整的可行性及调整结果的可靠性和实用性，希望能得到有关台站的逐一确认。

基于文件总数 90% 的结果，给出的特征参数变化范围和统计均值如下：

（1）居中 90% 的 A 的范围为 0.359 ～ 1.614，均值为 0.687；

（2）优段 90% 的 AM 的范围为 2.205 ～ 76.467，均值为 19.995；

（3）居中 90% 的 B 的范围为 -51.312 ～ 49.758，数值均值为 3.475，数字均值为 12.063；

（4）居中 90% 的 $RK1$ 的范围为 -7.800 ～ 7.950，数值均值为 0.060，数字均值为 2.011；

（5）优段 90% 的 $SMD1$ 的范围为 0.220 ～ 4.290，均值为 1.406；

（6）居中 90% 的 $RK2$ 的范围为 -7.100 ～ 6.560，数值均值为 -0.080，数字均值为 1.298；

（7）优段 90% 的 $SMD2$ 的范围为 0.900 ～ 81.070，均值为 23.032；

（8）居中 90% 的 $M2A$ 的范围为 0.406 ～ 1.940，均值为 0.731；

（9）居中 90% 的 $M2B$ 的范围为 -27.732 ～ 36.491，数值均值为 3.329，数字均值为 8.311。

对于后续观测结果或对于其他时间段观测结果，可以参照以上结果进行比对，以判断其合理性、可靠性。当然，如果计算结果比较好，还可以同本书所列 70% 的分布范围进行比对。如果计算结果比较差，还可以同本书所列 100% 或 95% 的分布范围进行比对。总的说来，如果所得结果位于 70% 的区间内，其观测数据就可以放心使用，如果是位于 95% ～ 100% 区间内，那就要慎重使用并仔细查找误差出现的原因。

统计 4 个年度潮汐振幅比 A 的结果，组成了 773 个分量结果、729 个极差结果。在 729 个极差结果中，极差大于 0.100 的文件数 219 个，占 30%，其中：

极差介于 0.100 ～ 0.200 的分量 95 个，占 13.0%；

极差介于 0.200 ～ 0.500 的分量 87 个，占 11.9%；

极差介于 0.500 ～ 1.000 的分量 27 个，占 3.7%；

极差 >1.000 的分量 10 个，占 1.4%。

希望有关台站和单位对以上结果逐一考证。

本书中逐一给出了各个特征参数异常值的 100 个文件（见表 11-11

至表 11 - 19），希望相关单位对异常文件占比高的仪器（特别是垂直摆倾斜仪）和地区（特别是福建、上海、浙江、广西、广东等地区）给予必要的考证或说明。

第 12 章　地应变观测数据跟踪分析结果

　　本章介绍了中国地震台站 2015—2018 年地应变潮汐整点观测数据的初步跟踪分析结果。数据来自中国地震台网中心前兆台网部预处理数据库。将数据按年度分割成独立文件，通过 NAKAI 拟合计算，筛选出有效文件 2229 个，它们涵盖全国 30 个省（直辖市、自治区）、209 个台站/点、273 套仪器，拥有整点值观测数据约 1.9×10^7 个。在数据预处理阶段，对其中 327 个文件的记录格值进行了全程统一系数调整。逐日 NAKAI 拟合计算给出每个文件的日序列拟合参数，基于统计学原理给出各个拟合参数的统计均值及其离散（相对）误差，分别以 A、AM、B、BM、$RK1$、$RK1M$、$SMD1$ 和 $SMD1M$ 表示它们，这些参数统称为逐日 NAKAI 拟合特征参数。对每个数据文件做年度非数字滤波调和分析计算，给出的年度计算结果有：漂移系数 $RK2$、年度方差 $SMD2$，以及 M3、S2、M2、K1、O1 这 5 个主波群的潮汐因子（$M3A$、$S2A$、$M2A$、$K1A$、$O1A$）和相位滞后（$M3B$、$S2B$、$M2B$、$K1B$、$O1B$）等，这些参数统称为年度调和分析特征参数。本章详细介绍了 A、AM、B、$RK1$、$SMD1$、$RK2$、$SMD2$、$M2A$ 和 $M2B$ 这 9 个特征参数，并介绍了各个分量潮汐响应振幅比 A 4 个年度的极差统计结果。为了便于特征参数的横向对比，将全部文件的同一特征参数汇总并按从优到劣的顺序进行排列，本章介绍了顺序排列序列中优段 95%、90% 和 70% 的特征参数范围及其均值。将所有特征参数劣段 10% 结果文件视为特征参数异常文件，将异常文件汇总并按仪器类别和省（直辖市、自治区）分别统计，本章给出了异常文件在不同仪器类别中出现的比率，以及在各个省（直辖市、自治区）中出现的比率。这些结果可以作为参照，以对今后的同类观测结果或对其他年度的同类观测结果进行评判。

12.1 观测数据预处理

观测数据在进入实际应用之前,需要进行平滑和归一处理。所谓平滑处理就是剔除掉格和"坏数据",使其数据的时序曲线显得平滑。所谓归一处理,主要是核准所使用的方位角是否正确、数据量纲换算所使用的记录格值是否正确,如果不正确,则基于潮汐理论和统计学原理,将其归算到统一系统中。

12.1.1 数据概况

从中国地震台网中心收集到 2015—2018 年度全国地震台站地应变整点值观测数据,按年度构建数据文件 2315 个。经过初步计算发现,其中86 个数据文件(见表 12 - 1)的数据无潮汐或潮汐不稳定,将这些数据文件统称为无潮数据文件,在正式计算中将它们剔除,最终计算结果采用2229 个数据文件。这些文件涵盖全国大陆 30 个省(直辖市、自治区)的209 个台站/点、273 套地应变观测仪器,其中包括体积应变仪 80 套、洞体应变仪 115 套、钻孔应变仪 78 套(见表 12 - 2)。

表 12 - 1 无潮数据文件 86 个

序号	文件名	序号	文件名	序号	文件名
1	0400182324SH18	8	1406312323SH15	15	2100742321SH17
2	1100402330SH15	9	1406312323SH16	16	2100742321SH18
3	1108622324SH15	10	1406312323SH17	17	2100742322SH15
4	1302622312SH17	11	1406312323SH18	18	21007D2322SH15
5	14013e2321SH15	12	1499912323SH18	19	2200932312SH18
6	14013e2323SH18	13	2100742321SH15	20	2201322322SH15
7	14013e2324SH18	14	2100742321SH16	21	2201602311SH15

续表 12-1

序号	文件名	序号	文件名	序号	文件名
22	3104922330SH15	44	4300152312SH17	66	5130412324SH16
23	3104922330SH17	45	44019A2321SH15	67	5130412324SH17
24	33005A2328SH15	46	44019A2324SH15	68	5130412324SH18
25	3304522312SH18	47	4500272322SH15	69	5301422312SH15
26	3305112321SH18	48	4500272322SH16	70	5301422312SH17
27	3400232330SH15	49	4500272322SH17	71	5312332312SH15
28	3400232330SH16	50	5000712321SH15	72	6300132321SH15
29	3400232330SH17	51	5001412321SH15	73	6300232321SH15
30	37001B2324SH16	52	5001412323SH15	74	6301832321SH15
31	37001B2324SH17	53	5001412324SH17	75	6301832321SH16
32	3701442322SH15	54	5002612321SH15	76	6301832321SH17
33	3701442324SH15	55	5002612322SH15	77	6301832321SH18
34	3701442324SH16	56	5002612322SH17	78	6400232323SH15
35	3701442324SH17	57	5002612323SH15	79	6400222323SH16
36	3702112330SH16	58	5002612324SH15	80	6400222323SH17
37	3703022321SH16	59	5002612324SH16	81	6400222324SH15
38	3703022324SH15	60	5002612324SH17	82	6400222324SH16
39	4100212330SH15	61	5100212322SH15	83	6400222324SH17
40	4200322321SH16	62	5100212323SH15	84	6501202321SH15
41	4200322323SH15	63	5100212324SH15	85	6501202321SH18
42	4200322323SH16	64	5100942323SH15	86	6501202323SH18
43	4200322324SH15	65	5100942323SH17		

表 12-2　各地区地应变观测站/点数及各类仪器套数统计

序号	地区	站点/个				仪器/套			
		总数	洞应变	钻孔应变	体应变	洞应变	钻孔应变	体应变	总套数
1	北京	9	2	2	5	2	4	5	11

续表 12 - 2

序号	地区	站点/个				仪器/套			
		总数	洞应变	钻孔应变	体应变	洞应变	钻孔应变	体应变	总套数
2	天津	2	2	0	0	2	0	0	2
3	河北	7	5	0	2	6	1	9	16
4	山西	14	4	6	4	4	11	6	21
5	内蒙古	8	7	0	1	8	0	3	11
6	辽宁	13	8	1	4	8	3	5	16
7	吉林	7	5	2	0	5	2	0	7
8	黑龙江	4	3	0	1	3	0	2	5
9	上海	1	0	1	0	1	1	0	2
10	江苏	9	1	1	7	1	2	8	11
11	浙江	7	3	2	2	3	3	3	9
12	安徽	7	4	0	3	4	0	3	7
13	福建	8	3	0	5	5	0	7	12
14	江西	3	2	0	1	3	1	2	6
15	山东	14	0	3	11	4	5	12	21
16	河南	2	2	0	0	2	0	0	2
17	湖北	7	4	3	0	6	3	0	9
18	湖南	1	1	0	0	2	0	0	2
19	广东	2	1	1	0	1	0	0	3
20	广西	3	1	2	0	1	2	0	3
21	海南	1	1	0	0	1	0	0	1
22	重庆	7	1	6	0	1	6	0	7
23	四川	8	2	5	1	4	6	1	11
24	贵州	0	0	0	0	0	0	0	0
25	云南	13	9	3	1	10	6	2	18
26	西藏	2	1	0	1	1	0	1	2
27	陕西	10	7	0	3	8	0	4	12
28	甘肃	15	7	6	2	8	7	2	17

续表 12 - 2

序号	地区	站点/个				仪器/套			
		总数	洞应变	钻孔应变	体应变	洞应变	钻孔应变	体应变	总套数
29	青海	8	1	7	0	1	7	0	8
30	宁夏	6	3	2	1	4	2	1	7
31	新疆	11	4	4	3	6	4	4	14
合计		209	94	57	58	115	78	80	273

经统计，2229 个数据文件共拥有整点观测数据 18668563 个，数据的整体完整率为 95.543%。经过预处理舍弃"坏数据"后，最终计算结果采用数据 17358324 个，数据的整体利用率为 92.982%，各个年度的数据量分布情况见表 12 - 3。

表 12 - 3　各年度数据文件数、完整率及利用率

年度	文件/个	应有数据/个	实有数据/个	利用数据/个	完整率%	利用率%
2015	566	4958160	4685126	4324148	94.493	92.295
2016	561	4927824	4690891	4363431	95.192	93.019
2017	552	4835520	4678603	4375908	96.755	93.528
2018	550	4818000	4613943	4294837	95.765	93.084
合计	2229	19539504	18668563	17358324	95.543	92.982

12.1.2　掉格改正

统计结果显示：2229 个数据文件的总掉格次数为 17656 次，其中掉格 0 次的文件有 654 个、掉格 1～5 次的文件有 880 个、掉格 6～10 次的文件有 216 个、掉格 11～20 次的文件有 234 个、掉格 21～50 次的文件有 193 个，掉格次数大于 50 次的文件有 52 个（见表 12 - 4），掉格次数最多的是营口 21007D2323SH16 的 169 次。

表 12-4　掉格次数大于 50 次的 52 个文件

序号	文件名	台站地名	掉格/次	序号	文件名	台站地名	掉格/次
1	0400182321SH15	昌平	66	27	4500272321SH17	灵山	103
2	0400182321SH16	昌平	67	28	4500272323SH16	灵山	51
3	0400182321SH17	昌平	67	29	4500272323SH17	灵山	70
4	1108622323SH15	顺义龙湾	51	30	4500702311SH15	梧州	78
5	1302622311SH17	永年	51	31	5100922311SH17	西昌小庙	54
6	1600612330SH15	昌平	81	32	5100922311SH18	西昌小庙	59
7	2100742323SH15	营口	128	33	5300282324SH15	腾冲	53
8	2100742323SH17	营口	59	34	5300282324SH16	腾冲	70
9	21007D2323SH16	营口	169	35	5300282324SH17	腾冲	72
10	2200932312SH16	利民	63	36	5300282324SH18	腾冲	57
11	2200932312SH17	利民	56	37	5300422312SH15	洱源	93
12	2300142330SH18	牡丹江	68	38	5302282321SH15	昭通	53
13	3305112321SH15	安吉	80	39	5304012330SH18	曲靖	53
14	3305112321SH16	安吉	71	40	6100142311SH16	西安子午	58
15	3305112321SH17	安吉	70	41	6302432312SH17	同仁	69
16	3305112322SH16	安吉	74	42	6302432312SH18	同仁	73
17	3305112322SH17	安吉	54	43	6401012311SH16	石嘴山	53
18	3305112322SH18	安吉	63	44	6504702311SH16	精河	83
19	3400142330SH16	合肥	65	45	6504702311SH17	精河	76
20	3500652311SH15	福州	85	46	6504702311SH18	精河	78
21	3500652311SH16	福州	84	47	6509612322SH17	榆树沟	52
22	3500652311SH17	福州	81	48	6509612322SH18	榆树沟	70
23	3500652311SH18	福州	89	49	6524112321SH16	巴仑	86
24	3501152316SH16	莆田	63	50	6524112322SH16	巴仑	97
25	3600122330SH16	南昌	51	51	6524112323SH16	巴仑	83
26	3600272311SH17	会昌	51	52	6524112324SH16	巴仑	73

12.1.3　记录格值校准

将数据以"天"为单位，基于 NAKAI 拟合检验公式（12-1）做拟合计算：

$$v_t = aR_t + bR_t' + \sum_{l=0}^{2} k_l t^l - Y_t$$

$$b = a\Delta t \tag{12-1}$$

每天可给出一组潮汐振幅比 a_i。每个数据文件全序列 n 天可给出含有 n 个 a_i 序列值的一组 $[a]_n$，$[a]_n = [a_1, a_2, \cdots, a_n]$。基于统计原理可给出 $[a]_n$ 序列的统计均值 A。A 定义为观测振幅与理论振幅之比，通常称为潮汐振幅比。显然，A 与仪器的记录格值呈线性关系。如果仪器标定准确无误，全年的 a 值序列应该接近某一基值。如果记录格值使用不当，a 值序列将会出现以下两种现象：①存在明显的系统偏差；②存在明显的分段现象。

根据潮汐理论，应变固体潮的振幅比 $A_L \approx 1$。根据观测数据初步计算结果的现状假定：A 的正常范围为 $0.1 \sim 3.0$；$[a]_n$ 序列的离散相对误差 $AM < 400\%$。根据这些假定，由 NAKAI 初步计算结果对观测数据进行取舍和修正约定如下：①舍弃 A 小于 0.001 的文件；②舍弃 A 的离散相对误差 $AM > 400\%$ 的文件。根据这些原则，识别出无潮数据文件 86 个（见表 12-1）。对其余 A 过小/过大的文件实施量纲换算，其换算规则如下：① $A_G < 0.0$、$BZ = -1$；② $0.001 < A_G < 0.01$、$BZ = 100$；③ $0.01 < A_G < 0.1$、$BZ = 10$；④ $A_G > 3$、$BZ = 0.1$。根据这些原则，识别出记录格值整体调整的文件 327 个（见表 12-5），占整个有效文件数 2229 的 14.90%。其中不同 BZ 对应的调整数据文件个数是：$BZ = -100$，5 个；$BZ = -10$，15 个；$BZ = -1$，48 个；$BZ = -0.1$，2 个；$BZ = 0.1$，89 个；$BZ = 10$，107 个；$BZ = 100$，61 个。

表 12-5　2015—2018 年记录格值整体调整文件明细

BZ	文件/个	文件名		
-100	5	14013e2324SH15　37001B2324SH15　14013e2324SH16 14013e2324SH17　37001B2324SH18		

续表 12 - 5

BZ	文件/个	文件名		
-10	15	14013d2323SH15	3309312311SH15	3500652311SH15
		6509612322SH15	14013d2323SH16	3309312311SH16
		3500652311SH16	44019A2321SH16	14013d2323SH17
		3500652311SH17	6509612322SH17	14013d2323SH18
		3500652311SH18	5302252328SH18	6509612322SH18
-1	48	0400182324SH15	14013f2323SH15	21007D2323SH15
		2200322311SH15	3304522312SH15	37001H2328SH15
		4300152311SH15	4300152312SH15	5101052322SH15
		6205962321SH15	6400222321SH15	6504702311SH15
		6509612324SH15	0400182324SH16	14013f2323SH16
		14013I2322SH16	21007D2323SH16	2200322311SH16
		37001H2328SH16	3701442322SH16	4300152311SH16
		4300152312SH16	5002412323SH16	5101052322SH16
		6205962321SH16	6509612322SH16	6509612324SH16
		14013I2322SH17	2200322311SH17	3309312311SH17
		37001H2328SH17	3701442322SH17	5002412323SH17
		5101052322SH17	5302242328SH17	6200232312SH17
		6205962321SH17	6509612324SH17	2200322311SH18
		3309312311SH18	37001H2328SH18	3701442322SH18
		3701442324SH18	5101052322SH18	5301422312SH18
		6200232312SH18	6205962321SH18	6509612324SH18
-0.1	2	3505452330SH17	3505452330SH18	
0.1	89	1600612330SH15	1600712330SH15	1600812330SH15
		2201462324SH15	3304812321SH15	3304812322SH15
		3304812323SH15	3304812324SH15	3305112323SH15
		3505452330SH15	4200422322SH15	5320042323SH15
		5320042324SH15	6205312323SH15	6205312324SH15
		6210012312SH15	6301832323SH15	1600712330SH16
		1600812330SH16	21007D2324SH16	21019H2323SH16
		2201462324SH16	33005A2323SH16	3304812321SH16
		3304812322SH16	3304812323SH16	3304812324SH16

续表 12 - 5

BZ	文件/个	文件名		
0.1	89	3305112323SH16	3701442321SH16	4200422322SH16
		4400592321SH16	4400592323SH16	5320042323SH16
		5320042324SH16	6205312323SH16	6205312324SH16
		6205962322SH16	6205962324SH16	6301832323SH16
		6509612323SH16	1600612330SH17	1600712330SH17
		1600812330SH17	21007D2324SH17	21019H2323SH17
		2201462324SH17	3304812321SH17	3304812322SH17
		3304812323SH17	3304812324SH17	3305112323SH17
		3701442321SH17	4200422322SH17	4400592321SH17
		4400592324SH17	5320042323SH17	5320042324SH17
		6205312323SH17	6205312324SH17	6205962322SH17
		6205962324SH17	6301832323SH17	6509612323SH17
		1600612330SH18	1600712330SH18	1600812330SH18
		1600912330SH18	21007D2324SH18	21019H2323SH18
		2201462324SH18	3304812321SH18	3304812322SH18
		3304812323SH18	3304812324SH18	3305112323SH18
		3701442321SH18	4200422322SH18	4400592321SH18
		4400592324SH18	5001332324SH18	5122512323SH18
		5320042323SH18	5320042324SH18	6205312323SH18
		6205312324SH18	6205962322SH18	6205962324SH18
		6301832323SH18	6509612323SH18	
10	107	0400182321SH15	1108622323SH15	14013d2321SH15
		14013d2324SH15	14013e2322SH15	1499912321SH15
		1499912323SH15	1499912324SH15	1500532330SH15
		2200932312SH15	2201602312SH15	3703022321SH15
		3703022322SH15	3703022323SH15	44019A2322SH15
		44019A2323SH15	4500382322SH15	4500382324SH15
		5000922321SH15	5000922322SH15	5002012321SH15
		5002012323SH15	5002012324SH15	5130412324SH15
		5300282324SH15	5302282321SH15	6501202324SH15
		6507312323SH15	6507312324SH15	6524112321SH15
		6524112323SH15	6524112324SH15	0400182321SH16

续表 12 - 5

BZ	文件/个	文件名		
10	107	1107482312SH16	14013d2321SH16	14013d2324SH16
		14013e2322SH16	1423712323SH16	1423712324SH16
		2200932311SH16	2200932312SH16	3400142330SH16
		5000922321SH16	5000922322SH16	5002012321SH16
		5002012323SH16	5002012324SH16	5300282324SH16
		6100142311SH16	6504702311SH16	6507312322SH16
		6507312323SH16	6507312324SH16	0400182321SH17
		14013d2321SH17	14013d2324SH17	14013e2322SH17
		1423712323SH17	1423712324SH17	1424012321SH17
		1424012322SH17	1424012323SH17	1424012324SH17
		1499912322SH17	2200932311SH17	2200932312SH17
		3600272311SH17	44019A2322SH17	44019A2323SH17
		44019A2324SH17	5000922322SH17	5002012321SH17
		5002012323SH17	5002012324SH17	5300282324SH17
		6501202324SH17	6504702311SH17	6507312322SH17
		6507312323SH17	6507312324SH17	0400182323SH18
		14013d2321SH18	14013d2324SH18	14013e2322SH18
		1423712323SH18	1423712324SH18	1424012321SH18
		1424012322SH18	1424012323SH18	1424012324SH18
		1499912322SH18	2300142330SH18	36002E2322SH18
		36002E2323SH18	36002E2324SH18	4200322324SH18
		5000922322SH18	5002012321SH18	5002012323SH18
		5002012324SH18	5300282324SH18	5302252322SH18
		5302252324SH18	5302282321SH18	6504702311SH18
		6507312322SH18	6507312324SH18	
100	61	1108832323SH15	14013d2322SH15	14013e2323SH15
		1406612321SH15	1406612322SH15	1406612323SH15
		1406612324SH15	4500382321SH15	4500382323SH15
		5000922323SH15	5000922324SH15	5001412322SH15
		5001412324SH15	5002012322SH15	6501202322SH15
		6501202323SH15	6507312321SH15	6507312322SH15
		6524112322SH15	14013d2322SH16	14013e2323SH16

续表 12-5

BZ	文件/个	文件名		
100	61	1406612321SH16	1406612322SH16	1406612323SH16
		1406612324SH16	1423712321SH16	5000922323SH16
		5000922324SH16	5001412322SH16	5001412324SH16
		5002012322SH16	6501202322SH16	6501202324SH16
		6507312321SH16	14013d2322SH17	14013e2323SH17
		1406612321SH17	1406612322SH17	1406612323SH17
		1406612324SH17	1423712321SH17	5000922321SH17
		5000922323SH17	5000922324SH17	5001412322SH17
		5002012322SH17	6501202322SH17	6507312321SH17
		14013d2322SH18	1423712321SH18	36002E2321SH18
		5000922321SH18	5000922323SH18	5000922324SH18
		5001412322SH18	5001412324SH18	5002012322SH18
		5302252321SH18	5302252323SH18	6507312321SH18
		6507312323SH18		

12.2 逐日 NAKAI 拟合特征参数

观测数据经过平滑处理（含掉格改正、剔除"坏数据"和记录格值改正）后，用 NAKAI 拟合公式进行逐日计算，给出每个数据文件拟合参数的时序值 $[a]$、$[b]$、$[rk_1]$、$[smd_1]$，基于统计原理可给出它们的统计均值，分别以 A、B、$RK1$ 和 $SMD1$ 表示之，同时给出它们的离散误差（或离散相对百分比误差——仅指 AM），分别以 AM、BM、$RK1M$ 和 $SMD1M$ 表示之。将 A、AM、B、BM、$RK1$、$RK1M$、$SMD1$ 和 $SMD1M$ 这 8 个参数统称为观测数据的逐日 NAKAI 拟合特征参数。每个数据文件都有 1 组（8 个）特征参数，2229 个数据文件就有 2229 组特征参数。按照对这 8 个特征参数的优、劣判断方式区分，又可将它们分为大小型参数和对称型参数两类。将同类特征参数按从小到大的顺序进行排列，大小型参数是指在排序中其值越小越优、越大越劣，而对称型参数是指在排序中其值越居中越优、越靠两端越劣。显然，*AM*、*BM*、*SMD1M* 和 *RK1M* 为大小型参数，*A*、*B* 和 *RK1* 为对称型参数。为了描述这些特征参数的面上分布情况，将同类 2229 个特征参数列在一起，并按从小到大的顺序进行排列，依次考察其最小值、最大值、均值、中位数，再根据优、劣分布特性统计其占总个数 95%、90% 和 70% 的数值范围与均值。下面依次介绍 *A*、*AM*、*B*、*RK1* 和 *SMD1* 这 5 个特征参数。

12.2.1　潮汐振幅比值 *A*

按照弹性地球的静力潮汐理论，地应变观测数据的潮汐振幅比 *A* 应近似等于 1.0。统计 2229 个 *A*，均值为 0.826，最小值为磐石 2201602312SH15 的 0.095，最大值为二张营 1600712330SH15 的 3.219，中位数为嘉祥 3702632311SH15 的 0.643。*A* 为对称型参数，可视从小到大排序后越靠两端的 *A* 可信度越低，越靠近中间的 *A* 可信度越高，取 *A* 在序列的居中不同比例数量，结果显示：

居中 95% 的 *A* 的范围为 0.124 ～ 2.368，均值为 0.797；

居中 90% 的 *A* 的范围为 0.160 ～ 2.055，均值为 0.776；

居中 70% 的 *A* 的范围为 0.303 ～ 1.442，均值为 0.717。

表 12 - 6 列出了 *A* 低值段（*A* < 0.123）和高值段（*A* > 2.40）各 50 个文件。

表 12 - 6　A 低值段和高值段各 50 个文件明细

低值段				高值段			
序号	文件名	台站地点	*A*	序号	文件名	台站地点	*A*
1	1108622323SH16	顺义龙湾	0.109	1	1301042330SH15	易县	2.703
2	1108832323SH15	平谷茅山	0.122	2	1400142330SH17	太原	2.554
3	1302622312SH15	永年	0.119	3	1600712330SH15	二张营	3.219
4	1302622312SH18	永年	0.101	4	1600812330SH18	大兴天堂	3.148
5	1499912321SH16	神池	0.121	5	21019H2322SH16	本溪	2.501
6	1499912322SH15	神池	0.119	6	21019H2322SH17	本溪	2.605

续表 12 - 6

	低值段				高值段		
序号	文件名	台站地点	A	序号	文件名	台站地点	A
7	1499912322SH16	神池	0.108	7	21019H2322SH18	本溪	2.551
8	1499912324SH16	神池	0.102	8	21019H2324SH16	本溪	2.655
9	1499912324SH17	神池	0.102	9	21019H2324SH17	本溪	2.719
10	1499912324SH18	神池	0.102	10	21019H2324SH18	本溪	2.699
11	15001B2312SH15	呼和浩特	0.112	11	2201462321SH15	通化	2.801
12	15001B2312SH16	呼和浩特	0.111	12	2201462321SH16	通化	2.836
13	15001B2312SH17	呼和浩特	0.119	13	2201462321SH17	通化	2.801
14	1501512312SH18	西山咀	0.115	14	2201462321SH18	通化	2.782
15	2200422312SH15	长白山	0.105	15	3203912323SH15	江宁	2.776
16	2200932311SH18	利民	0.11	16	3203912323SH16	江宁	2.526
17	2201602312SH15	磐石	0.095	17	3203912323SH17	江宁	2.584
18	2300142330SH15	牡丹江	0.117	18	3203912323SH18	江宁	2.484
19	2300142330SH16	牡丹江	0.11	19	33005A2322SH16	湖州	2.865
20	2300142330SH17	牡丹江	0.11	20	33005A2322SH17	湖州	2.916
21	3300542330SH18	湖州	0.105	21	33005A2323SH17	湖州	2.948
22	3400142330SH17	合肥	0.112	22	36001L2330SH18	南昌	2.731
23	3400142330SH18	合肥	0.101	23	37001H2321SH16	泰安	2.712
24	3600272311SH16	会昌	0.109	24	37001H2321SH17	泰安	2.648
25	36002E2323SH18	会昌	0.121	25	37001H2321SH18	泰安	2.577
26	3702112330SH15	沂水	0.117	26	37001H2323SH16	泰安	2.858
27	3703022323SH15	青岛	0.121	27	37001H2323SH17	泰安	2.823
28	44019A2323SH15	信宜	0.097	28	37001H2323SH18	泰安	2.791
29	44019A2323SH17	信宜	0.106	29	3701442322SH16	荣成	2.573
30	5000212312SH15	黔江	0.113	30	3701442322SH17	荣成	2.57

续表 12-6

低值段				高值段			
序号	文件名	台站地点	A	序号	文件名	台站地点	A
31	5000922322SH15	石柱	0.118	31	3714912330SH16	东平	2.576
32	5000922322SH16	石柱	0.115	32	3714912330SH17	东平	2.449
33	5000922322SH17	石柱	0.109	33	44019A2324SH16	信宜	2.781
34	5000922322SH18	石柱	0.113	34	5001332322SH18	万州天星	2.698
35	5002012324SH15	梁平复平	0.117	35	5001332324SH15	万州天星	2.411
36	5002012324SH18	梁平复平	0.119	36	5001332324SH16	万州天星	2.478
37	5302282321SH16	昭通	0.114	37	5001332324SH17	万州天星	2.695
38	5302282321SH17	昭通	0.104	38	6101222330SH15	宁陕	2.429
39	6100142311SH18	西安子午	0.116	39	6101222330SH16	宁陕	2.415
40	6301042321SH17	德令哈	0.114	40	6101222330SH17	宁陕	2.409
41	6402122324SH18	海原小山	0.122	41	6101222330SH18	宁陕	2.422
42	6501202322SH16	乌什	0.115	42	6205032323SH15	刘家峡	2.963
43	6501202324SH15	乌什	0.113	43	6205032323SH16	刘家峡	2.849
44	6504702311SH15	精河	0.113	44	6205032323SH17	刘家峡	2.757
45	6507312322SH16	库米什	0.108	45	6205032323SH18	刘家峡	2.68
46	6507312322SH17	库米什	0.107	46	6302642322SH15	乐都	2.748
47	6507312322SH18	库米什	0.11	47	6302642322SH17	乐都	2.454
48	6507312323SH16	库米什	0.109	48	6302642322SH18	乐都	2.584
49	6507312323SH17	库米什	0.11	49	6524112324SH17	巴仑	2.587
50	6509612322SH16	榆树沟	0.108	50	6524112324SH18	巴仑	2.574

　　数据在预处理阶段基于 $BZ=\pm10$ 和 $BZ=\pm100$ 调整了 188 个文件，如不调整，则 $A<0.5$ 的文件数将达到 1002（$=814+188$）个，这其中又将有 190 余个文件的 A 会小于 0.1；另又基于 $BZ=\pm0.1$ 调整了 91 个文件，如不调整，则 $A>2.0$ 的文件数将达到 219（$=128+91$）个，这其中

又将有 90 余个文件的 A 会大于 3。

12.2.2　潮汐振幅比 A 的离散相对误差 AM（%）

AM 反映了 $[a]$ 序列的离散程度。按照误差理论和地应变观测目标，期望 AM 越小越好。统计 2229 个文件的 AM，均值为 52.611，最小值为宜昌 4200372311SH16 的 2.853，最大值为昌平 0400182323SH18 的 453.80，中位数为东山 3501612330SH17 的 33.119。AM 为单向型参数，取 AM 从小到大排序后序列值的低值段（优段）不同比例数量，结果显示：

优段 95% 的 AM 的范围为 2.853 ~ 154.961，均值为 42.773；

优段 90% 的 AM 的范围为 2.853 ~ 112.212，均值为 37.983；

优段 70% 的 AM 的范围为 2.853 ~ 53.867，均值为 26.389。

表 12-7 列出了 AM 从小到大排序后序列值高值段（$AM > 167.0$）的 100 个文件。

表 12-7　AM 高值段的 100 个文件

序号	文件名	台站地点	AM	序号	文件名	台站地点	AM
1	0400182323SH18	昌平	453.80	14	2100742323SH15	营口	169.68
2	0400182324SH15	昌平	176.65	15	21007D2322SH16	营口	364.53
3	1108622323SH15	顺义龙湾	179.85	16	21007D2322SH17	营口	232.02
4	1108622323SH16	顺义龙湾	194.84	17	21007D2322SH18	营口	185.91
5	1108832323SH15	平谷茅山	276.11	18	21007D2323SH15	营口	294.63
6	1301092322SH16	易县	194.78	19	21007D2323SH16	营口	173.07
7	1302622312SH18	永年	198.78	20	21007D2324SH15	营口	297.43
8	1400122312SH17	太原	205.76	21	2200422312SH15	长白山	359.95
9	1406612323SH16	晋城泽州	173.84	22	2200932312SH15	利民	382.91
10	1406612323SH17	晋城泽州	271.04	23	2200932312SH16	利民	366.61
11	1406612324SH17	晋城泽州	191.19	24	2200932312SH17	利民	254.69
12	1499912322SH18	神池	184.30	25	2300142330SH15	牡丹江	244.10
13	1499912323SH15	神池	381.80	26	2300142330SH16	牡丹江	216.88

续表 12 - 7

序号	文件名	台站地点	AM	序号	文件名	台站地点	AM
27	2300142330SH17	牡丹江	239.76	54	3702612322SH15	嘉祥	192.42
28	3100152321SH15	佘山	219.41	55	3703022323SH15	青岛	336.89
29	3100152321SH16	佘山	253.86	56	4200322321SH15	宜昌	168.46
30	3100152321SH17	佘山	190.50	57	4300152311SH17	长沙	335.65
31	3100152321SH18	佘山	238.77	58	4400592323SH15	汕头	170.46
32	3300542330SH18	湖州	183.84	59	44019A2321SH16	信宜	356.84
33	33005A2323SH15	湖州	179.56	60	4500272323SH17	灵山	190.90
34	3305112321SH15	安吉	200.70	61	5002412321SH18	巴南石龙	233.72
35	3305112321SH17	安吉	202.28	62	5002412324SH18	巴南石龙	216.81
36	3309312311SH16	诸暨东和	287.32	63	5100582311SH15	攀枝花	312.26
37	3400142330SH15	合肥	202.93	64	5100582311SH17	攀枝花	172.33
38	3400142330SH16	合肥	393.43	65	5100582311SH18	攀枝花	295.37
39	3400142330SH17	合肥	212.99	66	5101282330SH15	甘孜	189.80
40	3400142330SH18	合肥	229.66	67	5101282330SH16	甘孜	188.67
41	3402922312SH16	泗县	354.11	68	5101282330SH17	甘孜	196.20
42	3500622330SH15	福州	399.91	69	5101282330SH18	甘孜	167.82
43	37001B2323SH15	泰安	209.95	70	5130412321SH15	金河	189.85
44	37001B2324SH15	泰安	202.96	71	5130412321SH16	金河	210.56
45	37001B2324SH18	泰安	232.19	72	5130412321SH17	金河	198.53
46	37001G2312SH16	泰安	172.01	73	5130412321SH18	金河	234.31
47	37001H2321SH15	泰安	173.32	74	5130412324SH15	金河	260.06
48	37001H2322SH15	泰安	240.70	75	5300152312SH15	昆明	218.89
49	37001H2324SH15	泰安	197.17	76	5300152312SH18	昆明	270.43
50	3701442321SH15	荣成	287.34	77	5300282324SH15	腾冲	206.92
51	3701442323SH15	荣成	280.71	78	5300282324SH17	腾冲	177.24
52	3701442324SH18	荣成	375.23	79	5300282324SH18	腾冲	227.61
53	3702112330SH15	沂水	348.55	80	5300422312SH15	洱源	321.44

续表 12 - 7

序号	文件名	台站地点	*AM*	序号	文件名	台站地点	*AM*
81	5301422312SH18	丽江	236.84	91	6301042321SH18	德令哈	322.69
82	5302122312SH15	云县	204.43	92	6400222321SH15	银川	337.15
83	5302122312SH18	云县	208.36	93	6400222321SH18	银川	244.86
84	5312332312SH16	保山	289.33	94	6402122324SH15	海原小山	168.64
85	6201642323SH15	安西	172.67	95	6501202322SH16	乌什	377.29
86	6204462324SH15	天水北道	221.29	96	6501202322SH17	乌什	314.74
87	6205962324SH15	武都两水	179.38	97	6501202323SH15	乌什	308.74
88	6301042321SH15	德令哈	288.80	98	6509612322SH15	榆树沟	234.97
89	6301042321SH16	德令哈	358.93	99	6509612324SH15	榆树沟	178.71
90	6301042321SH17	德令哈	358.12	100	6524112322SH16	巴仑	186.86

12.2.3 潮汐滞后因子 *B*

地球近似于弹性体，在正常情况下，*B* 应等于或接近 0。统计 2229 个 *B*，数值均值为 -0.823，数字均值（指绝对值，下同）为 32.701，最小值为诸暨东和 3309312311SH16 的 -579.635，最大值为营口 21007D2323SH16 的 1277.274，中位数为会昌 36002E2324SH15 的 -0.754。*B* 为对称型参数，可视从小到大排序后越靠两端的 *B* 可信度越低，越靠近中间的 *B* 可信度越高，取 *B* 在序列的居中不同比例数量，结果显示：

居中 95% 的 *B* 的范围为 -120.925 ~ 113.952，数值均值为 -0.900，数字均值为 22.788；

居中 90% 的 *B* 的范围为 -86.950 ~ 77.925，数值均值为 -0.774，数字均值为 18.479；

居中 70% 的 *B* 的范围为 -27.321 ~ 30.440，数值均值为 -0.497，数字均值为 10.087。

表 12 -8 列出了 *B* 低值段（*B* < -127.7）和高值段（*B* > 124.6）各 50 个文件。

表 12 - 8　*B* 低值段和高值段各 50 个文件

低值段				高值段			
序号	文件名	台站地点	*B*	序号	文件名	台站地点	*B*
1	14013I2323SH16	大同	-144.83	1	0400182321SH16	昌平	200.51
2	1499912323SH15	神池	-223.97	2	0400182321SH17	昌平	129.94
3	2100742324SH15	营口	-519.49	3	1499912321SH15	神池	135.34
4	2100742324SH16	营口	-515.61	4	2100742323SH15	营口	137.97
5	2100742324SH17	营口	-500.94	5	21007D2321SH16	营口	218.6
6	2100742324SH18	营口	-476.7	6	21007D2321SH17	营口	213.66
7	21007D2322SH16	营口	-511.97	7	21007D2321SH18	营口	215.08
8	21007D2322SH17	营口	-493.8	8	21007D2323SH15	营口	308.82
9	21007D2322SH18	营口	-487.19	9	21007D2323SH16	营口	1277.27
10	2100822312SH15	丹东	-127.72	10	21019H2322SH16	本溪	306.69
11	21019H2321SH16	本溪	-339.56	11	21019H2322SH17	本溪	323.56
12	21019H2321SH17	本溪	-323.24	12	21019H2322SH18	本溪	321.59
13	21019H2321SH18	本溪	-319.02	13	3100152321SH15	佘山	207.91
14	21019H2324SH16	本溪	-186.51	14	3100152321SH16	佘山	211.62
15	21019H2324SH17	本溪	-159.23	15	3100152321SH17	佘山	209.48
16	21019H2324SH18	本溪	-154.39	16	3100152321SH18	佘山	207.35
17	3100152323SH15	佘山	-130.78	17	3100152324SH15	佘山	124.62
18	3100152323SH16	佘山	-129.87	18	3200712330SH15	南通	169.93
19	3100152323SH18	佘山	-129.26	19	3200712330SH16	南通	148
20	3203912323SH15	江宁	-150.39	20	33005A2324SH16	湖州	192.53
21	3203912323SH16	江宁	-140.77	21	33005A2324SH17	湖州	172.66
22	3203912323SH17	江宁	-140.54	22	3304522311SH15	定海	167.91
23	3203912323SH18	江宁	-155.57	23	3304522311SH16	定海	159.99

续表 12 - 8

	低值段				高值段		
序号	文件名	台站地点	B	序号	文件名	台站地点	B
24	33005A2323SH17	湖州	−270.58	24	3304522311SH17	定海	162.82
25	3309312311SH15	诸暨东和	−564.16	25	3304522311SH18	定海	179.64
26	3309312311SH16	诸暨东和	−579.64	26	3304812323SH15	常山	161.15
27	37001H2323SH16	泰安	−188.27	27	3304812323SH16	常山	158.01
28	37001H2323SH17	泰安	−178.36	28	3304812323SH17	常山	149.06
29	37001H2323SH18	泰安	−166.85	29	3304812323SH18	常山	148.34
30	3703012330SH15	青岛	−159.64	30	3305112321SH15	安吉	130.48
31	3703012330SH16	青岛	−156.11	31	3305112321SH16	安吉	140.65
32	3703012330SH17	青岛	−156.91	32	3500652312SH15	福州	157.14
33	3703012330SH18	青岛	−146.89	33	3500652312SH16	福州	155.38
34	3703022323SH15	青岛	−146.45	34	3500652312SH17	福州	153.44
35	4500272323SH16	灵山	−337.53	35	3500652312SH18	福州	153.75
36	5001332322SH15	万州天星	−155.76	36	3701442322SH16	荣成	211.97
37	5001332322SH16	万州天星	−158.72	37	3701442322SH17	荣成	304.06
38	5001332322SH17	万州天星	−155.44	38	3701442322SH18	荣成	298.49
39	5002412323SH15	巴南石龙	−129.08	39	3701442323SH16	荣成	491.16
40	5002412323SH17	巴南石龙	−137.46	40	3701442323SH17	荣成	464.91
41	6204462323SH16	天水北道	−132.87	41	3701442323SH18	荣成	446.99
42	6204462323SH17	天水北道	−129.63	42	3701442324SH18	荣成	465.3
43	6301042322SH15	德令哈	−143.69	43	44019A2321SH16	信宜	284.5
44	6301042322SH16	德令哈	−149.55	44	44019A2323SH16	信宜	168.71
45	6301042322SH17	德令哈	−144.11	45	44019A2323SH18	信宜	136.69
46	6301042322SH18	德令哈	−139.27	46	5001332323SH18	万州天星	191.39
47	6509612324SH16	榆树沟	−148.81	47	5300282324SH17	腾冲	127.77

续表 12 - 8

低值段				高值段			
序号	文件名	台站地点	B	序号	文件名	台站地点	B
48	6509612324SH17	榆树沟	- 142. 11	48	6204462324SH16	天水北道	145. 6
49	6509612324SH18	榆树沟	- 144. 79	49	6205962321SH18	武都两水	134. 32
50	6524112323SH17	巴仑	- 130. 94	50	6509612322SH17	榆树沟	147. 79

12. 2. 4　零漂移系数 *RK1*（ $\times 10^{-9}$/d）

零漂移系数 *RK1* 的数字大小是反映地应变观测结果质量好坏的重要指标之一。仪器漂移和观测场地地基稳定性特征也主要反映在 *RK1* 中。地应变观测规范规定：洞体应变 $RK1 \leqslant 10^{-9}$/d。根据地应变观测目标，期望 *RK1* 的数字越小越好。统计 2229 个 *RK1*，数值均值为 - 0. 565，数字均值为 10. 173，最小值为会昌 36002E2324SH15 的 - 757. 189，最大值为会昌 36002E2322SH16 的 335. 452，中位数为永年 1302622312SH16 的 0. 168。*RK1* 为对称型参数，可视从小到大排序后越靠两端的 *RK1* 可信度越低，越靠近中间的 *RK1* 可信度越高，取 *RK1* 在序列的居中不同比例数量，结果显示：

居中 95% 的 *RK1* 的范围为 - 36. 216 ~ 32. 950，数值均值为 0. 235，数字均值为 5. 912；

居中 90% 的 *RK1* 的范围为 - 19. 574 ~ 20. 761，数值均值为 0. 282，数字均值为 4. 775；

居中 70% 的 *RK1* 的范围为 - 7. 575 ~ 7. 757，数值均值为 0. 297，数字均值为 2. 655。

表 12 - 9 列出了 *RK1* 低值段（ $RK1 < -41.7$ ）和高值段（ $RK1 > 36.2$ ）各 50 个文件。

表 12 - 9 *RK1* 低值段和高值段各 50 个文件

低值段				高值段			
序号	文件名	台站地点	*RK1*	序号	文件名	台站地点	*RK1*
1	1400142330SH17	太原	-57.46	1	0400182321SH15	昌平	62.78
2	1400142330SH18	太原	-49.70	2	1108622323SH15	顺义龙湾	73.20
3	1406622321SH17	晋城泽州	-52.90	3	1312412330SH15	赵各庄	58.86
4	1500532330SH18	乌加河	-76.00	4	1312412330SH16	赵各庄	115.92
5	21019H2322SH16	本溪	-75.00	5	1312412330SH17	赵各庄	72.37
6	21019H2324SH16	本溪	-72.73	6	1312412330SH18	赵各庄	155.67
7	2300142330SH18	牡丹江	-49.33	7	1400142330SH15	太原	36.69
8	3309312311SH16	诸暨东和	-51.83	8	21007D2323SH16	营口	117.23
9	36002E2321SH15	会昌	-498.80	9	21019H2321SH16	本溪	58.78
10	36002E2321SH16	会昌	-158.56	10	3200712330SH16	南通	42.41
11	36002E2324SH15	会昌	-757.19	11	36001L2330SH17	南昌	49.40
12	36002E2324SH16	会昌	-205.56	12	36001L2330SH18	南昌	46.23
13	37001H2321SH17	泰安	-59.00	13	36002E2321SH18	会昌	49.47
14	3701442323SH16	荣成	-49.39	14	36002E2322SH15	会昌	265.21
15	44019A2321SH16	信宜	-172.15	15	36002E2322SH16	会昌	335.45
16	44019A2322SH15	信宜	-149.35	16	36002E2323SH16	会昌	120.18
17	5001412322SH17	奉节红土	-42.13	17	3701442322SH16	荣成	143.45
18	5122512321SH18	天全	-47.26	18	3701442322SH17	荣成	50.27
19	5122512322SH15	天全	-73.92	19	3701442322SH18	荣成	40.55
20	5122512322SH16	天全	-99.01	20	44019A2322SH16	信宜	146.36
21	5122512322SH17	天全	-54.38	21	44019A2323SH15	信宜	44.80
22	5122512323SH15	天全	-42.61	22	44019A2323SH16	信宜	203.80
23	5122512323SH16	天全	-51.89	23	44019A2324SH16	信宜	71.53

续表 12 - 9

	低值段				高值段		
序号	文件名	台站地点	*RK1*	序号	文件名	台站地点	*RK1*
24	5122512324SH15	天全	-71.38	24	4500272323SH16	灵山	40.10
25	5122512324SH16	天全	-119.32	25	5002412323SH17	巴南石龙	47.64
26	5122512324SH17	天全	-85.95	26	5130412322SH15	金河	42.60
27	5130412324SH15	金河	-51.91	27	5130412322SH16	金河	38.22
28	5302252328SH18	昭通	-42.24	28	5130412322SH17	金河	40.30
29	6205032321SH15	刘家峡	-216.28	29	5130412322SH18	金河	38.91
30	6205032321SH16	刘家峡	-100.26	30	5300282324SH15	腾冲	37.12
31	6205032322SH15	刘家峡	-224.29	31	5302252323SH18	昭通	164.45
32	6205032322SH16	刘家峡	-114.09	32	5302282321SH15	昭通	108.31
33	6205032322SH17	刘家峡	-57.76	33	5302282321SH18	昭通	59.75
34	6205032323SH15	刘家峡	-213.54	34	6100142311SH16	西安子午	36.34
35	6205032323SH16	刘家峡	-119.44	35	6204762323SH16	静宁	43.35
36	6205032323SH17	刘家峡	-67.01	36	6204762323SH17	静宁	36.38
37	6205032324SH15	刘家峡	-171.15	37	6302432311SH15	同仁	36.27
38	6205032324SH16	刘家峡	-105.60	38	6302432311SH18	同仁	76.00
39	6205032324SH17	刘家峡	-83.03	39	6302432312SH15	同仁	63.63
40	6205032324SH18	刘家峡	-82.83	40	6302432312SH16	同仁	57.98
41	6205962321SH16	武都两水	-113.01	41	6302432312SH17	同仁	65.64
42	6205962321SH17	武都两水	-117.71	42	6302432312SH18	同仁	161.75
43	6205962321SH18	武都两水	-134.81	43	6401012311SH15	石嘴山	45.99
44	6400272312SH16	银川	-46.57	44	6401012311SH16	石嘴山	55.39
45	6504702311SH16	精河	-41.81	45	6401012311SH17	石嘴山	55.05
46	6504702311SH18	精河	-52.03	46	6401012311SH18	石嘴山	53.64
47	6509612322SH15	榆树沟	-88.72	47	6506212311SH15	阜康	74.78

续表 12 - 9

低值段				高值段			
序号	文件名	台站地点	*RK1*	序号	文件名	台站地点	*RK1*
48	6509612322SH17	榆树沟	- 173.38	48	6506212311SH16	阜康	39.50
49	6509612322SH18	榆树沟	- 62.91	49	6506212311SH17	阜康	66.38
50	6509612324SH16	榆树沟	- 60.69	50	6524112322SH15	巴仑	47.84

12.2.5 方差 *SMD1* （ $\times 10^{-9}$ ）

这里所指方差 *SMD1* 是每个文件逐日拟合方差序列的统计平均值，它表征了观测曲线对理论曲线的整体偏离程度，也是反映观测质量稳定性和可靠性的基本指标之一。按照误差理论和地应变观测目标，期望 *SMD1* 越小越好，地应变观测规范规定：洞体应变 *SMD1* $< 6 \times 10^{-9}$；钻孔应变 *SMD1* $< 4 \times 10^{-9}$。

统计 2229 个 *SMD1*，均值为 3.682，最小值为麻城 4200422322SH17 的 0.217，最大值为荣成 3701442322SH17 的 28.116，中位数为银川小口 6400272312SH15 的 2.848。*SMD1* 为单向型参数，取 *SMD1* 从小到大排序后序列值的低值段（优段）不同比例数量，结果显示：

优段 95% 的 *SMD1* 的范围 <9.745，均值为 3.192；

优段 90% 的 *SMD1* 的范围 <7.224，均值为 2.909；

优段 70% 的 *SMD1* 的范围 <4.312，均值为 2.160。

表 12 - 10 列出了 *SMD1* 从小到大排序后序列值高值段（*SMD1* > 10.1）的 100 个文件。

表 12 - 10 *SMD1* 高值段的 100 个文件

序号	文件名	台站地点	*SMD1*	序号	文件名	台站地点	*SMD1*
1	0400182321SH15	昌平	18.59	4	1108622323SH15	顺义龙湾	15.76
2	0400182321SH16	昌平	12.89	5	1400142330SH15	太原	19.54
3	0400182321SH17	昌平	15.91	6	1400142330SH16	太原	20.03

续表 12 - 10

序号	文件名	台站地点	*SMD1*	序号	文件名	台站地点	*SMD1*
7	1400142330SH17	太原	20.99	34	3203912323SH18	江宁	11.08
8	1400142330SH18	太原	24.01	35	33005A2323SH17	湖州	15.94
9	14013I2323SH16	大同	10.51	36	3305112322SH15	安吉	10.86
10	14013I2323SH17	大同	11.66	37	3305112322SH16	安吉	10.54
11	1499912321SH15	神池	10.28	38	3305112322SH17	安吉	11.80
12	1499912324SH15	神池	10.67	39	3305112322SH18	安吉	10.45
13	1600812330SH15	大兴天堂	10.68	40	3305112324SH15	安吉	11.88
14	1600812330SH18	大兴天堂	15.83	41	3305112324SH16	安吉	13.64
15	2100742324SH16	营口	10.15	42	3305112324SH17	安吉	13.86
16	2100742324SH17	营口	10.14	43	3305112324SH18	安吉	14.15
17	21007D2321SH16	营口	12.70	44	37001H2321SH16	泰安	12.31
18	21007D2321SH17	营口	12.57	45	37001H2321SH17	泰安	13.77
19	21007D2321SH18	营口	12.13	46	37001H2321SH18	泰安	13.88
20	21007D2323SH16	营口	16.36	47	37001H2323SH16	泰安	13.44
21	21019H2321SH17	本溪	12.03	48	37001H2323SH17	泰安	13.71
22	21019H2321SH18	本溪	10.84	49	37001H2323SH18	泰安	14.55
23	21019H2322SH16	本溪	11.02	50	37001H2324SH18	泰安	12.47
24	21019H2322SH17	本溪	10.48	51	3701442322SH16	荣成	22.63
25	21019H2322SH18	本溪	10.31	52	3701442322SH17	荣成	28.12
26	21019H2324SH16	本溪	10.38	53	3701442322SH18	荣成	17.02
27	21019H2324SH17	本溪	10.56	54	3701442323SH16	荣成	14.28
28	21019H2324SH18	本溪	10.88	55	3701442323SH17	荣成	11.84
29	2201322321SH16	敦化	15.55	56	3701442323SH18	荣成	13.42
30	2300142330SH18	牡丹江	15.30	57	3705712330SH15	莱钢	12.96
31	3203912323SH15	江宁	11.49	58	3705712330SH16	莱钢	12.57
32	3203912323SH16	江宁	10.99	59	4500272321SH16	灵山	13.80
33	3203912323SH17	江宁	11.17	60	4500272321SH17	灵山	14.92

续表 12 - 10

序号	文件名	台站地点	*SMD1*	序号	文件名	台站地点	*SMD1*
61	4500272323SH16	灵山	11.91	81	6201642323SH16	安西	12.02
62	5001332321SH18	万州天星	10.78	82	6201642323SH17	安西	12.05
63	5001332322SH15	万州天星	12.43	83	6201642323SH18	安西	12.04
64	5001332322SH16	万州天星	12.38	84	6205032323SH15	刘家峡	17.48
65	5001332322SH17	万州天星	13.95	85	6205032323SH16	刘家峡	16.76
66	5001332322SH18	万州天星	13.33	86	6205032323SH17	刘家峡	16.66
67	5001332323SH15	万州天星	11.04	87	6205032323SH18	刘家峡	16.51
68	5001332323SH16	万州天星	11.36	88	6205312322SH15	临夏	10.51
69	5001332323SH17	万州天星	11.84	89	6205312322SH16	临夏	10.38
70	5001332323SH18	万州天星	15.32	90	6205312322SH17	临夏	10.38
71	5130412322SH15	金河	11.22	91	6205312322SH18	临夏	10.95
72	5130412322SH16	金河	10.90	92	6205962321SH16	武都两水	12.35
73	5130412322SH17	金河	11.59	93	6205962321SH17	武都两水	13.13
74	5130412322SH18	金河	11.26	94	6205962321SH18	武都两水	14.02
75	5130412324SH15	金河	16.64	95	6302022323SH15	门源	14.77
76	5300282324SH15	腾冲	11.46	96	6501202322SH17	乌什	10.34
77	5300282324SH16	腾冲	13.09	97	6509612322SH17	榆树沟	13.75
78	5300282324SH17	腾冲	15.83	98	6509612322SH18	榆树沟	11.35
79	5300282324SH18	腾冲	13.08	99	6524112323SH17	巴仑	10.79
80	5302282321SH15	昭通	11.63	100	6524112323SH18	巴仑	10.81

12.3　年度调和分析计算结果

对平滑数据采用非数字滤波调和分析方法按年度做整体调和分析计算，可获得反映年度整体拟合特征的相关参数，这些参数主要有年度调和分析漂移因子 *RK2*、年度拟合方差 *SMD2*、潮汐周日频段内及部分长周期频段的潮汐参数，经过特别约定还可获得 2 ~ 182 天之间的一些长周期波段的振幅和相位，这些参数统称为年度调和分析特征参数。实际计算中，是将 484 个分波分成 22 组（1/3 波 1 组、半日波 6 组、周日波 8 组、长周期波 7 组），对 2 ~ 182 天之间的一些长周期波段，依次取 2.85、5.71、11.41、22.83、45.66 和 91.31 天这 6 个频段，对长周期潮汐频段取 7.10、9.13、13.66、27.55、31.81、365.25 天这 6 个长周期波群。本节只介绍 *RK2*、*SMD2* 和 M2 波的潮汐参数（含潮汐因子 *M2A* 和相位滞后 *M2B*）。

12.3.1　年度调和分析漂移因子 *RK2*（ $\times 10^{-9}/d$ ）

年度调和分析漂移因子 *RK2* 是非数字滤波调和分析计算结果的重要参数之一，它反映了年度数据序列的线性特征。统计 2229 个 *RK2*，数值均值为 -2.682，数字均值为 13.965，最小值为南山 5100582311SH16 的 -4904.849，最大值为精河 6504702311SH18 的 1744.559，中位数为离石 14013d2321SH18 的 -0.012。*RK2* 为对称型参数，可视从小到大排序后越靠两端的 *RK2* 可信度越低，越靠近中间的 *RK2* 可信度越高，取 *RK2* 在序列的居中不同比例数量，结果显示：

居中 95% 的 *RK2* 的范围为 -37.918 ~ 28.216，数值均值为 -0.003，数字均值为 3.999；

居中 90% 的 *RK2* 的范围为 -13.826 ~ 15.311，数值均值为 0.093，数字均值为 3.012；

居中 70% 的 *RK2* 的范围为 -4.545 ~ 4.869，数值均值为 0.028，数字均值为 1.507。

表 12 – 11 列出了 *RK2* 低值段（*RK2* < – 50.5）和高值段（*RK2* > 33.5）各 50 个文件。

表 12 – 11　*RK2* 低值段和高值段各 50 个文件

低值段				高值段			
序号	文件名	台站地点	*RK2*	序号	文件名	台站地点	*RK2*
1	1400122312SH17	太原	– 68.11	1	1107482312SH16	白家疃	223.91
2	14013f2323SH15	大同	– 50.58	2	1312412330SH15	赵各庄	65.59
3	1406622322SH17	晋城泽州	– 101.37	3	1312412330SH16	赵各庄	103.63
4	1432512323SH15	沁源	– 72.99	4	1312412330SH17	赵各庄	59.80
5	1500532330SH16	乌加河	– 58.83	5	1312412330SH18	赵各庄	148.41
6	1500532330SH18	乌加河	– 97.19	6	1400122312SH18	太原	208.12
7	21019H2322SH16	本溪	– 71.03	7	1400142330SH15	太原	39.12
8	21019H2324SH16	本溪	– 83.60	8	14013f2322SH15	大同	96.23
9	3200712330SH15	南通	– 134.28	9	1406612323SH17	晋城泽州	90.99
10	3500132330SH17	泉州	– 64.65	10	1406612324SH17	晋城泽州	63.18
11	36002E2321SH15	会昌	– 180.04	11	1406622321SH17	晋城泽州	84.04
12	36002E2324SH15	会昌	– 739.46	12	1406622323SH17	晋城泽州	697.07
13	36002E2324SH16	会昌	– 299.24	13	1406622324SH17	晋城泽州	1001.88
14	3701442322SH16	荣成	– 1099.43	14	1499912323SH15	神池	92.00
15	3714912330SH16	东平	– 820.00	15	2201322321SH15	敦化	63.61
16	44019A2322SH15	信宜	– 350.63	16	2201322323SH15	敦化	47.69
17	4500272323SH17	灵山	– 128.38	17	2201322324SH15	敦化	34.88
18	4500382322SH15	邕宁	– 127.72	18	2201322324SH16	敦化	37.49
19	4500382324SH15	邕宁	– 87.73	19	3200712330SH16	南通	44.72
20	5100582311SH16	攀枝花	– 4904.85	20	36001L2330SH18	南昌	54.58
21	5122512322SH15	天全	– 69.20	21	36002E2321SH16	会昌	59.85
22	5122512322SH16	天全	– 95.46	22	36002E2321SH18	会昌	88.95

续表 12 – 11

低值段				高值段			
序号	文件名	台站地点	RK2	序号	文件名	台站地点	RK2
23	5122512322SH17	天全	−54.19	23	36002E2322SH15	会昌	257.56
24	5122512323SH16	天全	−58.75	24	36002E2322SH16	会昌	78.74
25	5122512324SH15	天全	−69.32	25	36002E2323SH16	会昌	111.73
26	5122512324SH16	天全	−113.19	26	37001L2330SH15	泰安	36.34
27	5122512324SH17	天全	−84.56	27	3702252330SH17	莒县陵阳	490.71
28	5300422311SH15	洱源	−1466.31	28	3702722330SH17	邹城	36.67
29	5302252321SH18	昭通	−477.78	29	44019A2322SH16	信宜	133.97
30	5302252328SH18	昭通	−136.24	30	44019A2323SH16	信宜	176.94
31	5320042321SH18	贵阳	−87.48	31	44019A2324SH16	信宜	69.36
32	54005A2311SH18	狮泉河	−51.33	32	4500382323SH15	邕宁	400.49
33	6205032321SH15	刘家峡	−191.42	33	5302252323SH18	昭通	343.04
34	6205032321SH16	刘家峡	−99.00	34	5302282321SH15	昭通	48.61
35	6205032322SH15	刘家峡	−222.64	35	5302282321SH18	昭通	163.12
36	6205032322SH16	刘家峡	−117.62	36	6203912311SH17	肃南	34.44
37	6205032322SH17	刘家峡	−62.00	37	6204762323SH16	静宁	39.88
38	6205032323SH15	刘家峡	−206.21	38	6302022323SH15	门源	47.32
39	6205032323SH16	刘家峡	−111.12	39	6302432311SH15	同仁	35.15
40	6205032323SH17	刘家峡	−55.81	40	6302432311SH16	同仁	34.56
41	6205032324SH15	刘家峡	−107.88	41	6302432311SH18	同仁	79.28
42	6205032324SH16	刘家峡	−70.72	42	6302432312SH15	同仁	38.17
43	6205032324SH17	刘家峡	−54.34	43	6302432312SH16	同仁	33.53
44	6205032324SH18	刘家峡	−53.88	44	6302432312SH17	同仁	39.65
45	6205962321SH16	武都两水	−82.70	45	6302432312SH18	同仁	100.50
46	6205962321SH17	武都两水	−64.21	46	6401012311SH16	石嘴山	33.98

续表 12 – 11

低值段				高值段			
序号	文件名	台站地点	*RK2*	序号	文件名	台站地点	*RK2*
47	6205962321SH18	武都两水	– 107.31	47	6401012311SH18	石嘴山	42.54
48	6302022323SH18	门源	– 63.09	48	6504702311SH18	精河	1744.56
49	6509612322SH15	榆树沟	– 52.48	49	6506212311SH16	阜康	47.73
50	6509612322SH17	榆树沟	– 85.04	50	6506212311SH17	阜康	50.58

12.3.2 年度调和分析拟合方差 *SMD2* （ $\times 10^{-9}$ ）

年度调和分析拟合方差 *SMD2* 是非数字滤波调和分析计算结果的重要参数之一，它反映了年度数据序列与选用调和分析数学模型之间的离散均方差。统计 2229 个 *SMD2*，均值为 93.029，最小值为原平 1423712323SH16 的 0.530，最大值为会昌 36002E2324SH16 的 18577.410，中位数为双阳 2200322312SH15 的 35.090。*SMD2* 为单向型参数，取 *SMD2* 从小到大排序后序列值的低值段（优段）不同比例数量，结果显示：

优段 95% 的 *SMD2* 的范围为 0.530 ~ 209.870，均值为 46.965；

优段 90% 的 *SMD2* 的范围为 0.530 ~ 136.180，均值为 40.395；

优段 70% 的 *SMD2* 的范围为 0.530 ~ 61.420，均值为 26.082。

表 12 – 12 列出了 *SMD2* 高值段（*SMD2* > 224.0）的 100 个文件。

表 12 - 12　SMD2 高值段的 100 个文件

序号	文件名	台站地点	利用数据/个	SMD2	序号	文件名	台站地点	利用数据/个	SMD2
1	13124123330SH15	赵各庄	7866	525.91	18	34001423330SH15	合肥	7081	294.71
2	13124123330SH16	赵各庄	7008	565.58	19	36001123330SH17	南昌	7717	2495.13
3	13124123330SH17	赵各庄	6484	361.33	20	36002E2321SH15	会昌	8543	13295.96
4	14014623330SH18	临汾广胜寺	7223	563.6	21	36002E2321SH16	会昌	7026	11630.07
5	21016423330SH15	阜新	8547	258.19	22	36002E2322SH15	会昌	8446	1651.87
6	21016423330SH16	阜新	8698	376.06	23	36002E2322SH16	会昌	6889	5175.06
7	21021423330SH16	锦州	8027	240.3	24	36002E2323SH15	会昌	8350	261.68
8	22013223321SH15	敦化	6102	606.78	25	36002E2323SH16	会昌	7037	738.82
9	22013223323SH15	敦化	7599	605.11	26	36002E2324SH15	会昌	8541	4929.28
10	22013223324SH15	敦化	7796	461.53	27	36002E2324SH16	会昌	6997	18577.41
11	22016023311SH16	磐石	8031	234.7	28	37001B2323SH15	泰安	7594	539.16
12	22016023311SH17	磐石	8444	474.82	29	37001B2323SH16	泰安	7817	237.89
13	22016023311SH18	磐石	8268	302.52	30	37001B2323SH18	泰安	7407	252.65
14	22016023312SH16	磐石	8525	370.95	31	37001H2321SH16	泰安	6450	289.66
15	22016023312SH17	磐石	8701	273.78	32	37001H2321SH18	泰安	6611	312.14
16	22016023312SH18	磐石	8417	238.07	33	37001H2324SH15	泰安	5488	228.53
17	32039123323SH17	江宁	8575	237.89	34	37001H2328SH15	泰安	8607	245.42

续表 12 - 12

序号	文件名	台站地点	利用数据/个	SMD2	序号	文件名	台站地点	利用数据/个	SMD2
35	3714912330SH17	东平	8697	305.84	52	5001412322SH18	奉节红土	7879	334.25
36	3714912330SH18	东平	8394	303.59	53	5002012322SH15	梁平复平	6281	1301.2
37	4200712321SH17	襄樊	8760	390.67	54	5002012322SH16	梁平复平	7182	858.75
38	4200712322SH17	襄樊	8736	292.82	55	5002012322SH17	梁平复平	6832	940.35
39	4209223311SH16	黄石	8409	385.02	56	5002012322SH18	梁平复平	7990	703.24
40	44019A2321SH16	信宜	2719	5502.52	57	5002012323SH15	梁平复平	8754	305.07
41	44019A2322SH16	信宜	8002	609.24	58	5100212321SH15	泸州	8485	354.85
42	44019A2323SH16	信宜	7518	505.71	59	5122512322SH15	天全	8206	375.5
43	44019A2324SH16	信宜	8003	1408.33	60	5122512324SH15	天全	8280	386.7
44	45002272323SH16	灵山	5765	764.52	61	5130412323SH15	金河	7835	228.76
45	45002272323SH17	灵山	5620	2435.99	62	5130412324SH15	金河	7835	228.76
46	5000922323SH15	石柱	7134	234.48	63	5301442330SH15	丽江	7248	445.91
47	5000922323SH17	石柱	6865	248.76	64	5301442330SH16	丽江	8240	265.96
48	5000922324SH15	石柱	8625	306.22	65	5301442330SH17	丽江	8327	401.99
49	5001412322SH15	奉节	7553	768.92	66	5301442330SH18	丽江	8094	378.31
50	5001412322SH16	奉节	7788	609.6	67	5302242321SH17	昭通	7277	228.02
51	5001412322SH17	奉节红土	7364	882.45	68	5302252321SH18	昭通	2459	233.02

续表12-12

序号	文件名	台站地点	利用数据/个	SMD2
69	53022252323SH18	昭通	3274	278.79
70	53022282321SH15	昭通	2513	491.46
71	53022282321SH16	昭通	8713	326.45
72	53022282324SH16	昭通	8737	237.31
73	61001522330SH15	西安子午	7773	305.76
74	61012222330SH16	宁都	8489	811.93
75	62059622321SH16	武都两水	7841	566.37
76	62059622321SH17	武都两水	8195	716.87
77	62059622321SH18	武都两水	8255	1377.52
78	63010042321SH15	德令哈	8128	321.29
79	63010042321SH18	德令哈	8073	251.81
80	63010042322SH15	德令哈	7824	245.71
81	63010042322SH16	德令哈	7149	260
82	63010042323SH15	德令哈	8753	233.43
83	63010042324SH15	德令哈	7840	387.86
84	63010042324SH17	德令哈	7106	267.74
85	63010042324SH18	德令哈	7343	279.34
86	63020022321SH15	门源	7409	263.01
87	63024232311SH16	同仁	8211	234.18
88	63024232311SH18	同仁	8071	242.24
89	63024232312SH18	同仁	5401	224.12
90	64002272312SH16	银川小口子	6257	366.35
91	64002272312SH18	银川小口子	5668	306.41
92	64010122311SH16	石嘴山正谊关	5315	276.26
93	64010122311SH17	石嘴山正谊关	5099	431.11
94	64014222330SH17	固原海子峡	8618	225.84
95	65062122311SH15	阜康	7273	1290.9
96	65062122311SH16	阜康	7666	574.73
97	65062122311SH17	阜康	7533	933.69
98	65096122322SH15	榆树沟	5369	236.1
99	65096122322SH17	榆树沟	4342	315.49
100	65241122322SH16	巴仑	3524	277.67

12.3.3　年度调和分析 M2 波潮汐因子 *M2A*

统计 2229 个 *M2A*，均值为 1.070，最小值为泰安 37001H2322SH15 的 0.010，最大值为营口 21007D2323SH16 的 15.742，中位数为海原小山 6402122322SH15 的 0.794。*M2A* 为对称型参数，可视从小到大排序后越靠两端的 *M2A* 可信度越低，越靠近中间的 *M2A* 可信度越高，取 *M2A* 在序列的居中不同比例数量，结果显示：

居中 95% 的 *M2A* 的范围为 0.158 ~ 3.403，均值为 0.982；

居中 90% 的 *M2A* 的范围为 0.198 ~ 2.606，均值为 0.949；

居中 70% 的 *M2A* 的范围为 0.353 ~ 1.831，均值为 0.875。

表 12 - 13 列出了 *M2A* 低值段（*M2A* < 0.153）和高值段（*M2A* > 3.69）各 50 个文件。

表 12 – 13　M2A 低值段和高值段各 50 个文件

序号	文件名	台站地点	利用数据/个	M2A	序号	文件名	台站地点	利用数据/个	M2A
1	04001H2322SH18	昌平	8760	0.147	1	14013I2323SH16	大同	1750	5.157
2	11088323323SH15	平谷茅山	8739	0.133	2	14013I2323SH17	大同	7906	5.119
3	15001B2312SH15	呼和浩特	8733	0.043	3	21007423323SH15	营口	2554	4.114
4	15001B2312SH16	呼和浩特	8595	0.077	4	21007423324SH15	营口	5109	5.014
5	15001B2312SH17	呼和浩特	8601	0.101	5	21007423324SH16	营口	5299	5.030
6	15001B2312SH18	呼和浩特	8584	0.058	6	21007423324SH17	营口	5139	4.918
7	15003323312SH16	海拉尔	8765	0.114	7	21007423324SH18	营口	4104	4.757
8	15003323312SH17	海拉尔	8616	0.148	8	21007D2322SH16	营口	5461	4.717
9	15015123312SH15	西山咀	8361	0.139	9	21007D2322SH17	营口	5605	4.676
10	15015123312SH17	西山咀	8544	0.133	10	21007D2322SH18	营口	5518	4.637
11	15015123312SH18	西山咀	8631	0.074	11	21007D2323SH16	营口	4399	15.742
12	22009323311SH18	利民	8752	0.117	12	21019H2322SH16	本溪	8594	3.935
13	22016023312SH15	磐石	7865	0.140	13	21019H2322SH17	本溪	8760	4.076
14	33005423330SH18	湖州	8024	0.099	14	21019H2322SH18	本溪	8759	4.041
15	34001423330SH17	合肥	8712	0.121	15	32039I2323SH15	江宁	8396	4.788
16	34001423330SH18	合肥	8667	0.110	16	32039I2323SH16	江宁	8566	4.486
17	35006223230SH15	福州	7070	0.150	17	32039I2323SH17	江宁	8575	4.549

固体潮观测数据处理手册

续表 12 – 13

序号	文件名	台站地点	利用数据/个	M2A	序号	文件名	台站地点	利用数据/个	M2A
18	3500652311SH15	福州	7070	0.150	18	3203912323SH18	江宁	8547	4.530
19	3600272311SH16	会昌	8511	0.118	19	33005A2323SH17	潮州	5709	6.268
20	36002E2322SH15	会昌	8446	0.083	20	36002E2321SH16	会昌	7026	3.737
21	37001H2322SH15	泰安	5609	0.010	21	36002E2324SH16	会昌	6997	9.882
22	37021123330SH15	沂水	7298	0.092	22	37001H2323SH16	泰安	8543	5.984
23	4300152312SH15	长沙	8653	0.135	23	37001H2323SH17	泰安	8706	5.949
24	4300152312SH16	长沙	8473	0.121	24	37001H2323SH18	泰安	8597	5.852
25	4300152312SH18	长沙	8237	0.133	25	3701442322SH16	荣成	440	4.783
26	43001B2312SH18	长沙	3022	0.128	26	3701442322SH17	荣成	4565	4.721
27	5000212312SH15	黔江	7186	0.080	27	3701442322SH18	荣成	3501	4.648
28	5000212312SH16	黔江	8620	0.110	28	3701442323SH16	荣成	6679	7.690
29	5000212312SH17	黔江	8718	0.105	29	3701442323SH17	荣成	5224	7.706
30	5000212312SH18	黔江	8670	0.086	30	3701442323SH18	荣成	6158	7.818
31	5000922322SH15	石柱	8756	0.104	31	3701442324SH18	荣成	6158	7.818
32	5000922322SH16	石柱	8771	0.097	32	44019A2321SH16	信宜	2719	6.211
33	5000922322SH17	石柱	8524	0.070	33	45002723233SH16	灵山	5765	3.890
34	5000922322SH18	石柱	8616	0.097	34	50024123233SH17	巴南石龙	3943	3.808

续表 12－13

序号	文件名	台站地点	利用数据/个	M2A	序号	文件名	台站地点	利用数据/个	M2A
35	50020123324SH15	梁平复平	8753	0.137	35	51225123323SH16	天全	8423	3.790
36	50020123324SH16	梁平复平	8743	0.139	36	51225123323SH17	天全	7816	3.693
37	50020123324SH17	梁平复平	8745	0.152	37	62016423323SH16	安西	7658	6.337
38	50020123324SH18	梁平复平	8710	0.149	38	62016423323SH17	安西	7701	6.310
39	51005823311SH15	攀枝花	6425	0.151	39	62016423323SH18	安西	7626	6.354
40	53022523245SH18	昭通	4840	0.137	40	62050323323SH15	刘家峡	7920	7.271
41	53022832321SH16	昭通	8713	0.104	41	62050323323SH16	刘家峡	8404	6.860
42	53022832321SH17	昭通	8658	0.088	42	62050323323SH17	刘家峡	8343	6.655
43	62016423245SH15	安西	8457	0.074	43	62050323323SH18	刘家峡	8433	6.576
44	62016423245SH16	安西	8272	0.138	44	65073123323SH18	库米什	4478	5.204
45	62016423245SH17	安西	8242	0.136	45	65096s2312SH15	榆树沟	8505	4.419
46	62016423245SH18	安西	7851	0.145	46	65096s2312SH16	榆树沟	8584	4.508
47	65047023011SH15	精河	8181	0.082	47	65096s2312SH17	榆树沟	8480	4.321
48	65073123222SH16	库米什	8723	0.035	48	65096s2312SH18	榆树沟	8544	4.411
49	65073123222SH17	库米什	8040	0.037	49	65241123323SH17	巴仑	8759	5.969
50	65073123222SH18	库米什	6844	0.037	50	65241123323SH18	巴仑	8735	5.943

12.3.4　年度调和分析 M2 波相位滞后 $M2B$ （°）

统计 2229 个 $M2B$ 的数值均值为 4.820，数字均值为 22.645，最小值为海原小山 6402122324SH16 的 −89.906，最大值为辽阳石洞 2110722312SH18 的 269.977，中位数为楚雄 5300552311SH16 的 −0.040。$M2B$ 为对称型参数，可视从小到大排序后越靠两端的 $M2B$ 可信度越低，越靠近中间的 $M2B$ 可信度越高，取 $M2B$ 在序列的居中不同比例数量，结果显示：

居中 95% 的 $M2B$ 的范围为 −63.689 ～ 82.727，数值均值为 2.063，数字均值为 16.891；

居中 90% 的 $M2B$ 的范围为 −48.057 ～ 59.581，数值均值为 1.783，数字均值为 14.438；

居中 70% 的 $M2B$ 的范围为 −20.360 ～ 25.801，数值均值为 1.303，数字均值为 8.821。

表 12 − 14 列出了 $M2B$ 低值段 （$M2B < -66.9$） 和高值段 （$M2B > 88.2$） 各 50 个文件。

表 12 - 14 　M2B 低值段和高值段各 50 个文件

序号	文件名	台站地点	利用数据/个	M2B	序号	文件名	台站地点	利用数据/个	M2B
1	1406612323SH15	晋城泽州	4274	-80.98	1	1406312322SH15	代县	4582	94.44
2	1406612323SH16	晋城泽州	7575	-85.78	2	1406312322SH16	代县	8767	94.74
3	1406612323SH17	晋城泽州	4447	-82.60	3	1406312322SH17	代县	8752	95.56
4	1406612324SH15	晋城泽州	4322	-68.00	4	1406312322SH18	代县	8705	95.01
5	1406612324SH16	晋城泽州	7213	-73.19	5	15001B2312SH15	呼和浩特	8733	225.64
6	1406612324SH17	晋城泽州	4513	-67.26	6	15001B2312SH18	呼和浩特	8584	240.59
7	14999123323SH15	神池	2449	-83.75	7	15012222312SH15	乌兰浩特	8680	239.01
8	15001B2312SH16	呼和浩特	8595	-75.01	8	15012222312SH16	乌兰浩特	8703	246.74
9	15001B2312SH17	呼和浩特	8601	-80.94	9	15012222312SH18	乌兰浩特	8690	242.22
10	2100742324SH15	营口	5109	-76.43	10	2100722312SH15	营口	6290	233.73
11	2100742324SH16	营口	5299	-75.84	11	2100722312SH16	营口	6338	231.57
12	2100742324SH17	营口	5139	-76.29	12	2100722312SH17	营口	6347	234.19
13	2100742324SH18	营口	4104	-76.14	13	2100722312SH18	营口	6174	234.87
14	21007D2322SH16	营口	5461	-78.17	14	2110722312SH15	辽阳石洞	8615	269.09
15	21007D2322SH17	营口	5605	-77.42	15	2110722312SH16	辽阳石洞	8727	269.83
16	21007D2322SH18	营口	5518	-75.68	16	2110722312SH17	辽阳石洞	8681	269.73
17	2100822312SH15	丹东	5255	-88.82	17	2110722312SH18	辽阳石洞	8727	269.98

续表 12-14

序号	文件名	台站地点	利用数据/个	M2B	序号	文件名	台站地点	利用数据/个	M2B
18	2100822312SH16	丹东	5792	-82.37	18	2200422312SH15	长白山	4805	194.20
19	2100822312SH17	丹东	5448	-83.60	19	2200932312SH16	利民	4317	223.92
20	2100822312SH18	丹东	5326	-82.60	20	2200932312SH17	利民	4751	222.07
21	21019H2321SH16	本溪	4604	-71.60	21	2201322323SH15	敦化	7599	225.17
22	21019H2321SH18	本溪	5735	-67.98	22	2201602312SH16	磐石	8525	237.20
23	2201602312SH15	磐石	7865	-73.43	23	2300132312SH15	牡丹江	8054	88.23
24	2201602312SH17	磐石	8701	-89.43	24	2300132312SH16	牡丹江	8338	93.73
25	2201602312SH18	磐石	8417	-67.62	25	2300132312SH17	牡丹江	8717	88.31
26	3309312311SH17	诸暨东和	8521	-71.76	26	36002E2321SH15	会昌	8543	91.50
27	3309312311SH18	诸暨东和	8226	-69.50	27	36002E2321SH16	会昌	7026	268.61
28	37001H2322SH18	泰安	3120	-67.20	28	36002E2322SH16	会昌	8446	247.92
29	4500272323SH16	灵山	5765	-68.74	29	36002E2324SH16	会昌	6997	265.44
30	6205032324SH15	刘家峡	5348	-76.99	30	37001B2323SH17	泰安	7738	249.86
31	6205032324SH16	刘家峡	5504	-84.08	31	37001B2323SH18	泰安	7407	262.87
32	6205032324SH17	刘家峡	5545	-86.49	32	37005C2312SH15	郯城马陵山	8351	213.19
33	6205032324SH18	刘家峡	5433	-85.13	33	37005C2312SH16	郯城马陵山	7409	208.73
34	6301042322SH17	德令哈	7844	-89.06	34	37005C2312SH17	郯城马陵山	8296	211.96

续表 12 – 14

序号	文件名	台站地点	利用数据/个	M2B	序号	文件名	台站地点	利用数据/个	M2B
35	6402122324SH15	海原小山	8551	-84.47	35	37005C2312SH18	郯城马陵山	8491	213.26
36	6402122324SH16	海原小山	8760	-89.91	36	3703022323SH15	青岛	8723	269.91
37	6402122324SH17	海原小山	8619	-87.41	37	44019A2321SH16	信宜	2719	133.17
38	6507313323SH15	库米什	8550	-67.93	38	44019A2323SH15	信宜	3478	214.89
39	6507313323SH16	库米什	8717	-69.09	39	4500272323SH17	灵山	5620	182.00
40	6507313323SH17	库米什	8014	-67.97	40	6301042322SH15	德令哈	7824	262.76
41	6507313323SH18	库米什	4478	-67.91	41	6301042322SH16	德令哈	7149	251.39
42	6509612324SH15	榆树沟	6719	-74.96	42	6301042322SH18	德令哈	7559	268.57
43	6509612324SH16	榆树沟	5003	-70.20	43	6400222322SH17	银川	7629	216.68
44	6509612324SH17	榆树沟	5397	-73.33	44	6400272312SH18	银川	5668	108.40
45	6509612324SH18	榆树沟	5182	-76.21	45	6402122324SH18	海原小山	8730	269.21
46	65096и2313SH15	榆树沟	4922	-75.03	46	6501202323SH15	乌什	7770	167.40
47	65096и2313SH16	榆树沟	5224	-77.11	47	6524112322SH15	巴仑	3305	91.36
48	65096и2313SH17	榆树沟	5205	-75.60	48	6524112322SH16	巴仑	3524	201.84
49	65096и2313SH18	榆树沟	5019	-77.08	49	6524112322SH17	巴仑	6257	94.37
50	6524112323SH15	巴仑	4916	-66.92	50	6524112322SH18	巴仑	5895	94.51

12.4 潮汐振幅比 A 年间极差

特征参数 A 在所有固体潮观测数据特征参数中具有立基的地位和作用。当我们接触到潮汐类观测数据时，首先应了解它们的潮汐振幅比 A。因为 A 可以检验观测仪器及其标定系统是否处于正常工作状态，对于需要定向的仪器，还可以检验仪器定向是否正确。前文按年度分别介绍了 A 的分布情况，本节将重点分析同一分量的 4 个年度 A 的离散情况。由于不同测点观测年度数不同，我们在表格中用 IK 表示年度数。我们的做法是将 4 个年度的潮汐振幅比 A 汇总于同一列表中（缺值用"0.000"表示），计算它们的极小值、极大值、极差和均值，然后统计极差的分布情况。汇总统计结果表明：

4 个年度共取得不重复分量结果 621 个，其中有 37 个分量只有 1 个年度的结果，有 49 个分量有 2 个年度的结果，有 46 个分量有 3 个年度的结果，有 489 个分量有 4 个年度的结果。这也就是说，4 个年度有 584 个分量拥有 2 个（含）以上年度的结果，因此可以获得 584 个极差结果。

统计 584 个极差的大小分布情况，结果如下：

极差 <0.100 的分量数为 342 个，占（584 个的）58.56%；极差 $\geqslant 0.100$ 的分量数为 242 个，占 41.44%。

在极差 $\geqslant 0.100$ 的 242 个分量中，极差的大小分布情况如下：

$0.100 \leqslant$ 极差 <0.200 的分量 73 个（见表 12－15），占 12.50%；

$0.200 \leqslant$ 极差 <0.500 的分量 66 个（见表 12－16），占 11.30%；

$0.500 \leqslant$ 极差 <1.000 的分量 58 个（见表 12－17），占 9.93%；

极差 >1.000 的分量 45 个（见表 12－18），占 7.71%。

表 12-15 0.100≤极差<0.200 的 73 个文件

序号	文件名	台站地点	A_{2015}	A_{2016}	A_{2017}	A_{2018}	极大	极小	均值	极差
1	1107482312	白家疃	0.295	0.431	0.000	0.000	0.431	0.295	0.363	0.136
2	1301092322	易县	0.443	0.322	0.387	0.396	0.443	0.322	0.387	0.121
3	1301092323	易县	0.928	1.061	1.035	0.998	1.061	0.928	1.005	0.133
4	1301092324	易县	1.117	1.303	1.296	1.232	1.303	1.117	1.237	0.186
5	1400422312	代县	0.522	0.529	0.548	0.438	0.548	0.438	0.509	0.110
6	1400852311	离石	0.437	0.617	0.624	0.588	0.624	0.437	0.566	0.187
7	1406622323	晋城泽州	0.000	0.000	0.571	0.397	0.571	0.397	0.484	0.175
8	1432512322	沁源	1.279	1.239	1.179	1.254	1.279	1.179	1.237	0.100
9	1432512324	沁源	1.093	1.168	1.115	1.266	1.266	1.093	1.161	0.173
10	1500412312	赤峰	0.353	0.374	0.393	0.531	0.531	0.353	0.412	0.178
11	1500532330	乌加河	0.846	1.011	0.000	0.854	1.011	0.846	0.904	0.165
12	1501222312	乌兰浩特	0.317	0.309	0.434	0.304	0.434	0.304	0.341	0.130
13	1501452312	乌海	0.734	0.719	0.725	0.621	0.734	0.621	0.700	0.113
14	1501512312	西山咀	0.200	0.215	0.194	0.115	0.215	0.115	0.181	0.100
15	2100742324	营口	1.535	1.429	1.468	1.421	1.535	1.421	1.463	0.114
16	2100822312	丹东	0.260	0.342	0.342	0.368	0.368	0.260	0.328	0.108
17	2110412330	辽阳	0.343	0.292	0.280	0.415	0.415	0.280	0.333	0.135

续表 12－15

序号	文件名	台站地点	A_{2015}	A_{2016}	A_{2017}	A_{2018}	极大	极小	均值	极差
18	2110552313	抚顺	0.642	0.475	0.640	0.646	0.646	0.475	0.601	0.171
19	2200322311	双阳	0.311	0.212	0.206	0.205	0.311	0.205	0.233	0.106
20	2300132311	牡丹江	0.727	0.892	0.880	0.878	0.892	0.727	0.844	0.166
21	3200422324	徐州	1.415	1.287	1.477	1.340	1.477	1.287	1.380	0.190
22	3203912322	江宁	1.563	1.450	1.498	1.503	1.563	1.450	1.504	0.113
23	3203912324	江宁	1.959	1.859	1.979	2.007	2.007	1.859	1.951	0.148
24	3304812323	常山	1.025	1.118	1.144	1.119	1.144	1.025	1.101	0.119
25	3400622312	泾县	0.512	0.509	0.604	0.500	0.604	0.500	0.531	0.104
26	3500442312	厦门	1.558	1.453	1.458	1.438	1.558	1.438	1.477	0.120
27	3500652311	福州	0.668	0.664	0.788	0.830	0.830	0.664	0.738	0.166
28	3600272312	会昌	0.813	0.936	0.841	0.839	0.936	0.813	0.857	0.124
29	3700262312	烟台	0.572	0.535	0.566	0.463	0.572	0.463	0.534	0.109
30	3702632311	嘉祥	0.643	0.664	0.491	0.622	0.664	0.491	0.605	0.173
31	4603422312	五指山	1.107	0.937	1.087	1.053	1.107	0.937	1.046	0.170
32	5000712323	合川	1.005	0.938	0.885	0.881	1.005	0.881	0.927	0.124
33	5000712324	合川	1.473	1.475	1.373	1.398	1.475	1.373	1.430	0.103
34	5000922324	石柱	0.872	0.767	0.733	0.733	0.872	0.733	0.776	0.140

续表 12-15

序号	文件名	台站地点	A_{2015}	A_{2016}	A_{2017}	A_{2018}	极大	极小	均值	极差
35	5001413322	奉节红土	0.405	0.441	0.335	0.436	0.441	0.335	0.404	0.106
36	5100922311	西昌小庙	0.382	0.451	0.507	0.514	0.514	0.382	0.463	0.132
37	5100922312	西昌小庙	0.371	0.428	0.334	0.443	0.443	0.334	0.394	0.109
38	5100942322	西昌小庙	0.418	0.482	0.500	0.550	0.550	0.418	0.488	0.132
39	5101052322	姑咱	0.307	0.325	0.345	0.436	0.436	0.307	0.353	0.130
40	5101082312	姑咱	0.939	1.058	0.993	0.990	1.058	0.939	0.995	0.119
41	5300282322	腾冲	0.433	0.397	0.315	0.402	0.433	0.315	0.387	0.118
42	5300552311	楚雄	0.829	0.818	0.696	0.694	0.829	0.694	0.760	0.135
43	5300822314	云龙	0.762	0.793	0.664	0.792	0.793	0.664	0.753	0.129
44	5302232311	昭通	0.829	0.829	0.705	0.650	0.829	0.650	0.753	0.180
45	5302282323	昭通	0.749	0.636	0.673	0.648	0.749	0.636	0.677	0.113
46	5305622313	勐腊	0.669	0.679	0.683	0.495	0.683	0.495	0.632	0.187
47	6102532311	华阴	0.418	0.491	0.392	0.328	0.491	0.328	0.407	0.164
48	6102532313	华阴	0.473	0.570	0.494	0.449	0.570	0.449	0.497	0.121
49	6102932313	宝鸡上王	1.615	1.596	1.611	1.506	1.615	1.506	1.582	0.109
50	6110722311	宁强	0.439	0.544	0.516	0.615	0.615	0.439	0.528	0.176
51	6110722312	宁强	0.360	0.458	0.496	0.412	0.496	0.360	0.432	0.137

续表12－15

序号	文件名	台站地点	A_{2015}	A_{2016}	A_{2017}	A_{2018}	极大	极小	均值	极差
52	6200232311	兰州十里	0.502	0.508	0.506	0.383	0.508	0.383	0.475	0.125
53	6213912311	嘉峪关西	0.911	0.871	0.824	0.727	0.911	0.727	0.833	0.183
54	6301042322	德令哈	1.069	1.003	1.145	1.178	1.178	1.003	1.099	0.176
55	6302642321	乐都	1.454	1.338	1.340	1.416	1.454	1.338	1.387	0.115
56	6302642323	乐都	1.910	1.804	1.848	1.899	1.910	1.804	1.865	0.106
57	6400272312	银川	0.310	0.347	0.000	0.417	0.417	0.310	0.358	0.107
58	6401012311	石嘴山	0.640	0.621	0.681	0.515	0.681	0.515	0.614	0.166
59	6402422312	泾源	0.781	0.763	0.707	0.825	0.825	0.707	0.769	0.117
60	6506212311	阜康	0.973	0.949	0.855	1.001	1.001	0.855	0.945	0.146
61	6507312321	库米什	0.605	0.748	0.729	0.714	0.748	0.605	0.699	0.142
62	6510222311	阿勒泰	0.639	0.649	0.644	0.469	0.649	0.469	0.600	0.180
63	12007B2312	蓟县小平庄	1.013	1.046	1.103	1.114	1.114	1.013	1.069	0.101
64	13010B2330	易县	1.399	1.546	0.000	0.000	1.546	1.399	1.473	0.147
65	14005g2330	夏县	0.148	0.291	0.278	0.280	0.291	0.148	0.250	0.143
66	14013e2323	大同	0.831	0.835	0.708	0.000	0.835	0.708	0.791	0.127
67	14013f2321	大同	2.379	2.193	0.000	0.000	2.379	2.193	2.286	0.187
68	14013f2323	大同	0.597	0.475	0.000	0.000	0.597	0.475	0.536	0.122

续表12-15

序号	文件名	台站地点	A_{2015}	A_{2016}	A_{2017}	A_{2018}	极大	极小	均值	极差
69	14013I2321	大同	0.000	2.299	2.182	0.000	2.299	2.182	2.240	0.117
70	21007D2322	营口	0.000	0.194	0.312	0.328	0.328	0.194	0.278	0.133
71	21019H2322	本溪	0.000	2.501	2.605	2.551	2.605	2.501	2.552	0.104
72	37001B2322	泰安	1.730	1.672	1.636	1.758	1.758	1.636	1.699	0.122
73	41003b2311	郑州荥阳	0.381	0.530	0.520	0.493	0.530	0.381	0.481	0.149

表12-16 0.200≤极差<0.500 的66个文件

序号	文件名	台站地点	A_{2015}	A_{2016}	A_{2017}	A_{2018}	极大	极小	均值	极差
1	1301932312	宽城	0.664	0.467	0.438	0.451	0.664	0.438	0.505	0.226
2	1312412330	赵各庄	0.765	0.719	0.590	0.803	0.803	0.590	0.719	0.213
3	1400122312	太原	1.476	1.409	1.191	1.438	1.476	1.191	1.378	0.285
4	1400852312	离石	0.484	0.273	0.556	0.561	0.561	0.273	0.468	0.288
5	1401322330	大同	1.135	0.851	0.807	0.928	1.135	0.807	0.930	0.328
6	1406612323	晋城泽州	0.420	0.321	0.189	0.000	0.420	0.189	0.310	0.231
7	1432512321	沁源	0.748	0.822	0.618	0.843	0.843	0.618	0.758	0.225
8	1432512323	沁源	1.707	1.640	1.316	1.755	1.755	1.316	1.604	0.439
9	1500342330	海拉尔	0.229	0.522	0.000	0.000	0.522	0.229	0.375	0.293
10	1501222311	乌兰浩特	0.727	0.683	0.418	0.697	0.727	0.418	0.631	0.309

续表 12 - 16

序号	文件名	台站地点	A_{2015}	A_{2016}	A_{2017}	A_{2018}	极大	极小	均值	极差
11	2101642330	阜新	0.943	0.780	0.734	0.730	0.943	0.730	0.797	0.214
12	2200932312	利民	0.589	0.252	0.315	0.000	0.589	0.252	0.385	0.336
13	2201502311	丰满	0.567	0.617	0.533	0.388	0.617	0.388	0.526	0.229
14	2305762330	通河	0.824	0.829	0.958	1.308	1.308	0.824	0.980	0.484
15	3201122330	溧阳	1.706	1.423	1.406	1.227	1.706	1.227	1.441	0.478
16	3203912323	江宁	2.776	2.526	2.584	2.484	2.776	2.484	2.592	0.293
17	3204222330	盱眙	0.247	0.219	0.430	0.593	0.593	0.219	0.372	0.374
18	3210312330	泗洪	0.152	0.138	0.371	0.594	0.594	0.138	0.314	0.455
19	3305112321	安吉	0.433	0.518	0.274	0.000	0.518	0.274	0.408	0.244
20	3305112322	安吉	1.246	1.043	1.270	1.184	1.270	1.043	1.186	0.226
21	3400142330	合肥	0.329	0.569	0.112	0.101	0.569	0.101	0.278	0.469
22	3400522330	黄山	0.435	0.828	0.790	0.774	0.828	0.435	0.707	0.393
23	3402922312	泗县	0.351	0.177	0.645	0.424	0.645	0.177	0.399	0.467
24	3402922313	泗县	0.289	0.439	0.533	0.463	0.533	0.289	0.431	0.244
25	3500152311	泉州	1.774	1.786	1.964	2.002	2.002	1.774	1.882	0.228
26	3701442322	荣成	0.000	2.573	2.569	2.115	2.573	2.115	2.419	0.457
27	3702252330	莒县陵阳	0.000	0.000	2.109	1.615	2.109	1.615	1.862	0.493
28	3702512330	长清	0.186	0.364	0.357	0.386	0.386	0.186	0.323	0.200

续表 12-16

序号	文件名	台站地点	A_{2015}	A_{2016}	A_{2017}	A_{2018}	极大	极小	均值	极差
29	3702722330	邹城	0.000	0.000	1.274	1.625	1.625	1.274	1.450	0.351
30	4100422311	信阳	0.852	1.071	1.005	0.841	1.071	0.841	0.942	0.230
31	4200322322	宜昌	0.509	0.544	0.643	0.382	0.643	0.382	0.520	0.261
32	5000922321	石柱	0.154	0.152	0.514	0.180	0.514	0.152	0.250	0.362
33	5001332321	万州天星	1.453	1.541	1.558	1.685	1.685	1.453	1.559	0.232
34	5001332323	万州天星	1.729	1.720	1.865	2.175	2.175	1.720	1.872	0.455
35	5002012322	梁平复平	0.686	0.730	0.478	0.619	0.730	0.478	0.628	0.252
36	5300282324	腾冲	0.955	1.401	1.343	0.979	1.401	0.955	1.169	0.447
37	5300422311	洱源	1.644	1.282	1.213	1.240	1.644	1.213	1.345	0.431
38	5301422311	丽江	0.303	0.511	0.523	0.528	0.528	0.303	0.466	0.225
39	5302122312	云县	0.802	1.141	0.857	0.742	1.141	0.742	0.885	0.400
40	5312322312	保山	0.000	0.189	0.355	0.428	0.428	0.189	0.324	0.240
41	6100142312	西安子午	0.430	0.000	0.000	0.650	0.650	0.430	0.540	0.220
42	6100152330	西安子午	0.864	0.854	0.865	0.604	0.865	0.604	0.797	0.261
43	6102532312	华阴	0.814	0.796	1.203	1.172	1.203	0.796	0.996	0.407
44	6109332311	宝鸡上王	1.362	1.035	1.043	1.040	1.362	1.035	1.120	0.327
45	6201642321	安西	0.294	0.677	0.666	0.590	0.677	0.294	0.556	0.383
46	6201642324	安西	0.276	0.620	0.635	0.628	0.635	0.276	0.540	0.359

固体潮观测数据处理手册

续表 12 - 16

序号	文件名	台站地点	A_{2015}	A_{2016}	A_{2017}	A_{2018}	极大	极小	均值	极差
47	6204462321	天水北道	0.139	0.338	0.397	0.457	0.457	0.139	0.333	0.318
48	6204762322	静宁	0.335	0.684	0.684	0.672	0.684	0.335	0.594	0.349
49	6204762324	静宁	0.488	0.901	0.923	0.921	0.923	0.488	0.808	0.434
50	6205032323	刘家峡	2.963	2.849	2.757	2.680	2.963	2.680	2.812	0.282
51	6302433311	同仁	0.839	0.816	1.016	0.805	1.016	0.805	0.869	0.210
52	6302642322	乐都	2.748	2.354	2.454	2.584	2.748	2.354	2.535	0.394
53	6400222322	银川	0.233	0.000	0.446	0.250	0.446	0.233	0.310	0.212
54	6401012312	石嘴山	0.495	0.611	0.824	0.555	0.824	0.495	0.621	0.329
55	6501202322	乌什	0.435	0.115	0.258	0.000	0.435	0.115	0.269	0.320
56	6510222312	阿勒泰	0.872	0.624	0.548	0.739	0.872	0.548	0.696	0.325
57	6524112322	巴仑	0.760	0.290	0.772	0.767	0.772	0.290	0.647	0.482
58	13009B2330	张家口	1.070	0.709	0.602	0.610	1.070	0.602	0.748	0.468
59	21019H2321	本溪	0.000	1.372	1.796	1.635	1.796	1.372	1.601	0.424
60	36001H2311	南昌	1.857	1.411	1.483	1.777	1.857	1.411	1.632	0.447
61	36001I2330	南昌	0.000	0.000	2.282	2.730	2.730	2.282	2.506	0.449
62	37001B2321	泰安	2.405	2.259	2.197	2.368	2.405	2.197	2.307	0.207
63	37001B2323	泰安	0.464	0.899	0.810	0.771	0.899	0.464	0.736	0.435
64	37001G2312	泰安	0.544	0.270	0.502	0.509	0.544	0.270	0.456	0.274

续表 12 - 16

序号	文件名	台站地点	A_{2015}	A_{2016}	A_{2017}	A_{2018}	极大	极小	均值	极差
65	37005C2311	郯城马陵山	1.297	0.983	1.229	1.208	1.297	0.983	1.180	0.314
66	54005A2312	狮泉河	0.831	0.716	0.577	0.845	0.845	0.577	0.742	0.269

表 12 - 17　0.500≤极差<1.000 的 58 个文件

序号	文件名	台站地点	A_{2015}	A_{2016}	A_{2017}	A_{2018}	极大	极小	均值	极差
1	400182323	昌平	0.773	0.717	0.666	0.245	0.773	0.245	0.600	0.527
2	1401122311	太原	0.265	0.433	0.869	0.490	0.869	0.265	0.514	0.604
3	1400142330	太原	2.240	2.304	2.554	1.998	2.554	1.998	2.274	0.556
4	1401462330	临汾广胜	1.139	1.283	1.854	1.530	1.854	1.139	1.451	0.716
5	1499912321	神池	0.974	0.121	0.127	0.140	0.974	0.121	0.341	0.853
6	1499912322	神池	0.119	0.108	0.942	0.714	0.942	0.108	0.471	0.834
7	2200422311	长白山	0.840	0.858	0.838	0.226	0.858	0.226	0.690	0.632
8	2200932311	利民	0.157	0.696	0.705	0.110	0.705	0.110	0.417	0.595
9	2201322324	敦化	0.428	0.971	0.000	0.000	0.971	0.428	0.699	0.542
10	3200712330	南通	1.219	1.220	0.736	0.435	1.220	0.435	0.903	0.785
11	3305412330	东阳	0.974	0.928	0.912	0.420	0.974	0.420	0.808	0.553
12	3309312311	诸暨东和	0.906	0.471	0.140	0.139	0.906	0.139	0.414	0.767
13	3309312312	诸暨东和	0.714	0.650	1.444	1.245	1.444	0.650	1.013	0.794

续表12-17

序号	文件名	台站地点	A_{2015}	A_{2016}	A_{2017}	A_{2018}	极大	极小	均值	极差
14	3600272311	会昌	0.311	0.109	0.768	0.292	0.768	0.109	0.370	0.659
15	3701612330	莱阳	1.386	0.676	0.676	0.716	1.386	0.676	0.864	0.710
16	3702612321	嘉祥	0.542	1.355	1.370	1.308	1.370	0.542	1.144	0.828
17	3702612323	嘉祥	0.618	1.276	0.846	0.887	1.276	0.618	0.907	0.659
18	3702612324	嘉祥	0.489	1.245	1.130	1.094	1.245	0.489	0.989	0.756
19	3714912330	东平	0.000	2.576	2.449	1.884	2.576	1.884	2.303	0.692
20	4300152311	长沙	1.025	1.051	0.326	1.161	1.161	0.326	0.891	0.835
21	4400592322	汕头	0.401	0.906	1.126	1.045	1.126	0.401	0.870	0.725
22	4400592323	汕头	1.345	0.380	1.125	1.092	1.345	0.380	0.985	0.965
23	4500702311	梧州	1.021	0.742	0.279	0.678	1.021	0.279	0.680	0.742
24	5000212311	黔江	0.803	1.515	1.627	0.858	1.627	0.803	1.201	0.825
25	5001332322	万州天星	1.946	1.972	2.183	2.698	2.698	1.946	2.199	0.752
26	5002412323	巴南石龙	2.116	1.918	2.386	1.875	2.386	1.875	2.074	0.511
27	5100582311	攀枝花	0.127	0.672	0.750	0.305	0.750	0.127	0.463	0.623
28	5122512321	天全	0.774	1.574	1.587	1.227	1.587	0.774	1.291	0.813
29	5122512322	天全	0.737	1.592	1.645	0.761	1.645	0.737	1.184	0.908
30	5122512324	天全	0.751	1.619	1.728	1.579	1.728	0.751	1.419	0.976
31	5300422312	洱源	0.139	0.000	0.650	0.859	0.859	0.139	0.550	0.720

续表 12－17

序号	文件名	台站地点	A_{2015}	A_{2016}	A_{2017}	A_{2018}	极大	极小	均值	极差
32	5302282321	昭通	0.979	0.114	0.104	0.725	0.979	0.104	0.481	0.875
33	6100142311	西安子午	0.144	0.755	0.123	0.116	0.755	0.116	0.285	0.639
34	6201642322	安西	0.813	1.589	1.608	1.645	1.645	0.813	1.414	0.832
35	6203912311	肃南	0.978	1.474	1.487	1.518	1.518	0.978	1.364	0.540
36	6204462322	天水北道	0.562	1.147	1.172	1.197	1.197	0.562	1.020	0.635
37	6204462323	天水北道	0.897	1.663	1.688	1.669	1.688	0.897	1.479	0.790
38	6204762321	静宁	0.545	1.099	1.077	1.085	1.099	0.545	0.951	0.554
39	6204762323	静宁	0.499	1.118	1.104	1.109	1.118	0.499	0.957	0.619
40	6205962323	武都两水	0.622	1.230	1.227	1.243	1.243	0.622	1.081	0.621
41	6205962324	武都两水	1.054	0.391	0.377	0.385	1.054	0.377	0.552	0.677
42	6302022323	门源	1.491	0.000	0.000	0.983	1.491	0.983	1.237	0.508
43	6501202324	乌什	0.112	0.854	0.135	0.000	0.854	0.112	0.367	0.741
44	6504702311	精河	0.113	0.839	0.912	0.977	0.977	0.113	0.710	0.864
45	6507312322	库米什	0.824	0.108	0.107	0.110	0.824	0.107	0.287	0.717
46	6507312323	库米什	0.138	0.109	0.110	1.006	1.006	0.109	0.341	0.898
47	6509612321	榆树沟	0.733	1.388	1.414	1.432	1.432	0.733	1.242	0.699
48	6509612324	榆树沟	0.318	0.965	0.976	0.942	0.976	0.318	0.800	0.658
49	1301212330	涉县	1.521	2.055	2.141	2.156	2.156	1.521	1.968	0.635

续表 12-17

序号	文件名	台站地点	A_{2015}	A_{2016}	A_{2017}	A_{2018}	极大	极小	均值	极差
50	31001a2311	余山	0.982	1.781	0.919	0.799	1.781	0.799	1.120	0.982
51	33005A2321	湖州	0.511	1.098	1.082	0.000	1.098	0.511	0.897	0.587
52	33005A2324	湖州	0.665	1.518	1.481	0.000	1.518	0.665	1.222	0.853
53	36001H2312	南昌	1.473	1.810	1.019	1.225	1.810	1.019	1.382	0.791
54	36002E2321	会昌	0.621	1.164	0.540	0.501	1.164	0.501	0.707	0.664
55	36002E2322	会昌	0.257	0.680	0.336	0.128	0.680	0.128	0.350	0.553
56	36002E2324	会昌	0.486	1.080	0.529	0.130	1.080	0.130	0.556	0.950
57	37001H2322	泰安	0.171	1.085	0.810	0.870	1.085	0.171	0.734	0.914
58	37001H2328	泰安	0.541	1.118	1.107	1.110	1.118	0.541	0.969	0.577

表 12-18　极差 >1.000 的 45 个文件

序号	文件名	台站地点	A_{2015}	A_{2016}	A_{2017}	A_{2018}	极大	极小	均值	极差
1	1499912324	神池	1.125	0.102	0.101	0.102	1.125	0.101	0.358	1.023
2	2100743323	营口	1.414	0.000	0.388	0.479	1.414	0.388	0.760	1.026
3	5002412324	巴南石龙	1.502	0.751	0.000	0.458	1.502	0.458	0.904	1.044
4	1400462330	代县	1.940	1.730	0.875	0.878	1.940	0.875	1.356	1.065
5	4400592321	汕头	1.399	0.311	0.317	0.324	1.399	0.311	0.588	1.089
6	4500272323	灵山	0.386	1.478	0.609	0.000	1.478	0.386	0.825	1.092

续表 12 – 18

序号	文件名	台站地点	A_{2015}	A_{2016}	A_{2017}	A_{2018}	极大	极小	均值	极差
7	4500272324	灵山	0.640	1.756	0.000	0.000	1.756	0.640	1.198	1.116
8	6204462324	天水北道	0.167	1.110	1.203	1.291	1.291	0.167	0.942	1.124
9	3702612322	嘉祥	0.169	0.402	1.299	1.267	1.299	0.169	0.784	1.130
10	1108622323	顺义龙湾	1.289	0.109	0.000	0.000	1.289	0.109	0.699	1.180
11	2300142330	牡丹江	0.117	0.110	0.110	1.304	1.304	0.110	0.410	1.194
12	6509612323	榆树沟	1.567	0.357	0.360	0.351	1.567	0.351	0.659	1.216
13	6201642323	安西	0.559	1.796	1.742	1.773	1.796	0.559	1.467	1.237
14	6205962321	武都两水	0.901	2.151	2.140	2.002	2.151	0.901	1.798	1.250
15	5002412322	巴南石龙	0.573	0.816	0.820	1.838	1.838	0.573	1.012	1.265
16	37001H2324	泰安	0.390	1.470	1.665	1.682	1.682	0.390	1.302	1.292
17	6205962322	武都两水	1.649	0.382	0.370	0.354	1.649	0.354	0.689	1.295
18	400182321	昌平	1.636	1.089	1.414	0.339	1.636	0.339	1.120	1.297
19	2201322321	敦化	0.576	1.885	0.000	0.000	1.885	0.576	1.231	1.309
20	6509612322	榆树沟	0.359	0.108	1.442	1.429	1.442	0.108	0.834	1.334
21	3500802312	漳州	0.161	1.556	1.466	1.473	1.556	0.161	1.164	1.396
22	2102142330	锦州	2.100	1.814	0.728	0.694	2.100	0.694	1.334	1.406
23	1301042330	易县	2.703	1.722	1.232	1.244	2.703	1.232	1.725	1.471
24	3701442323	荣成	0.289	1.787	1.474	1.568	1.787	0.289	1.280	1.498

续表 12 – 18

序号	文件名	台站地点	A_{2015}	A_{2016}	A_{2017}	A_{2018}	极大	极小	均值	极差
25	6210012312	峇昌	0.358	1.868	1.039	1.007	1.868	0.358	1.068	1.511
26	21007D2321	营口	0.843	2.351	2.358	2.366	2.366	0.843	1.979	1.523
27	33005A2322	潮州	1.383	2.865	2.916	0.000	2.916	1.383	2.388	1.533
28	1600812330	大兴天堂	1.941	1.592	1.760	3.148	3.148	1.592	2.110	1.556
29	5002412321	巴南石龙	1.670	1.984	1.577	0.398	1.984	0.398	1.407	1.586
30	4500272321	灵山	0.554	2.171	1.628	0.000	2.171	0.554	1.451	1.617
31	4400592324	汕头	0.508	1.956	0.338	0.337	1.956	0.337	0.785	1.618
32	21007D2323	营口	0.721	2.399	0.000	0.000	2.399	0.721	1.560	1.678
33	6524112323	巴仑	0.185	0.769	1.936	1.949	1.949	0.185	1.210	1.763
34	6524112321	巴仑	0.197	0.902	1.967	1.970	1.970	0.197	1.259	1.773
35	37001H2323	泰安	1.028	2.858	2.823	2.791	2.858	1.028	2.375	1.830
36	44019A2323	信宜	0.097	0.659	0.106	1.942	1.942	0.097	0.701	1.846
37	36002E2323	会昌	0.997	1.980	0.877	0.121	1.980	0.121	0.994	1.860
38	44019A2322	信宜	0.333	2.279	0.317	1.519	2.279	0.317	1.112	1.962
39	37001H2321	泰安	0.703	2.712	2.648	2.577	2.712	0.703	2.160	2.009
40	5122512323	天全	1.013	2.401	2.362	0.331	2.401	0.331	1.527	2.070
41	5001332324	万州天星	2.411	2.478	2.695	0.410	2.695	0.410	1.999	2.285
42	6524112324	巴仑	0.263	1.230	2.587	2.574	2.587	0.263	1.663	2.324

续表 12 - 18

序号	文件名	台站地点	A_{2015}	A_{2016}	A_{2017}	A_{2018}	极大	极小	均值	极差
43	44019A2324	信宜	0.000	2.781	0.402	0.565	2.781	0.402	1.249	2.379
44	1600712330	二张营	3.219	1.568	1.373	0.628	3.219	0.628	1.697	2.590
45	33005A2323	湖州	1.082	0.352	2.948	0.000	2.948	0.352	1.461	2.597

对于极差 > 0.100 的 242 个文件究竟是什么造成的，应认真查找原因。首先要从记录格值方面去查找原因，如果认为受记录格值影响的可能性大，就需要对数据进行记录格值的归一化处理。

12.5　特征参数异常测项分布特征

前文所介绍的 9 个特征参数中，假定每个特征参数都取出劣段的 10%，可以认为这 10% 的结果可信度偏低或不可信，把这些文件称为特征参数异常文件（简称"异常文件"）。现考察这些异常文件在不同仪器类别中出现的频次和在不同地区（省市区）出现的频次。为此我们取单向型特征参数排在劣段的 222 个，取对称型特征参数排在两端的各 111 个相关结果进行统计，其统计结果分别见表 12 - 19 和表 12 - 20。

表 12 - 19　各类仪器异常测项统计结果

仪器类别	231	232	233
异常测项比率/%	1.84	6.85	1.27

注：如需参数详细信息《2015—2018 台站地应变潮汐振幅比 A 和 M2 波潮的因子 $M2A$ 计算结果汇总表》可联系作者。

由表 12 - 19 可见，异常测项出现比率最低的是钻孔体积应变仪，出现比率最高的是钻孔分量应变仪。

表 12 - 20　各地区异常测项统计结果

地区	总测项	异常测项	占比/%	地区	总测项	异常测项	占比/%
天津	14	0	0.00	四川	117	101	9.59
河南	16	0	0.00	宁夏	50	47	10.44
海南	8	0	0.00	甘肃	182	174	10.62
湖北	86	13	1.68	山西	180	187	11.54

续表 12-11

地区	总测项	异常测项	占比/%	地区	总测项	异常测项	占比/%
西藏	12	2	1.85	青海	94	98	11.58
陕西	86	17	2.20	新疆	123	137	12.38
北京	71	17	2.66	浙江	75	87	12.89
安徽	46	12	2.90	广东	36	44	13.58
河北	109	42	4.28	广西	20	26	14.44
黑龙江	36	16	4.94	吉林	56	73	14.48
湖南	9	5	6.17	辽宁	132	174	14.65
内蒙古	73	46	7.00	上海	24	36	16.67
江苏	71	50	7.82	山东	136	211	17.24
云南	170	120	7.84	江西	44	69	17.42
福建	63	47	8.29	重庆	90	147	18.15

注：占比＝异常测项/（总测项×9）×100%。

由表 12-20 可见，异常测项出现比率低值段的 10 个地区按比率由低到高排列依次是：天津、河南、海南、湖北、西藏、陕西、北京、安徽、河北、黑龙江。异常测项出现比率高值段的 10 个地区按比率由高到低排列依次：重庆、江西、山东、上海、辽宁、吉林、广西、广东、浙江、新疆。当对特征参数存在问题进行排查时，这些地区的资料应予以重点关注。

12.6　小结与讨论

在数据预处理阶段，对其中 327 个数据文件的记录格值进行了全程同系数调整，这些调整的可行性及调整结果的可靠性和实用性，希望能得到有关台站的逐一确认。

基于文件总数 90% 的结果，给出的特征参数变化范围和统计均值如下：

（1）居中 90% 的 A 的范围为 $0.160 \sim 2.055$，均值为 0.776；

（2）优段 90% 的 AM 的范围为 $2.853 \sim 112.212$，均值为 37.983；

（3）居中 90% 的 B 的范围为 $-86.950 \sim 77.925$，数值均值为 -0.774，数字均值为 18.479；

（4）居中 90% 的 $RK1$ 的范围为 $-19.574 \sim 20.761$，数值均值为 0.282，数字均值为 4.775；

（5）优段 90% 的 SMD 的范围 <7.224，均值为 2.909；

（6）居中 90% 的 $RK2$ 的范围为 $-13.826 \sim 15.311$，数值均值为 0.093，数字均值为 3.012；

（7）优段 90% 的 $SMD2$ 的范围为 $0.530 \sim 136.180$，均值为 40.395；

（8）居中 90% 的 $M2A$ 的范围为 $0.198 \sim 2.606$，均值为 0.949；

（9）居中 90% 的 $M2B$ 的范围为 $-48.057 \sim 59.581$，数值均值为 1.783，数字均值为 14.438。

对于后续观测结果或对于其他时间段观测结果，可以参照以上结果进行比对，以判断其结果的合理性、可靠性。当然，如果计算结果比较好，还可以同本书所列 70% 的分布范围进行比对。如果计算结果比较差，还可以同本书所列 100% 或 95% 的分布范围进行比对。总的来说，如果所得结果位于 70% 的区间内，其观测数据就可以放心使用，如果是位于 95%～100% 区间内，那就要慎重使用并仔细查找原因。

统计 4 个年度潮汐振幅比 A 的结果，组成了 621 个分量结果、584 个极差结果。在 584 个极差结果中，极差大于 0.100 的文件数有 242 个，占 41.44%，其中：

极差介于 $0.100 \sim 0.200$ 的文件有 73 个，占 12.50%；

极差介于 $0.200 \sim 0.500$ 的文件有 66 个，占 11.30%；

极差介于 $0.500 \sim 1.000$ 的文件有 58 个，占 9.93%；

极差大于 1.000 的文件有 45 个，占 7.71%。

希望有关台站和单位对以上结果逐一考证。

本书逐一给出了各个特征参数异常值的 100 个文件（见表 12-6 至表 12-14），希望异常文件占比高的仪器（特别是钻孔分量应变仪）和相关单位（特别是重庆、江西、山东、上海、辽宁等地区的单位）给予必要的考证或说明。

第 13 章　深井承压水位潮汐整点值观测数据初步跟踪分析结果

本章介绍了中国地震台站 2015—2018 年深井承压水位潮汐整点值观测数据的初步跟踪分析结果。数据来自中国地震台网中心前兆台网部预处理数据库。将数据按年度分割成独立文件，通过 NAKAI 拟合计算结果筛选出有潮数据文件 1131 个，它们涵盖全国 29 个省（直辖市、自治区）、278 个台站/井点、334 套仪器、有效整点值观测数据约 9.4×10^6 个。逐日 NAKAI 拟合计算给出每个文件的日序列拟合参数，基于统计学方法给出每个数据文件拟合参数的统计均值及其离散（相对）误差，分别以 A、AM、B、BM、$RK1$、$RK1M$、$SMD1$ 和 $SMD1M$ 表示它们，这些参数统称为逐日 NAKAI 拟合特征参数。对每个数据文件做年度非数字滤波调和分析计算，给出每个数据文件的年度计算结果：漂移系数 $RK2$、年度方差 $SMD2$，以及 M3、S2、M2、K1、O1 这 5 个主波群的潮汐因子（$M3A$、$S2A$、$M2A$、$K1A$、$O1A$）和相位滞后（$M3B$、$S2B$、$M2B$、$K1B$、$O1B$）等，这些参数统称为年度调和分析特征参数。本书详细介绍了 A、AM、B、$RK1$、$SMD1$、$RK2$、$SMD2$、$M2A$ 和 $M2B$ 这 9 个特征参数，并介绍了各个分量潮汐振幅比 A 和 M2 波潮汐因子 $M2A$ 在 4 个年度的极差统计结果。为了方便特征参数的横向对比，将所有文件的同类特征参数汇总并有序排列，本书介绍了顺序排列中优段 95%、90% 和 70% 的特征参数范围及其均值。这些结果可以作为参照，以对今后的同类观测结果或对其他年度的同类观测结果进行评判。

13.1　观测数据概况

在水位观测中，同一观测井、同一套仪器所产出的观测数据称为水位潮汐测项分量，按年度构建的水位数据文件可称为水位测项年度分量。从中国地震台网中心收集到 2015—2018 年度全国地震台站水位整点值观测数据，按年度构建数据文件 1508 个，经过 NAKAI 法计算结果判断，其中 1131 个数据文件为有潮数据文件，377 个数据文件（见表 13 - 1）为无潮数据文件（或潮汐不稳定）。本书仅针对有潮数据文件进行分析讨论，最终计算采用了 1131 个数据文件，这些文件涵盖全国大陆 29 个省（直辖市、自治区）的 278 个台站、304 个井点、334 套观测仪器，其中包括动水位仪（4111）50 套、静水位仪（4112）284 套（见表 13 - 2）。

表 13 - 1　无潮汐/潮汐不稳定数据文件 377 个

序号	文件名	序号	文件名	序号	文件名
1	0400194112SH15	20	1200914112SH18	39	1310414112SH15
2	0400194112SH16	21	1201144112SH15	40	1310414112SH16
3	0400194112SH17	22	1201144112SH16	41	4303834112SH18
4	0400194112SH18	23	1201144112SH17	42	4304344112SH15
5	11003B4112SH15	24	1201144112SH18	43	4304344112SH16
6	11003B4112SH16	25	1201214112SH16	44	4304344112SH17
7	1101814112SH15	26	1201514112SH15	45	4304344112SH18
8	1101814112SH16	27	1201514112SH16	46	4401114112SH15
9	1101814112SH17	28	1201514112SH17	47	4401114112SH16
10	1101814112SH18	29	1201514112SH18	48	4401114112SH17
11	1101914112SH16	30	12015A4112SH15	49	4401114112SH18
12	1101914112SH17	31	1300964112SH15	50	4402214112SH16
13	1101914112SH18	32	1300964112SH16	51	4402544112SH15
14	1107494112SH17	33	1300964112SH17	52	4402544112SH16
15	1107494112SH18	34	1300964112SH18	53	4402544112SH17
16	11074H4112SH15	35	1309614112SH15	54	4402544112SH18
17	1200674112SH17	36	1309614112SH16	55	4502604112SH18
18	1200674112SH18	37	1309614112SH17	56	4601904112SH15
19	1200914112SH15	38	1309614112SH18	57	4601904112SH16

续表 13 – 1

序号	文件名	序号	文件名	序号	文件名
58	4601904112SH17	85	1310514112SH18	112	1514124112SH16
59	4601904112SH18	86	1314224111SH16	113	1514124112SH17
60	4602214112SH15	87	1314814111SH15	114	1514124112SH18
61	4602214112SH16	88	1314814111SH16	115	1600324112SH15
62	4602214112SH17	89	1314814111SH17	116	1600324112SH16
63	4602214112SH18	90	1314814111SH18	117	1600324112SH18
64	5102534111SH15	91	1324614112SH15	118	1600524112SH15
65	5102534111SH16	92	1324614112SH16	119	1600524112SH16
66	5102534111SH17	93	1402114112SH15	120	1600524112SH17
67	5102534111SH18	94	1402114112SH16	121	5107144112SH16
68	5105714112SH16	95	1402114112SH17	122	5107144112SH17
69	5105714112SH17	96	1402114112SH18	123	5107144112SH18
70	5105714112SH18	97	1403024112SH15	124	5300324112SH15
71	51057A4112SH15	98	1403024112SH17	125	5300324112SH16
72	5106014112SH15	99	1500454112SH15	126	5300324112SH17
73	5106014112SH16	100	1500454112SH16	127	5300324112SH18
74	5106014112SH17	101	1500454112SH17	128	5302074111SH15
75	5106014112SH18	102	1500454112SH18	129	5302074111SH16
76	5106214112SH15	103	1500644112SH15	130	5303424112SH15
77	5106214112SH16	104	1500644112SH16	131	5303424112SH16
78	5106214112SH17	105	1500644112SH17	132	5303424112SH17
79	5106214112SH18	106	1500644112SH18	133	5303424112SH18
80	5107144112SH15	107	1507324112SH15	134	5304114112SH15
81	1310414112SH17	108	1507324112SH16	135	5304114112SH16
82	1310414112SH18	109	1507324112SH17	136	5304174112SH15
83	1310514112SH15	110	1507324112SH18	137	5304174112SH16
84	1310514112SH17	111	1514124112SH15	138	5305414112SH15

续表 13 - 1

序号	文件名	序号	文件名	序号	文件名
139	5305414112SH16	166	2108234112SH18	193	2308514112SH18
140	5305414112SH17	167	2108424112SH17	194	31002i4112SH16
141	5305414112SH18	168	2109664112SH17	195	31002i4112SH17
142	53056A4111SH16	169	2109664112SH18	196	31002i4112SH18
143	53056A4111SH17	170	2201854112SH15	197	3100624112SH15
144	53056A4111SH18	171	2201854112SH16	198	3105214112SH16
145	5307914111SH15	172	2201854112SH17	199	3105214112SH18
146	5312224112SH15	173	2201854112SH18	200	3105224112SH15
147	5312224112SH16	174	2300964112SH17	201	5400064112SH17
148	5312224112SH17	175	2303134112SH15	202	5400064112SH18
149	5312224112SH18	176	2303134112SH16	203	6100934111SH18
150	5312354111SH15	177	2303134112SH17	204	6102754112SH16
151	5317024112SH15	178	2303134112SH18	205	6102754112SH17
152	5317024112SH16	179	2303214112SH15	206	6102754112SH18
153	5317024112SH17	180	2303214112SH16	207	62001c4112SH18
154	5317024112SH18	181	2303214112SH17	208	6200364112SH15
155	5320164111SH15	182	2303424112SH15	209	6200364112SH16
156	5320164111SH16	183	2303424112SH16	210	6200364112SH17
157	5320164111SH17	184	2303424112SH17	211	6200364112SH18
158	5320164111SH18	185	2303424112SH18	212	62012a4112SH15
159	5400064112SH15	186	2305624112SH15	213	62012a4112SH17
160	5400064112SH16	187	2305624112SH16	214	62012a4112SH18
161	1600524112SH18	188	2305624112SH17	215	6204924112SH18
162	21003F4112SH16	189	2305624112SH18	216	6205914112SH15
163	21003F4112SH17	190	2308514112SH15	217	6205914112SH18
164	21003F4112SH18	191	2308514112SH16	218	6214244112SH15
165	2108234112SH17	192	2308514112SH17	219	6214244112SH16

续表 13 – 1

序号	文件名	序号	文件名	序号	文件名
220	6214244112SH17	247	3200914112SH18	274	3600814112SH16
221	6214244112SH18	248	3201344112SH15	275	3600814112SH17
222	6215134112SH18	249	3201344112SH16	276	3600814112SH18
223	6300174111SH15	250	3201344112SH17	277	3700314111SH15
224	6300174111SH16	251	3201344112SH18	278	3700314111SH16
225	6300174111SH18	252	3300344111SH15	279	3702414112SH15
226	63001e4111SH15	253	3300344111SH16	280	3702414112SH16
227	63001e4111SH16	254	3300344111SH17	281	6302864112SH17
228	63001e4111SH17	255	3303714112SH17	282	6302864112SH18
229	63001e4111SH18	256	3303714112SH18	283	6302914111SH15
230	6301074111SH15	257	3304924112SH15	284	6302914111SH16
231	6301074111SH16	258	3304924112SH16	285	6302914111SH17
232	6301074111SH17	259	3304924112SH17	286	6302914111SH18
233	6301074111SH18	260	3304924112SH18	287	6402084111SH15
234	63010d4111SH16	261	3590514112SH15	288	6402084111SH16
235	63010d4111SH17	262	3590514112SH16	289	6402084111SH17
236	63010d4111SH18	263	3590514112SH17	290	6402084111SH18
237	6302014112SH17	264	3590514112SH18	291	6405364111SH15
238	6302014112SH18	265	3592014112SH15	292	6405364111SH16
239	6302864112SH15	266	3592014112SH16	293	6405364111SH17
240	6302864112SH16	267	3592014112SH17	294	6405364111SH18
241	3105224112SH16	268	3592014112SH18	295	6501234112SH15
242	3105224112SH17	269	3592114112SH15	296	6501234112SH16
243	3105224112SH18	270	3592114112SH16	297	6501234112SH17
244	3200914112SH15	271	3592114112SH17	298	6501234112SH18
245	3200914112SH16	272	3592114112SH18	299	6501914111SH15
246	3200914112SH17	273	3600814112SH15	300	6501914111SH16

续表 13 - 1

序号	文件名	序号	文件名	序号	文件名
301	6501914111SH17	327	3703814112SH15	353	4209834111SH15
302	6501914111SH18	328	3703814112SH16	354	4209834111SH16
303	6504634112SH15	329	3703814112SH17	355	4209834111SH17
304	6504634112SH16	330	3703814112SH18	356	4209834111SH18
305	6504634112SH17	331	3704224112SH15	357	4210414111SH17
306	6504634112SH18	332	3704224112SH16	358	4303834112SH15
307	6505424112SH18	333	3704224112SH17	359	4303834112SH16
308	6506314111SH15	334	3704224112SH18	360	4303834112SH17
309	6506314111SH16	335	3704814112SH15	361	65100a4111SH17
310	6506314111SH17	336	3704814112SH16	362	65100a4111SH18
311	6506314111SH18	337	3704814112SH17	363	6511184111SH15
312	6506514111SH15	338	3704814112SH18	364	6511184111SH16
313	6506514111SH16	339	3704934112SH15	365	6511184111SH17
314	6506514111SH17	340	3704934112SH16	366	6511184111SH18
315	6506514111SH18	341	3704934112SH17	367	6511514112SH15
316	6506734111SH15	342	3704934112SH18	368	6511514112SH16
317	6506734111SH16	343	3709214112SH15	369	6511514112SH17
318	6506734111SH18	344	3709214112SH16	370	6511514112SH18
319	65100a4111SH15	345	3709214112SH17	371	6512414112SH15
320	65100a4111SH16	346	3709214112SH18	372	6512414112SH16
321	3702414112SH17	347	41016e4111SH15	373	6512414112SH17
322	3702414112SH18	348	4102914112SH15	374	6512414112SH18
323	3703214112SH15	349	42002a4112SH15	375	6521014112SH15
324	3703214112SH16	350	42002a4112SH16	376	6521014112SH17
325	3703214112SH17	351	42002a4112SH17	377	6521014112SH18
326	3703214112SH18	352	42002a4112SH18		

注：上表 377 个无潮数据文件涵盖观测井 80 个、观测仪器 101 套。

表 13－2　各地区水位观测站点/井数及各类仪器套数统计结果

序号	地区	总站点/个	4111 点/个	4112/数	4111/套	4112/套	总套数	文件总数
1	北京	11	1	10	1	12	13	41
2	天津	10	0	10	0	12	12	39
3	河北	20	4	16	6	19	25	86
4	山西	13	1	12	1	15	16	55
5	内蒙古	3	0	3	0	3	3	12
6	辽宁	20	3	17	5	23	28	100
7	吉林	9	0	9	0	13	13	47
8	黑龙江	14	2	12	2	12	14	51
9	上海	7	0	7	0	7	7	26
10	江苏	12	3	9	3	9	12	45
11	浙江	4	1	3	1	3	4	9
12	安徽	4	1	3	1	3	4	16
13	福建	22	1	21	2	27	29	82
14	江西	6	0	6	0	6	6	24
15	山东	7	0	7	0	7	7	28
16	河南	11	0	11	0	18	18	53
17	湖北	8	2	6	2	6	8	27
18	湖南	3	2	1	2	1	3	12
19	广东	8	0	8	0	9	9	32
20	广西	7	3	4	4	7	11	32
21	海南	5	0	5	0	5	5	20
22	重庆	6	1	5	1	5	6	24
23	四川	8	2	6	2	7	9	29
24	贵州	0	0	0	0	0	0	0

续表 13 - 2

序号	地区	总站点/个	4111 点/个	4112/数	4111/套	4112/套	总套数	文件总数
25	云南	25	10	15	13	18	31	100
26	西藏	0	0	0	0	0	0	0
27	陕西	8	2	6	2	8	10	30
28	甘肃	12	0	12	0	15	15	53
29	青海	2	1	1	1	2	3	8
30	宁夏	7	1	6	1	6	7	27
31	新疆	6	0	6	0	6	6	23
合计		278	41	237	50	284	334	1131

注：表中 4111 指动水位仪，4112 指静水位仪。

统计 1131 个数据文件，共拥有整点观测数据 9388316 个，数据的整体完整率为 94.693%。经过预处理舍弃"坏数据"后，最终计算采用数据 8998235 个，数据的整体利用率为 95.845%，各个年度的数据量分布情况见表 13 - 3。

表 13 - 3　各年度数据文件数、完整率及利用率

年度	文件/个	应有数据/个	实有数据/个	利用数据/个	完整率/%	利用率/%
2015	282	2470320	2350338	2246704	95.143	95.591
2016	289	2538576	2353471	2259598	92.708	96.011
2017	280	2452800	2327376	2226821	94.886	95.679
2018	280	2452800	2357131	2265112	96.100	96.096
合计	1131	9914496	9388316	8998235	94.693	95.845

13.2　逐日 NAKAI 拟合特征参数

用 NAKAI 拟合公式进行逐日计算，给出每个数据文件拟合参数的时序值 $[a]$、$[b]$、$[rk_1]$、$[smd_1]$，基于统计原理可给出它们的统计均值，分别以 A、B、$RK1$ 和 $SMD1$ 表示之，同时给出它们的离散误差（或离散相对百分比误差——仅针对 A 有 AM），分别以 AM、BM、$RK1M$ 和 $SMD1M$ 表示之。将 A、AM、B、BM、$RK1$、$RK1M$、$SMD1$ 和 $SMD1M$ 这 8 个参数统称为观测数据的逐日 NAKAI 拟合特征参数。每个数据文件都有 1 组（8 个）特征参数，1131 个数据文件就有 1131 组特征参数。为了描述这些特征参数的横向（全国范围比较）动态分布情况，将同类 1131 个特征参数列在一起，并按从小到大的顺序进行排列，依次考察其最小值、最大值、均值、中位数，再根据优、劣分布特性统计其占总个数 95%、90% 和 70% 的数值范围与均值。下面依次介绍 A、AM、B、$RK1$ 和 $SMD1$ 这 5 个特征参数。

13.2.1　水位潮汐振幅比 A（mm/10^{-9}）

统计 1131 个 A，均值为 0.891，最小值为宁波台 3300344111SH18 的 0.052，最大值为福清龙田 3504014112SH15 的 6.566，中位数为贵港东津 4503624111SH17 的 0.528。将 1131 个 A 从小到大依次排列，按 A 大小分区间统计，结果如表 13 - 4 所示。

表 13 - 4　水位潮汐振幅比 A 的分布统计结果

A 的范围	数据文件/个	占比/%	涵盖井点/个
$A < 0.1$	62	5.48	33
$0.1 < A < 0.2$	187	16.53	68
$0.2 < A < 0.5$	297	26.26	96
$0.5 < A < 1.0$	203	17.95	66

续表 13－4

A 的范围	数据文件/个	占比/%	涵盖井点/个
1.0 < A < 2.0	258	22.81	73
A > 2.0	124	10.96	30
合计	1131	100.00	366

上表显示：4 个年度的水位潮汐观测数据涵盖数据文件 1131 个，其中 $A < 0.2$ 的文件有 249 个，占 22.0%；A 介于 $0.2 \sim 0.5$ 的文件有 297 个，占 26.3%；$A > 0.5$ 的文件有 585 个，占 51.7%。

13.2.2 潮汐振幅比 A 的离散相对误差 AM（%）

AM 反映了 $[a]$ 序列的离散程度。按照误差理论和水位观测目标，期望 AM 越小越好。统计 1131 个 AM，均值为 63.976，最小值为本溪台井 21019G4112SH18 的 5.594，最大值为平罗 6402614112SH17 的 398.640，中位数为平谷马坊 11003B4112SH18 的 43.505。AM 为单向型参数，取 AM 从小到大排序后序列值的低值段（优段）不同比例数量，结果显示：

优段 95% 的 AM 的范围为 $5.594 \sim 197.458$，均值为 53.336；

优段 90% 的 AM 的范围为 $5.594 \sim 136.426$，均值为 47.454；

优段 70% 的 AM 的范围为 $5.594 \sim 68.926$，均值为 34.063。

表 13－5 列出了 AM 从小到大排序后序列值高值段（$AM > 146.2$）的 100 个文件。

表 13－5 AM 高值段的 100 个文件

序号	文件名	台站地点	AM	序号	文件名	台站地点	AM
1	11006b4112SH15	丰台	231.81	6	11027C4112SH15	大兴杨堤	203.82
2	11006b4112SH16	丰台	221.25	7	12005E4112SH17	静海	215.66
3	11006b4112SH17	丰台	227.67	8	1200914112SH16	塘沽	262.28
4	11006b4112SH18	丰台	237.07	9	1200914112SH17	塘沽	295.99
5	1101914112SH15	通州徐辛庄	281.05	10	1201214112SH15	宁河	219.75

续表 13 - 5

序号	文件名	台站地点	AM	序号	文件名	台站地点	AM
11	1201214112SH17	宁河	231.89	38	2304334112SH15	孙吴	170.38
12	1201214112SH18	宁河	203.88	39	2304334112SH16	孙吴	306.07
13	12016A4112SH18	桑梓	190.67	40	2304334112SH17	孙吴	167.53
14	1309734112SH18	滦县	155.11	41	2304334112SH18	孙吴	261.27
15	1310314111SH17	河间	161.33	42	3209064111SH15	丹徒	237.72
16	1310344111SH17	河间	168.45	43	3300344111SH18	宁波	201.12
17	1310514112SH16	黄骅	204.92	44	3303714112SH16	湖州	173.54
18	1403024112SH16	霍州	272.78	45	3590714112SH15	闽侯	151.37
19	1403024112SH18	霍州	268.91	46	3600414112SH15	九江	151.99
20	1403314112SH15	沁县	200.00	47	3600414112SH16	九江	156.10
21	1410314111SH17	榆社	147.34	48	3600414112SH17	九江	156.29
22	1410314111SH18	榆社	172.95	49	4102714112SH18	濮阳	179.92
23	1600324112SH17	马头	199.15	50	41027a4112SH15	濮阳	149.08
24	2103224112SH15	新民	150.55	51	4102914112SH16	郑州中原	159.93
25	2103224112SH17	新民	243.61	52	4105214112SH17	焦作	157.38
26	2103224112SH18	新民	198.12	53	4105214112SH18	焦作	254.68
27	2105554112SH17	海城	274.73	54	4202054111SH17	黄梅	146.21
28	2108234112SH16	盘锦	210.03	55	44015A4112SH18	和平	290.79
29	2108514112SH15	盘锦	207.82	56	4602514112SH15	琼山	202.66
30	2108514112SH16	盘锦	171.90	57	4602514112SH16	琼山	170.73
31	2108514112SH17	盘锦	150.94	58	4602514112SH17	琼山	180.93
32	2109664112SH15	葫芦岛	219.76	59	5003014112SH15	万州溪口	160.98
33	2109664112SH16	葫芦岛	279.51	60	5003014112SH16	万州溪口	148.41
34	2206214112SH18	乾安	221.71	61	5003014112SH17	万州溪口	221.95
35	2206434112SH18	扶余	252.78	62	5050114112SH15	荣昌华江	384.20
36	2300964112SH18	鹤岗	285.78	63	5050114112SH16	荣昌华江	333.58
37	2303214112SH18	萝北	350.11	64	5050114112SH17	荣昌华江	323.69

续表 13 - 5

序号	文件名	台站地点	*AM*	序号	文件名	台站地点	*AM*
65	5050114112SH18	荣昌华江	307.82	83	62012a4112SH16	天水	387.66
66	51070A4112SH15	泸州	164.63	84	6205514112SH15	兰州大滩	249.61
67	51070A4112SH16	泸州	152.72	85	6205514112SH18	兰州大滩	147.97
68	51070A4112SH17	泸州	221.46	86	6205914112SH16	两水	376.02
69	5304174112SH18	会泽	151.32	87	6205914112SH17	两水	322.34
70	5304524112SH15	大姚	207.44	88	6215134112SH15	横梁	273.31
71	5304524112SH16	大姚	178.04	89	6215134112SH17	横梁	393.75
72	5304524112SH17	大姚	179.12	90	6402614112SH15	平罗	191.42
73	5304524112SH18	大姚	167.78	91	6402614112SH16	平罗	222.48
74	5305214112SH15	澄江	146.85	92	6402614112SH17	平罗	398.64
75	5305214112SH16	澄江	151.01	93	6402614112SH18	平罗	197.46
76	5305324111SH15	普洱	259.00	94	6404564111SH15	银川胜利	220.67
77	5314264111SH16	弥勒	357.18	95	6404564111SH16	银川胜利	209.97
78	6102754112SH15	三原	397.91	96	6404614112SH15	灵武大泉	246.63
79	6105914112SH15	洛南	179.74	97	6404614112SH16	灵武大泉	168.56
80	6105914112SH16	洛南	161.82	98	6404614112SH17	灵武大泉	164.64
81	6105914112SH17	洛南	151.47	99	6404614112SH18	灵武大泉	195.21
82	6105914112SH18	洛南	148.04	100	6505424112SH17	乌鲁木齐	283.23

13.2.3 潮汐滞后因子 B

统计 1131 个 B，数值均值为 7.465，数字均值为 38.794，最小值为左家庄 0300414112SH17 的 - 387.953，最大值为福清龙田 3504014112SH15 的 1124.382，中位数为火焰山台 6511004112SH17 的 1.484。B 为对称型参数，取 B 在序列的居中不同比例数量，结果显示：

居中 95% 的 B 的范围为 - 133.768 ~ 175.905，数值均值为 2.841，数字均值为 25.523；

居中90%的 B 的范围为 $-74.807 \sim 124.861$，数值均值为 1.704，数字均值为 20.1079；

居中70%的 B 的范围为 $-29.281 \sim 32.003$，数值均值为 0.987，数字均值为 11.312。

表 13-6 列出了 B 低值段（$B < -83.7$）和高值段（$B > 131.2$）各 50 个文件。

表 13-6　B 低值段和高值段各 50 个文件

低值段				高值段			
序号	文件名	台站地点	B	序号	文件名	台站地点	B
1	0300414112SH15	左家庄	−222.20	1	1202914112SH15	汉沽	543.60
2	0300414112SH16	左家庄	−369.12	2	1202914112SH16	汉沽	561.84
3	0300414112SH17	左家庄	−387.95	3	1202914112SH17	汉沽	548.77
4	0300414112SH18	左家庄	−382.33	4	1202914112SH18	汉沽	544.06
5	1200314112SH17	宝坻	−115.52	5	1309314112SH15	卢龙	176.93
6	1200314112SH18	宝坻	−85.58	6	1309314112SH16	卢龙	172.44
7	1300824111SH15	昌黎	−105.45	7	1309314112SH17	卢龙	171.87
8	1300824111SH16	昌黎	−147.56	8	1309314112SH18	卢龙	174.78
9	1300824111SH17	昌黎	−170.94	9	2101514112SH15	鞍山	204.14
10	1300824111SH18	昌黎	−159.09	10	2101514112SH16	鞍山	204.59
11	1300864111SH15	昌黎	−133.07	11	2101514112SH17	鞍山	198.78
12	1300864111SH16	昌黎	−127.33	12	2101514112SH18	鞍山	198.64
13	1312614112SH15	马家沟	−133.77	13	2102514112SH15	岫岩	176.98
14	1312614112SH16	马家沟	−137.36	14	2102514112SH16	岫岩	192.41
15	1312614112SH17	马家沟	−150.24	15	2102514112SH17	岫岩	175.91
16	1312614112SH18	马家沟	−132.19	16	2102514112SH18	岫岩	177.52
17	2105214112SH15	大石桥	−189.21	17	2102544112SH15	岫岩	166.97
18	2105214112SH16	大石桥	−209.81	18	2102544112SH16	岫岩	169.19

续表 13 – 6

	低值段				高值段		
序号	文件名	台站地点	B	序号	文件名	台站地点	B
19	2105214112SH17	大石桥	− 199.80	19	2102544112SH17	岫岩	168.09
20	2105214112SH18	大石桥	− 207.19	20	2102544112SH18	岫岩	139.33
21	2105294111SH15	大石桥	− 207.60	21	2106514112SH15	汤池	132.01
22	2105294111SH16	大石桥	− 245.43	22	2106514112SH16	汤池	136.98
23	2105294111SH17	大石桥	− 231.97	23	2107634111SH15	抚顺	213.27
24	2105294111SH18	大石桥	− 225.59	24	2107634111SH16	抚顺	186.27
25	3407224112SH16	烂泥坳	− 85.92	25	2107634111SH17	抚顺	183.48
26	3407224112SH17	烂泥坳	− 85.73	26	2107634111SH18	抚顺	184.47
27	3407224112SH18	烂泥坳	− 83.75	27	2107674111SH15	抚顺	190.09
28	3590414112SH15	晋江	− 155.60	28	2107674111SH16	抚顺	183.89
29	3590414112SH16	晋江	− 151.87	29	2107674111SH17	抚顺	183.63
30	3590414112SH17	晋江	− 145.00	30	2107674111SH18	抚顺	195.49
31	3590494112SH18	晋江	− 131.74	31	3100214112SH15	崇明	141.29
32	3592214112SH15	洛江	− 95.78	32	3100214112SH16	崇明	147.88
33	3592214112SH16	洛江	− 96.05	33	3100214112SH17	崇明	142.39
34	3592214112SH17	洛江	− 93.88	34	3100214112SH18	崇明	143.38
35	3592214112SH18	洛江	− 95.64	35	3105214112SH15	扬子中学	427.97
36	4201224112SH15	荆门	− 156.64	36	3504014112SH15	龙田	1124.38
37	4201224112SH16	荆门	− 156.82	37	3504014112SH16	龙田	1071.75
38	4201224112SH17	荆门	− 155.10	38	3504014112SH17	龙田	1056.64
39	4201224112SH18	荆门	− 155.80	39	3504014112SH18	龙田	1063.51
40	4401934112SH15	信宜	− 163.44	40	3505414112SH15	泉州	162.74
41	4401934112SH16	信宜	− 154.44	41	3505474112SH18	泉州	144.33
42	4401934112SH17	信宜	− 152.73	42	3590814112SH15	石狮	239.93

续表 13 – 6

	低值段				高值段		
序号	文件名	台站地点	B	序号	文件名	台站地点	B
43	4401934112SH18	信宜	– 145.74	43	3590814112SH16	石狮	218.93
44	4602424112SH15	文昌	– 96.91	44	3590814112SH17	石狮	229.17
45	4602424112SH16	文昌	– 106.51	45	3590834112SH18	石狮	246.50
46	4602424112SH17	文昌	– 113.77	46	3591114112SH16	晋安	131.29
47	4602424112SH18	文昌	– 113.34	47	4406414112SH15	花都	150.99
48	4602714112SH15	琼海	– 108.76	48	4406414112SH16	花都	150.71
49	4602714112SH16	琼海	– 105.79	49	4406414112SH17	花都	150.29
50	4602714112SH17	琼海	– 103.46	50	4406414112SH18	花都	152.86

13.2.4　零漂移系数 $RK1$（mm/d）

统计 1131 个 $RK1$，数值均值为 – 1.127，数字均值为 7.557，最小值为瓦房店楼 2103914112SH18 的 – 73.285，最大值为鹤壁井静 41048a4112SH16 的 85.561，中位数为聊城水化站 3700354112SH18 的 – 1.452。$RK1$ 为对称型参数，取 $RK1$ 在序列的居中不同比例数量，结果显示：

居中 95% 的 $RK1$ 的范围为 – 20.836 ~ 27.344，数值均值为 – 1.286，数字均值为 5.997；

居中 90% 的 $RK1$ 的范围为 – 15.885 ~ 19.014，数值均值为 – 1.462，数字均值为 5.208；

居中 70% 的 $RK1$ 的范围为 – 9.213 ~ 5.988，数值均值为 – 1.766，数字均值为 3.407。

表 13 – 7 列出了 $RK1$ 低值段（$RK1 < – 16.9$）和高值段（$RK1 > – 19.8$）各 50 个文件。

表 13 - 7 *RK1* 低值段和高值段各 50 个文件

低值段				高值段			
序号	文件名	台站地点	*RK1*	序号	文件名	台站地点	*RK1*
1	5304524112SH17	大姚	− 16.96	1	1309424112SH15	玉田	28.70
2	5050114112SH15	荣昌华江	− 17.04	2	1309424112SH16	玉田	31.55
3	51070A4112SH15	泸州	− 17.08	3	1309424112SH17	玉田	35.81
4	1403514112SH15	临汾	− 17.11	4	1309424112SH18	玉田	26.22
5	2108424112SH16	盘锦	− 17.50	5	1309734112SH15	滦县	24.30
6	5304524112SH15	大姚	− 17.60	6	1309914112SH15	永清龙虎	19.81
7	5310024112SH16	姚安	− 17.82	7	1310514112SH16	黄骅	38.65
8	5050114112SH18	荣昌华江	− 18.10	8	1310754112SH18	辛集	20.39
9	5050114112SH16	荣昌华江	− 18.22	9	1312614112SH16	马家沟矿	20.61
10	3506734112SH18	尤溪	− 18.43	10	1312614112SH18	马家沟矿	24.63
11	5050114112SH17	荣昌华江	− 19.31	11	1314234112SH16	衡水	31.25
12	2108234112SH16	盘锦	− 19.40	12	1324614112SH17	繁峙西砂	27.51
13	4102914112SH16	郑州中原	− 19.57	13	21019F4111SH15	本溪	47.96
14	1300824111SH16	昌黎何家	− 19.64	14	3105214112SH15	扬子中学	34.64
15	1101514112SH18	顺义板桥	− 19.88	15	3200514112SH15	徐州	30.33
16	5307114112SH16	开远	− 19.96	16	3200514112SH16	徐州	31.59
17	4502504112SH15	田东平一	− 19.96	17	3200514112SH17	徐州	31.85
18	2202314112SH18	抚松	− 20.33	18	3200514112SH18	徐州苏	32.22
19	3590714112SH15	闽侯	− 20.50	19	3504014112SH18	福清龙田	27.56
20	4102944112SH16	郑州中原	− 20.55	20	3504114112SH15	福清江兜	30.60
21	0300414112SH18	左家庄	− 20.56	21	3504114112SH16	福清江兜	27.46
22	4502504112SH16	田东平一	− 20.84	22	3504114112SH17	福清江兜	29.42
23	1402814112SH16	祁县	− 21.14	23	3700354112SH17	聊城	19.89
24	4502504112SH18	田东平一	− 21.69	24	41048a4112SH15	鹤壁井静	68.43
25	4502504112SH17	田东平一	− 21.70	25	41048a4112SH16	鹤壁	85.56

续表 13-7

低值段				高值段			
序号	文件名	台站地点	*RK1*	序号	文件名	台站地点	*RK1*
26	3400314111SH16	庐江	-23.41	26	41048a4112SH17	鹤壁	39.90
27	4201824112SH17	襄樊万山	-23.94	27	41048a4112SH18	鹤壁	26.97
28	3506674112SH17	仙游	-24.64	28	4105214112SH17	焦作	26.47
29	51063A4111SH15	石棉川	-24.90	29	4201224112SH16	荆门	57.88
30	5304174112SH17	会泽县	-26.31	30	4202054111SH15	黄梅独山	20.47
31	2202334112SH18	抚松	-26.68	31	4210014112SH16	桥上	48.56
32	5304174112SH18	会泽县	-28.87	32	44005A4112SH15	汕头	59.11
33	2202334112SH16	抚松	-30.24	33	44005A4112SH16	汕头	31.65
34	2202314112SH16	抚松	-31.13	34	44005A4112SH17	汕头	24.46
35	11003B4112SH18	平谷马坊	-32.01	35	44005A4112SH18	汕头	37.34
36	3400314111SH15	庐江	-33.39	36	44015A4112SH18	和平	27.34
37	6300424111SH15	佐署	-34.65	37	4401834112SH16	深圳	23.94
38	4105214112SH16	焦作	-34.73	38	4401834112SH17	深圳	35.88
39	1403024112SH16	霍州圣佛	-35.43	39	4401884112SH16	深圳	24.35
40	4102944112SH17	郑州中原	-36.42	40	4401884112SH17	深圳	33.53
41	32010C4112SH18	新沂	-37.20	41	4401884112SH18	深圳	34.22
42	2202314112SH17	抚松	-40.41	42	51064B4112SH16	石棉川	28.96
43	2202334112SH17	抚松	-41.55	43	5304364111SH15	楚雄州	19.83
44	51066A4112SH15	会理川	-43.15	44	5305214112SH15	澄江县	25.87
45	6300464112SH16	佐署	-44.82	45	5305224112SH15	澄江县	22.90
46	51066A4112SH16	会理川	-44.98	46	5305224112SH16	澄江县	20.66
47	1300824111SH17	昌黎何家	-47.85	47	6105644111SH16	西安	22.92
48	6111614112SH18	石泉	-49.02	48	6105644111SH18	西安	28.35
49	36001I4112SH15	南昌	-66.63	49	6105914112SH18	洛南	22.74
50	2103914112SH18	瓦房店	-73.29	50	6200734112SH15	平凉柳湖	22.79

13.2.5　方差 *SMD1*（mm）

统计 1131 个 *SMD1*，均值为 4.350，最小值为武都樊坝 6213524112SH18 的 0.599，最大值为福清龙田 3504014112SH18 的 38.691，中位数为凤翔 6103114112SH15 的 3.583。*SMD1* 为单向型参数，取 *SMD1* 从小到大排序后序列值的低值段（优段）不同比例数量，结果显示：

优段 95% 的 *SMD1* 的范围为 0.599～9.911，均值为 3.770；

优段 90% 的 *SMD1* 的范围为 0.599～7.608，均值为 3.501；

优段 70% 的 *SMD1* 的范围为 0.599～4.871，均值为 2.807。

表 13-8 列出了 *SMD1* 从小到大排序后序列值高值段（*SMD1* >8.03）的 100 个文件。

表 13-8　*SMD1* 高值段的 100 个文件

序号	文件名	台站地点	SMD1	序号	文件名	台站地点	SMD1
1	0300414112SH15	左家庄	10.39	15	1202914112SH15	汉沽	12.07
2	0300414112SH16	左家庄	9.06	16	1202914112SH16	汉沽	11.51
3	0300414112SH17	左家庄	11.13	17	1202914112SH17	汉沽	10.54
4	0300414112SH18	左家庄	10.17	18	1202914112SH18	汉沽	10.58
5	11003B4112SH17	平谷马坊	8.65	19	13005B4111SH15	怀来后郝	10.91
6	11003B4112SH18	平谷马坊	9.80	20	13005B4111SH16	怀来后郝	15.42
7	1103214112SH15	房山良乡	9.76	21	13005B4111SH17	怀来后郝	17.88
8	1103214112SH16	房山良乡	9.05	22	13005B4111SH18	怀来后郝	18.00
9	1200214112SH15	张道口	8.17	23	1300824111SH17	昌黎何家	8.67
10	1200214112SH16	张道口	8.20	24	1309424112SH15	玉田	9.29
11	1200214112SH17	张道口	8.22	25	1309424112SH16	玉田	9.48
12	1200214112SH18	张道口	8.58	26	1309424112SH17	玉田	10.21
13	1201214112SH17	宁河	8.06	27	1309424112SH18	玉田	9.52
14	1201214112SH18	宁河	8.13	28	1310714112SH15	辛集	8.03

续表 13-8

序号	文件名	台站地点	SMD1	序号	文件名	台站地点	SMD1
29	1310714112SH18	辛集	8.07	56	3100214112SH16	崇明	14.25
30	1310754112SH16	辛集	8.03	57	3100214112SH17	崇明	14.60
31	1310754112SH17	辛集	8.14	58	3100214112SH18	崇明	14.79
32	1310754112SH18	辛集	8.56	59	3105214112SH15	扬子中学	16.83
33	1312614112SH15	马家沟矿	9.29	60	3200514112SH16	徐州	8.64
34	1312614112SH16	马家沟矿	8.85	61	3200514112SH17	徐州	8.71
35	1312614112SH17	马家沟矿	9.48	62	3200514112SH18	徐州	9.25
36	1312614112SH18	马家沟矿	8.41	63	3209064111SH16	丹徒	8.44
37	1314234112SH16	衡水	9.79	64	3400314111SH15	庐江	15.06
38	1324614112SH17	繁峙西砂	17.99	65	3400314111SH16	庐江	9.09
39	1324614112SH18	繁峙西砂	20.51	66	3504014112SH15	福清龙田	38.62
40	1600224112SH15	沙河台昌	13.25	67	3504014112SH16	福清龙田	38.40
41	1600224112SH16	沙河台昌	13.77	68	3504014112SH17	福清龙田	38.51
42	1600224112SH17	沙河台昌	11.77	69	3504014112SH18	福清龙田	38.69
43	1600224112SH18	沙河台昌	12.04	70	3505614112SH15	南安	9.91
44	2103914112SH15	瓦房店	14.85	71	3505614112SH16	南安	9.62
45	2103914112SH16	瓦房店	14.83	72	3505614112SH17	南安	9.34
46	2103914112SH17	瓦房店	14.16	73	3505614112SH18	南安	9.26
47	2103914112SH18	瓦房店	11.32	74	3506674112SH18	仙游	9.78
48	2109664112SH15	葫芦岛	8.07	75	3590114112SH15	晋江深沪	20.25
49	2109664112SH16	葫芦岛	8.03	76	3590114112SH16	晋江深沪	20.92
50	2202314112SH16	抚松	11.01	77	3590114112SH17	晋江深沪	21.14
51	2202314112SH17	抚松	10.92	78	3590194112SH18	晋江深沪	17.87
52	2202334112SH16	抚松	11.13	79	3590814112SH15	石狮市	13.43
53	2202334112SH17	抚松	11.42	80	3590814112SH16	石狮市	13.57
54	2202334112SH18	抚松	10.33	81	3590814112SH17	石狮市	13.25
55	3100214112SH15	崇明	14.44	82	3590834112SH18	石狮市	15.96

续表 13 - 8

序号	文件名	台站地点	*SMD1*	序号	文件名	台站地点	*SMD1*
83	3700354112SH15	聊城	8.24	92	4406414112SH16	花都	9.41
84	41048a4112SH15	鹤壁	17.43	93	4406414112SH17	花都	9.43
85	41048a4112SH16	鹤壁	13.10	94	4406414112SH18	花都	9.16
86	41048a4112SH17	鹤壁	8.15	95	4602514112SH15	火山	8.07
87	4105714112SH15	杞县	10.87	96	51064B4112SH15	石棉	12.74
88	4105714112SH16	杞县	10.87	97	51064B4112SH16	石棉	10.84
89	4105714112SH17	杞县	12.00	98	51066A4112SH15	会理	10.51
90	4105714112SH18	杞县	10.89	99	51066A4112SH16	会理	10.90
91	4406414112SH15	花都	10.04	100	6200734112SH15	平凉柳湖	11.22

13.3　年度调和分析特征参数

对观测数据采用非数字滤波调和分析方法按年度做整体调和分析计算，可获得反映年度整体拟合特征的相关参数，这些参数主要有年度漂移一次项系数 *RK2*、年度拟合方差 *SMD2*、潮汐周日频段内及部分长周期频段的潮汐参数，经过特别约定还可获得 2～182 天之间的一些长周期波段的振幅和相位，这些参数统称为年度调和分析特征参数。本章只介绍 *RK2*、*SMD2*、M2 波潮汐因子 *M2A* 和 M2 波的相位滞后 *M2B* 这 4 个参数统计结果。

13.3.1　年度调和分析漂移因子 *RK2*（mm/d）

约定用 *RK2* 表示非数字滤波调和分析计算结果中的年度漂移因子，它反映了年度水位数据序列中的线性（升降）变化特征。在动水位记录中，它的正负变化与水位升降成正比；在静水位记录中，它的正负变化与水位升降成反比。统计 1131 个 *RK2*，数值均值为 0.692，数字均值为

10.761，最小值为榆社 1410314111SH18 的 - 2011.025，最大值为石棉
51064B4112SH16 的 1026.261，中位数为金湖 3202114112SH15 的 0.249。
RK2 为对称型参数，取 *RK2* 在序列的居中不同比例数量，结果显示：

居中 95% 的 *RK2* 的范围为 - 16.491 ~ 26.193，数值均值为 1.049，
数字均值为 3.065；

居中 90% 的 *RK2* 的范围为 - 8.801 ~ 15.303，数值均值为 0.881，数
字均值为 2.344；

居中 70% 的 *RK2* 的范围为 - 2.306 ~ 5.289，数值均值为 0.613，数
字均值为。

表 13 - 9 列出了 *RK2* 低值段（*RK2* < - 10.1）和高值段（*RK2* >
17.4）各 50 个文件。

表 13 - 9　*RK2* 低值段和高值段各 50 个文件

	低值段				高值段		
序号	文件名	台站地点	*RK2*	序号	文件名	台站地点	*RK2*
1	11003B4112SH17	平谷马坊	- 19.12	1	1200214112SH15	张道口	17.51
2	11003B4112SH18	平谷马坊	- 28.58	2	1200214112SH16	张道口	17.43
3	1101514112SH18	顺义板桥	- 13.50	3	1200214112SH17	张道口	23.11
4	12001B4112SH15	宝坻	- 40.95	4	1309914112SH15	永清龙虎	33.45
5	1300824111SH17	昌黎	- 15.17	5	1309914112SH16	永清龙虎	24.91
6	1312614112SH17	马家沟	- 14.80	6	1310514112SH16	黄骅	33.28
7	1324614112SH18	繁峙	- 12.71	7	1310714112SH15	辛集	19.64
8	1400564112SH18	夏县	- 13.89	8	1310714112SH16	辛集	28.46
9	14005J4112SH18	夏县	- 13.72	9	1310714112SH17	辛集	34.65
10	1402434112SH15	静乐	- 20.04	10	1310714112SH18	辛集	31.27
11	1403024112SH16	霍州	- 17.24	11	1310754112SH15	辛集	18.57
12	1409214112SH15	洪洞	- 10.26	12	1310754112SH16	辛集	28.42
13	1410314111SH18	榆社	- 2011.03	13	1310754112SH17	辛集	34.86
14	21019F4111SH17	本溪	- 14.32	14	1310754112SH18	辛集	30.32
15	21019G4112SH15	本溪	- 317.97	15	1310814112SH16	宁晋	22.40

续表 13 - 9

	低值段				高值段		
序号	文件名	台站地点	*RK2*	序号	文件名	台站地点	*RK2*
16	2103914112SH15	瓦房店	-18.50	16	1310814112SH17	宁晋	27.65
17	2103914112SH16	瓦房店	-23.69	17	1310814112SH18	宁晋	24.55
18	2103914112SH17	瓦房店	-32.51	18	1314234112SH16	衡水	65.10
19	2103914112SH18	瓦房店	-70.67	19	14005J4112SH16	夏县	154.56
20	2108234112SH15	盘锦	-11.10	20	21019F4111SH15	本溪	410.95
21	2206214112SH17	乾安	-22.62	21	2108454112SH18	盘锦	156.67
22	2206334112SH18	长岭	-11.10	22	2206214112SH18	乾安	84.22
23	2304334112SH16	孙吴	-11.18	23	3591214112SH16	福州罗源	22.75
24	2304334112SH17	孙吴	-19.24	24	3700354112SH17	聊城	22.06
25	32010C4112SH18	新沂	-28.99	25	4102944112SH16	郑州中原	501.18
26	3504014112SH15	福清龙田	-10.47	26	41048a4112SH16	鹤壁	31.09
27	3505814112SH17	晋江	-26.83	27	4105214112SH17	焦作	20.26
28	3506674112SH17	仙游	-23.62	28	41055a4112SH16	金华	38.81
29	3506674112SH18	仙游	-10.15	29	4201224112SH16	荆门	61.16
30	3590414112SH17	晋江	-563.43	30	4202054111SH15	黄梅	23.34
31	3590714112SH15	闽侯	-15.13	31	4210014112SH16	桥上	40.67
32	3590714112SH16	闽侯	-13.27	32	44005A4112SH15	汕头	44.61
33	3590714112SH17	闽侯	-193.75	33	44005A4112SH16	汕头	20.39
34	36001I4112SH16	南昌	-11.89	34	44005A4112SH18	汕头	31.28
35	4102914112SH16	郑州中原	-11.97	35	44015A4112SH18	和平	29.45
36	4102914112SH17	郑州中原	-11.64	36	4401834112SH18	深圳	93.13
37	4102944112SH17	郑州中原	-125.07	37	4401884112SH16	深圳	17.53
38	4105214112SH16	焦作	-45.00	38	4401884112SH18	深圳	23.96
39	4105414112SH16	兰考	-82.32	39	4503064111SH16	南宁九塘	18.02
40	4201824112SH17	襄樊万山	-16.49	40	51064B4112SH16	石棉	1026.26
41	51063A4111SH15	石棉	-13.81	41	5301634111SH16	建水曲江	277.28

续表13-9

	低值段				高值段		
序号	文件名	台站地点	*RK2*	序号	文件名	台站地点	*RK2*
42	51066A4112SH16	会理	-693.25	42	5305224112SH16	澄江	761.81
43	5304174112SH17	会泽	-13.93	43	5307414112SH18	泸西	25.90
44	5304174112SH18	会泽	-24.24	44	5310614112SH16	通海	26.19
45	5304364111SH18	楚雄	-35.30	45	5314224111SH16	弥勒	45.40
46	5313534111SH15	丽江	-11.37	46	6101044112SH18	泾阳	34.48
47	6105914112SH17	洛南	-19.19	47	6105644112SH18	西安	20.44
48	6111614112SH18	石泉	-32.38	48	6105914112SH16	洛南	19.84
49	6300424111SH15	佐署	-39.88	49	6105914112SH18	洛南	23.32
50	6300464112SH16	佐署	-36.01	50	6200734112SH17	平凉柳湖	96.91

13.3.2　年度调和分析拟合方差 *SMD2*（mm）

年度调和分析拟合方差 *SMD2* 是非数字滤波调和分析计算结果的重要参数之一，它反映了年度数据序列与选用调和分析数学模型计算的数据序列之间的离散均方差。统计 1131 个 *SMD2*，均值为 91.182，最小值为海原甘盐池 6408714112SH18 的 1.740，最大值为荆门 4201224112SH16 的 1308.310，中位数为兰考 41054a4112SH17 的 52.170。*SMD2* 为单向型参数，取 *SMD2* 从小到大排序后序列值的低值段（优段）不同比例数量，结果显示：

优段 95% 的 *SMD2* 的范围为 1.740～291.460，均值为 72.078；

优段 90% 的 *SMD2* 的范围为 1.740～213.190，均值为 62.456；

优段 70% 的 *SMD2* 的范围为 1.740～92.460，均值为 39.642。

表 13-10 列出了 *SMD2* 高值段（*SMD2* >227.8）的 100 个文件。

表 13－10　*SMD2* 高值段的 100 个文件

序号	文件名	台站地点	*SMD2*	序号	文件名	台站地点	*SMD2*
1	11003B4112SH17	平谷马坊	237.14	27	1600224112SH15	沙河	321.83
2	1101914112SH15	通州徐辛庄	256.06	28	1600224112SH16	沙河	323.83
3	1200214112SH15	张道口	249.89	29	1600224112SH18	沙河	261.68
4	1200214112SH16	张道口	228.19	30	2103914112SH15	瓦房店	374.72
5	1200214112SH17	张道口	261.09	31	2103914112SH16	瓦房店	304.17
6	1200214112SH18	张道口	251.92	32	2103914112SH17	瓦房店	453.94
7	12016A4112SH15	桑梓	311.48	33	2103914112SH18	瓦房店	799.31
8	12016A4112SH16	桑梓	339.35	34	2202314112SH15	抚松	249.17
9	12016A4112SH17	桑梓	400.24	35	2202334112SH15	抚松	253.79
10	13005B4111SH18	怀来后郝	268.43	36	2206214112SH15	乾安	309.61
11	1309314112SH17	卢龙	236.06	37	2206214112SH16	乾安	297.55
12	1309424112SH17	玉田	298.01	38	3200514112SH16	徐州	227.88
13	1309424112SH18	玉田	293.25	39	32010C4112SH18	新沂	231.04
14	1309914112SH15	永清龙虎	272.06	40	3504014112SH18	福清龙田	248.24
15	1310514112SH16	黄骅	390.15	41	3506674112SH17	仙游	238.95
16	1311014112SH16	邯郸峰	444.90	42	3590214112SH15	南安	325.53
17	1312614112SH16	马家沟	396.61	43	3590214112SH16	南安	478.04
18	1312614112SH17	马家沟	389.43	44	3590214112SH18	南安	228.27
19	1312614112SH18	马家沟	257.11	45	3590744112SH18	闽侯	266.83
20	1400564112SH18	夏县	310.03	46	3591314112SH16	福州连江	247.24
21	14005J4112SH18	夏县	291.12	47	3601014112SH16	赣州	227.89
22	1402814112SH15	祁县	484.46	48	3601014112SH18	赣州	251.11
23	1402814112SH16	祁县	419.81	49	3700354112SH17	聊城	242.76
24	1402814112SH17	祁县	473.65	50	4102914112SH16	郑州中原	291.46
25	1402814112SH18	祁县	454.12	51	4102914112SH17	郑州中原	228.69
26	1403024112SH18	霍州圣佛	263.13	52	41048a4112SH15	鹤壁	233.42

续表 13 - 10

序号	文件名	台站地点	SMD2	序号	文件名	台站地点	SMD2
53	41048a4112SH16	鹤壁	516.00	77	4602424112SH15	文昌	333.29
54	41048a4112SH17	鹤壁	262.76	78	4602424112SH16	文昌	263.53
55	4105214112SH16	焦作	1001.13	79	5003014112SH15	万州溪口	482.10
56	4201224112SH15	荆门	320.97	80	5003014112SH16	万州溪口	829.23
57	4201224112SH16	荆门	1308.31	81	5003014112SH17	万州溪口	543.24
58	4201224112SH17	荆门	437.83	82	5003014112SH18	万州溪口	353.09
59	4201224112SH18	荆门	385.13	83	51064B4112SH15	石棉	366.02
60	4201824112SH17	襄樊万山	276.51	84	5300124112SH17	昆明	498.06
61	4201824112SH18	襄樊万山	252.45	85	5305214112SH17	澄江	245.97
62	4202054111SH15	黄梅独山	230.09	86	5307414112SH15	泸西	288.60
63	4209914112SH17	丹江	246.82	87	5307414112SH16	泸西	263.69
64	4210014112SH16	桥上	599.70	88	5307414112SH17	泸西	418.95
65	4210014112SH17	桥上	325.48	89	5307414112SH18	泸西	446.60
66	4210014112SH18	桥上	230.35	90	5313534111SH15	丽江	612.70
67	44005A4112SH15	汕头	455.50	91	5313534111SH16	丽江	328.06
68	44005A4112SH16	汕头	258.89	92	5313534111SH17	丽江	514.07
69	44005A4112SH18	汕头	287.98	93	5313534111SH18	丽江	390.09
70	4401834112SH15	深圳	398.37	94	6100934111SH17	周至	233.52
71	4401834112SH16	深圳	499.46	95	6105644111SH16	西安	347.56
72	4401834112SH17	深圳	491.43	96	6105644111SH18	西安	227.96
73	4401884112SH15	深圳	380.43	97	6105914112SH15	洛南	516.14
74	4401884112SH16	深圳	507.51	98	6105914112SH16	洛南	325.84
75	4401884112SH17	深圳	419.24	99	6105914112SH17	洛南	648.26
76	4401884112SH18	深圳	321.66	100	6213524112SH17	武都樊坝	228.49

13.3.3　年度调和分析 M2 波潮汐因子 *M2A*（mm/10⁻⁹）

统计 1131 个 *M2A*，均值为 1.412，最小值为深圳 4401884112SH17 的 0.045，最大值为福清龙田 3504014112SH15 的 11.209，中位数为襄樊万山 4201824112SH18 的 1.032。将 *M2A* 从小到大依次排列，按 *M2A* 大小分区间统计，结果见表 13 - 11。

表 13 - 11　水位潮汐因子 *M2A* 的分段统计结果

M2A 的范围	数据文件/个	占比/%	涵盖井点/个
M2A < 0.1	30	2.65	19
0.1 < *M2A* < 0.2	163	14.41	56
0.2 < *M2A* < 0.5	286	25.29	89
0.5 < *M2A* < 1.0	227	20.07	75
1.0 < *M2A* < 2.0	245	21.66	74
2.0 < *M2A* < 6.0	180	15.92	44
合计	1131	100.00	357

上表显示：4 个年度的水位潮汐观测数据涵盖数据文件 1131 个，其中 *M2A* < 0.2 的文件有 193 个，占 17.1%；*M2A* 介于 0.2 ~ 0.5 的文件有 286 个，占 25.3%；*M2A* > 0.5 的文件有 652 个，占 57.6%。

13.3.4　年度调和分析 M2 波相位滞后 *M2B*（°）

统计 1131 个 *M2B*，数值均值为 6.388，数字均值为 26.709，最小值为三原 6102754112SH15 的 -88.24，最大值为通州徐辛庄 1101914112SH15 的 173.88，中位数为琼海 4602714112SH15 的 -1.139。*M2B* 为对称型参数，取 *M2B* 在序列的居中不同比例数量，结果显示：

居中 95% 的 *M2B* 的范围为 -59.554 ~ 185.327，数值均值为 2.254，数字均值为 19.972；

居中 90% 的 *M2B* 的范围为 − 49.249 ～ 73.718，数值均值为 0.504，数字均值为 16.245；

居中 70% 的 *M2B* 的范围为 − 25.612 ～ 26.475，数值均值为 − 0.277，数字均值为 9.578。

表 13 − 12 列出了 *M2B* 低值段（*M2B* < − 50.6）和高值段（*M2B* > 45.4）各 50 个文件。

表 13 − 12　*M2B* 低值段和高值段各 50 个文件

低值段				高值段			
序号	文件名	台站地点	*M2B*	序号	文件名	台站地点	*M2B*
1	11027C4112SH15	大兴杨堤	− 73.39	1	1101914112SH15	通州徐辛庄	173.88
2	1200314112SH17	宝坻	− 54.39	2	1202914112SH15	汉沽	77.92
3	1200314112SH18	宝坻	− 71.20	3	1202914112SH16	汉沽	81.43
4	12016A4112SH15	桑梓	− 55.91	4	1202914112SH17	汉沽	82.53
5	12016A4112SH17	桑梓	− 54.76	5	1202914112SH18	汉沽	82.29
6	12016A4112SH18	桑梓	− 63.81	6	1309314112SH15	卢龙	47.85
7	1300864111SH15	昌黎	− 54.02	7	1309314112SH16	卢龙	46.71
8	1310514112SH16	黄骅	− 51.00	8	1309314112SH17	卢龙	47.18
9	1400564112SH15	夏县	− 58.05	9	1309314112SH18	卢龙	46.14
10	1400564112SH16	夏县	− 61.12	10	1403314112SH15	沁县漫水	52.69
11	14005J4112SH16	夏县	− 56.69	11	1403314112SH16	沁县漫水	51.47
12	1410314111SH17	榆社	− 64.41	12	1403314112SH18	沁县漫水	48.39
13	1410314111SH18	榆社	− 63.92	13	1501624112SH15	宁城	56.88
14	2108514112SH15	盘锦	− 85.88	14	1501624112SH16	宁城	53.99
15	2108514112SH16	盘锦	− 86.83	15	1501624112SH17	宁城	56.31
16	2108514112SH17	盘锦	− 83.70	16	1501624112SH18	宁城	55.40
17	2108514112SH18	盘锦	− 76.92	17	2101514112SH15	鞍山	54.80

续表 13-12

低值段				高值段			
序号	文件名	台站地点	*M2B*	序号	文件名	台站地点	*M2B*
18	2206414112SH15	扶余	−63.50	18	2101514112SH16	鞍山	54.88
19	2206414112SH16	扶余	−61.62	19	2101514112SH17	鞍山	52.88
20	2206434112SH15	扶余	−52.76	20	2101514112SH18	鞍山	53.53
21	2206434112SH16	扶余	−78.14	21	2106514112SH15	丹东汤池	51.94
22	3590494112SH18	晋江	−50.68	22	2106514112SH16	丹东汤池	51.16
23	4105214112SH17	焦作	−59.85	23	2106514112SH17	丹东汤池	49.36
24	4105214112SH18	焦作	−62.30	24	2106514112SH18	丹东汤池	47.88
25	4105514112SH17	金华	−56.18	25	2206214112SH17	乾安	60.50
26	4105514112SH18	金华	−57.46	26	2304334112SH16	孙吴	155.36
27	41055a4112SH15	金华	−60.67	27	3105214112SH15	扬子中学	61.93
28	41055a4112SH16	金华	−58.07	28	3105214112SH17	扬子中学	67.17
29	4401834112SH18	深圳	−73.74	29	3300344111SH18	宁波	62.83
30	4401884112SH15	深圳	−50.91	30	3504014112SH15	福清龙田	47.85
31	4401884112SH17	深圳	−62.95	31	3504014112SH16	福清龙田	48.20
32	4401884112SH18	深圳	−59.74	32	3504014112SH17	福清龙田	48.31
33	4401934112SH16	信宜	−54.85	33	3504014112SH18	福清龙田	48.32
34	4401934112SH17	信宜	−57.39	34	3590214112SH15	南安	51.68
35	4401934112SH18	信宜	−58.76	35	3590214112SH16	南安	49.98
36	6102754112SH15	三原	−88.24	36	3590214112SH17	南安	46.59
37	6213224112SH15	清水	−50.91	37	3591314112SH16	福州连江	59.24
38	6213524112SH15	武都樊坝	−56.56	38	3591314112SH17	福州连江	59.87
39	6213524112SH16	武都樊坝	−72.57	39	3591314112SH18	福州连江	47.39
40	6213524112SH17	武都樊坝	−72.80	40	4210014112SH15	桥上	47.98
41	6213524112SH18	武都樊坝	−52.21	41	4210014112SH18	桥上	53.98

续表 13 - 12

低值段				高值段			
序号	文件名	台站地点	M2B	序号	文件名	台站地点	M2B
42	6214614112SH18	芦阳	-53.45	42	4210314112SH17	鹤峰	51.47
43	6302784112SH15	玉树	-51.82	43	4210314112SH18	鹤峰	52.11
44	6302784112SH16	玉树	-63.62	44	5305324111SH15	普洱	65.91
45	6302784112SH17	玉树	-67.08	45	6105914112SH17	洛南	50.76
46	6302784112SH18	玉树	-66.85	46	6105914112SH18	洛南	45.48
47	6507614112SH15	鄯善	-72.38	47	6509954112SH15	新疆温泉	58.09
48	6507614112SH16	鄯善	-72.12	48	6509954112SH16	新疆温泉	56.15
49	6507614112SH17	鄯善	-68.91	49	6509954112SH17	新疆温泉	53.60
50	6507614112SH18	鄯善	-71.20	50	6509954112SH18	新疆温泉	54.66

13.4　潮汐振幅比 A 年间极差

特征参数 A 是深井承压性的反映，正常情况下，4 年间 A 的变化应该是有限的。因此可以利用 A 的年间变化了解深井承压性随时间的变化，也可以检验观测仪器及其标定系统是否处于正常工作状态。本节将重点分析同井同仪器测量的 A 在 4 个年度的离散情况，将 4 个年度的潮汐振幅比 A 汇总在同一表中进行统计，结果表明：

4 个年度共取得同井同仪器不重复独立结果（简称"分量"）334 个，其中有 32 个分量只有 1 个年度的结果，有 40 个分量有 2 个年度的结果，有 29 个分量有 3 个年度的结果，有 233 个分量有 4 个年度的结果。这也就是说，4 个年度有 302 个分量拥有 2 个（含）以上年度的结果，因此可以获得 302 个极差结果。统计 302 个极差的大小分布情况：

极差 <0.100 的分量 208 个，占（302 个的）68.9%；极差 ≥0.1 的分量 94 个，占 31.1%。

在极差≥0.100 的 94 个分量中，极差的大小分布情况如下：

0.100≤极差＜0.200 的分量 43 个，占 14.2%，涵盖观测井点 38 个（见表 13-13）；

0.200≤极差＜0.500 的分量 35 个，占 11.6%，涵盖观测井点 34 个（见表 13-14）；

极差＞0.500 的分量 16 个，占 5.3%，涵盖观测井点 16 个（见表 13-15）。

表 13-13　A 的极差介于 0.100～0.200 的 43 个文件

序号	文件名	台站地点	IK	A_{2015}	A_{2016}	A_{2017}	A_{2018}	均值	极差
1	1100444112	昌平	4	1.893	1.845	1.824	1.757	1.830	0.137
2	1200214112	张道口	4	3.818	3.806	3.852	3.721	3.799	0.131
3	1230134112	宝坻	4	1.279	1.285	1.219	1.160	1.236	0.125
4	1300864111	昌黎	2	0.869	0.997	0.000	0.000	0.933	0.128
5	1309734112	滦县	4	0.412	0.380	0.340	0.268	0.350	0.145
6	1402914112	孝义	4	1.092	1.016	0.943	0.996	1.012	0.149
7	21019G4112	本溪	4	3.551	3.606	3.506	3.635	3.574	0.130
8	2105554112	海城	3	0.232	0.235	0.095	0.000	0.187	0.140
9	2106554111	丹东汤池	4	1.455	1.561	1.533	1.513	1.515	0.106
10	2107634111	抚顺	4	2.907	3.082	3.088	3.067	3.036	0.181
11	2107674111	抚顺	4	2.917	3.040	3.069	3.013	3.010	0.152
12	2108814112	锦州	4	2.658	2.767	2.757	2.775	2.739	0.117
13	2108854112	锦州	4	2.655	2.737	2.738	2.757	2.722	0.101
14	2204024112	云峰	4	0.928	0.926	0.908	0.808	0.893	0.119
15	22040a4112	云峰	4	0.929	0.927	0.906	0.802	0.891	0.126
16	2300964112	鹤岗	3	0.151	0.214	0.000	0.060	0.141	0.154
17	3105414112	长兴岛	4	0.501	0.440	0.369	0.306	0.404	0.195
18	3201994112	高邮	4	0.288	0.298	0.289	0.169	0.261	0.129

续表 13－13

序号	文件名	台站地点	IK	A_{2015}	A_{2016}	A_{2017}	A_{2018}	均值	极差
19	3209064111	丹徒	4	0.166	0.223	0.131	0.106	0.156	0.117
20	3505614112	南安	4	0.528	0.627	0.528	0.532	0.554	0.100
21	3505814112	晋江	3	0.335	0.383	0.479	0.000	0.399	0.144
22	3591214112	福州罗源	4	0.812	0.741	0.644	0.817	0.753	0.173
23	3591314112	福州连江	4	0.545	0.415	0.442	0.546	0.487	0.131
24	3592214112	洛江	4	1.276	1.311	1.231	1.358	1.294	0.127
25	36001I4112	南昌	4	0.313	0.197	0.178	0.349	0.259	0.171
26	4105414112	兰考	2	1.235	1.062	0.000	0.000	1.149	0.173
27	4105454112	兰考	4	1.141	1.175	1.266	1.266	1.212	0.125
28	4105714112	杞县	4	4.228	4.219	4.253	4.143	4.211	0.110
29	44005A4112	汕头	4	1.880	2.022	2.035	1.924	1.965	0.156
30	5050414112	大足	4	0.682	0.629	0.596	0.552	0.615	0.130
31	51064B4112	石棉	2	1.746	1.931	0.000	0.000	1.838	0.185
32	53016B4111	建水曲江	4	0.688	0.524	0.688	0.680	0.645	0.165
33	6100934111	周至	3	0.922	0.885	0.793	0.000	0.867	0.128
34	6209114112	平凉威戎	4	2.373	2.277	2.231	2.214	2.274	0.158
35	6209154112	平凉威戎	4	2.405	2.308	2.280	2.240	2.308	0.165
36	6500714112	乌鲁木齐	4	0.478	0.498	0.573	0.595	0.536	0.117
37	6505424112	乌鲁木齐	3	0.170	0.202	0.075	0.000	0.149	0.127
38	1314234112	衡水	3	0.000	1.981	1.911	1.855	1.916	0.126
39	14005J4112	夏县	3	0.000	0.146	0.261	0.175	0.194	0.115
40	2111224112	盘锦	3	0.000	0.385	0.335	0.281	0.333	0.104
41	5316814111	昭通	3	0.000	0.054	0.169	0.201	0.142	0.147
42	1201764112	高村	2	0.000	0.000	3.615	3.490	3.552	0.125
43	5304174112	会泽	2	0.000	0.000	0.317	0.203	0.260	0.114

表 13 - 14　A 的极差介于 0.200 ～ 0.500 的 35 个文件

序号	文件名	台站地点	IK	A_{2015}	A_{2016}	A_{2017}	A_{2018}	均值	极差
1	11085H4111	延庆	4	0.558	0.776	0.695	0.798	0.707	0.240
2	1202914112	汉沽	4	1.561	1.461	1.379	1.350	1.438	0.212
3	1310914112	深州	4	0.742	0.800	0.620	0.436	0.649	0.365
4	1312614112	马家沟	4	1.782	1.605	1.360	1.591	1.585	0.422
5	2105214112	大石桥	4	1.746	2.242	2.003	1.768	1.940	0.496
6	2105294111	大石桥	4	1.562	1.953	1.710	1.518	1.686	0.435
7	2108234112	盘锦	2	0.508	0.214	0.000	0.000	0.361	0.295
8	2108514112	盘锦	4	0.069	0.108	0.156	0.314	0.162	0.244
9	2202334112	抚松	4	1.975	2.063	1.933	1.842	1.953	0.220
10	2305814112	延寿	4	0.723	0.648	0.845	0.928	0.786	0.280
11	3303714112	湖州	2	0.616	0.282	0.000	0.000	0.449	0.335
12	3405314112	巢湖	4	1.109	0.967	0.809	0.806	0.923	0.303
13	3407224112	烂泥坳	4	1.060	0.984	0.835	0.641	0.880	0.419
14	3504014112	福清龙田	4	6.566	6.437	6.346	6.262	6.403	0.304
15	3505414112	泉州	2	1.440	1.167	0.000	0.000	1.304	0.273
16	3590114112	晋江深沪	3	2.771	2.798	2.567	0.000	2.712	0.230
17	3590414112	晋江	3	1.295	1.197	1.054	0.000	1.182	0.241
18	3600214112	会昌	4	0.274	0.454	0.370	0.227	0.331	0.226
19	3700354112	聊城	4	1.699	1.683	1.230	1.690	1.575	0.470
20	3703514112	栖霞	4	1.976	1.973	1.775	1.697	1.855	0.279
21	41048a4112	鹤壁	4	1.765	1.489	1.406	1.508	1.542	0.359
22	4105214112	焦作	4	0.368	0.292	0.173	0.100	0.233	0.269
23	4106314112	南阳	4	0.721	0.789	0.862	0.957	0.832	0.236
24	4201224112	荆门	4	1.085	1.349	1.248	1.205	1.222	0.264
25	4401934112	信宜	4	1.268	0.960	0.840	0.772	0.960	0.495

续表 13-14

序号	文件名	台站地点	IK	A_{2015}	A_{2016}	A_{2017}	A_{2018}	均值	极差
26	4402214112	梅州	3	1.172	0.000	1.504	1.533	1.403	0.361
27	44063A4112	阳西	4	0.974	0.884	0.735	0.720	0.828	0.254
28	4602424112	文昌	4	2.308	2.183	1.932	1.844	2.067	0.464
29	51063A4111	石棉	4	1.056	0.633	0.654	0.690	0.758	0.423
30	5304364111	楚雄	4	1.133	0.835	0.935	0.867	0.942	0.299
31	5307414112	泸西	4	0.741	0.870	0.811	0.614	0.759	0.256
32	6204814112	平凉华亭	4	0.348	0.168	0.105	0.221	0.211	0.243
33	6302784112	玉树	4	0.390	0.214	0.144	0.117	0.216	0.273
34	3506674112	仙游	3	0.000	2.045	1.910	1.604	1.853	0.441
35	4102944112	郑州中原	2	0.000	0.200	0.468	0.000	0.334	0.268

表 13-15　A 的极差 >0.500 的 16 个文件

序号	文件名	台站地点	IK	A_{2015}	A_{2016}	A_{2017}	A_{2018}	均值	极差
1	0300414112	左家庄	4	3.841	3.234	2.773	2.307	3.039	1.534
2	1103214112	房山良乡	4	1.255	1.166	0.681	1.100	1.051	0.574
3	1200314112	宝坻	4	1.342	1.284	0.744	0.266	0.909	1.077
4	13005B4111	怀来	4	2.224	2.483	2.653	2.861	2.555	0.636
5	1300824111	昌黎	4	1.069	1.295	1.672	1.661	1.424	0.603
6	1310754112	辛集	4	2.433	2.477	2.345	1.972	2.307	0.505
7	21019F4111	本溪	4	2.008	2.522	2.429	2.572	2.383	0.564
8	2103914112	瓦房店	4	3.416	3.321	2.647	2.538	2.980	0.878
9	2202314112	抚松	4	1.947	2.049	1.824	1.126	1.737	0.924
10	3104814112	凤城中学	4	0.859	0.857	0.403	0.278	0.600	0.581
11	3105214112	扬子中学	2	1.681	0.000	0.213	0.000	0.947	1.468
12	4202054111	黄梅独山	4	0.612	0.145	0.098	0.155	0.253	0.513

续表 13 − 15

序号	文件名	台站地点	IK	A_{2015}	A_{2016}	A_{2017}	A_{2018}	均值	极差
13	4300134111	长沙	4	0.187	0.312	0.350	0.749	0.400	0.562
14	4602714112	琼海	4	2.065	2.101	2.110	2.583	2.215	0.519
15	5314264111	弥勒	4	1.566	0.422	0.888	0.560	0.859	1.143
16	6200734112	平凉柳湖	3	1.283	0.525	0.683	0.000	0.830	0.757

对于极差 >0.100 的 94 个文件究竟是什么造成的，应认真查找原因，给予必要的说明。

13.5　M2 波潮汐因子 M2A 年间极差

将 4 个年度的 M2A 汇总在同一表中进行统计，共取得 302 个极差结果。统计 302 个极差的大小分布情况：

极差 <0.100 的分量 212 个，占（302 个的）70.2%；极差 ≥0.100 的分量 90 个，占 29.8%。

在极差 ≥0.100 的 90 个分量中，极差的大小分布情况如下：

0.100 ≤ 极差 <0.200 的分量 33 个，占 10.9%，涵盖观测井点 33 个（见表 13 − 16）；

0.200 ≤ 极差 <0.500 的分量 41 个，占 13.6%，涵盖观测井点 41 个（见表 13 − 17）；

极差 >0.500 的分量 16 个，占 5.3%，涵盖观测井点 16 个（见表 13 − 18）。

表 13 − 16　M2A 极差介于 0.100 ～ 0.200 的 33 个文件

序号	文件名	台站地点	IK	$M2A_{2015}$	$M2A_{2016}$	$M2A_{2017}$	$M2A_{2018}$	均值	极差
1	1100444112	昌平	4	2.201	2.184	2.115	2.057	2.139	0.144
2	1202914112	汉沽	4	4.954	5.029	4.863	4.929	4.944	0.166

续表 13 – 6

序号	文件名	台站地点	IK	$M2A_{2015}$	$M2A_{2016}$	$M2A_{2017}$	$M2A_{2018}$	均值	极差
3	1324614112	繁峙	2	0.000	0.000	1.561	1.740	1.650	0.179
4	14005J4112	夏县	3	0.000	0.247	0.358	0.246	0.284	0.112
5	2107674111	抚顺	4	3.552	3.651	3.669	3.655	3.632	0.117
6	2108854112	锦州	4	3.040	3.117	3.149	3.174	3.120	0.134
7	2111224112	盘锦	3	0.000	0.492	0.414	0.380	0.429	0.112
8	2204024112	云峰	4	1.019	1.022	1.013	0.902	0.989	0.120
9	22040a4112	云峰	4	1.022	1.023	1.034	0.891	0.992	0.143
10	2206434112	扶余	4	0.168	0.125	0.231	0.158	0.171	0.106
11	2300964112	鹤岗	3	0.197	0.232	0.000	0.080	0.170	0.152
12	3200514112	徐州	4	2.086	2.117	2.148	2.186	2.134	0.101
13	3201994112	高邮	4	0.325	0.322	0.322	0.221	0.298	0.104
14	3209064111	丹徒	4	0.162	0.219	0.145	0.113	0.160	0.105
15	3505814112	晋江	3	0.374	0.419	0.507	0.000	0.433	0.133
16	3590414112	晋江	3	1.808	1.713	1.619	0.000	1.714	0.189
17	3591214112	福州罗源	4	0.903	0.847	0.748	0.948	0.862	0.200
18	3592214112	洛江	4	1.535	1.577	1.483	1.632	1.557	0.149
19	3600214112	会昌	4	0.401	0.581	0.506	0.397	0.471	0.184
20	3601014112	赣州	4	0.406	0.328	0.467	0.406	0.402	0.139
21	4102914112	郑州中原	3	0.000	0.094	0.255	0.119	0.156	0.161
22	4105454112	兰考	4	1.241	1.283	1.395	1.397	1.329	0.156
23	4201824112	襄樊万山	4	0.488	0.463	0.434	0.344	0.432	0.144
24	5050414112	大足	4	0.675	0.623	0.600	0.559	0.614	0.116
25	51064B4112	石棉	2	1.974	2.082	0.000	0.000	2.028	0.107
26	5130634112	泸沽湖	4	1.043	0.950	0.936	0.933	0.965	0.110
27	5316814111	昭通	3	0.000	0.057	0.179	0.208	0.148	0.151
28	6209114112	平凉威戎	4	2.635	2.557	2.482	2.481	2.539	0.154
29	6209154112	平凉威戎	4	2.664	2.583	2.520	2.508	2.568	0.156

续表 13 – 6

序号	文件名	台站地点	IK	$M2A_{2015}$	$M2A_{2016}$	$M2A_{2017}$	$M2A_{2018}$	均值	极差
30	6215134112	横梁	3	0.077	0.211	0.252	0.000	0.180	0.175
31	6405114112	中卫倪滩	4	0.341	0.364	0.337	0.245	0.322	0.120
32	6500714112	乌鲁木齐	4	0.682	0.636	0.710	0.760	0.697	0.124
33	6505424112	乌鲁木齐	3	0.180	0.226	0.122	0.000	0.176	0.104

表 13 – 17 $M2A$ 的极差介于 0.200 ～ 0.500 的 41 个文件

序号	文件名	台站地点	IK	$M2A_{2015}$	$M2A_{2016}$	$M2A_{2017}$	$M2A_{2018}$	均值	极差
1	1103214112	房山良乡	4	1.258	1.269	0.859	1.207	1.148	0.409
2	11085H4111	延庆	4	0.585	0.800	0.717	0.837	0.735	0.252
3	13005B4111	怀来	4	2.485	2.595	2.776	2.831	2.672	0.346
4	1310914112	深州	4	0.819	0.903	0.742	0.623	0.772	0.280
5	1311014112	邯郸峰	4	0.335	0.513	0.310	0.304	0.366	0.209
6	1402814112	祁县	4	1.511	1.697	1.765	1.648	1.655	0.254
7	1402914112	孝义	4	1.217	1.137	1.090	1.016	1.115	0.201
8	2105294111	大石桥	4	2.117	2.608	2.345	2.160	2.307	0.491
9	2108234112	盘锦	2	0.543	0.186	0.000	0.000	0.365	0.356
10	2108514112	盘锦	4	0.217	0.330	0.433	0.717	0.424	0.499
11	2108814112	锦州	4	3.005	3.135	3.171	3.211	3.131	0.205
12	2303924112	密山	4	0.816	0.556	0.871	0.770	0.753	0.316
13	2305814112	延寿	4	0.736	0.724	0.905	0.960	0.831	0.235
14	3105414112	长兴岛	4	0.850	0.793	0.721	0.625	0.747	0.224
15	3303714112	湖州	2	0.761	0.367	0.000	0.000	0.564	0.394
16	3400314111	庐江	4	1.606	1.730	1.860	1.834	1.758	0.254
17	3405314112	巢湖	4	1.228	1.076	0.912	0.903	1.030	0.325
18	3407224112	烂泥坳	4	1.215	1.190	1.078	0.873	1.089	0.343
19	3504014112	福清龙田	4	12.013	11.837	11.752	11.793	11.849	0.260
20	3505414112	泉州	2	2.130	1.709	0.000	0.000	1.919	0.421

续表 13 - 17

序号	文件名	台站地点	IK	M2A_{2015}	M2A_{2016}	M2A_{2017}	M2A_{2018}	均值	极差
21	3506674112	仙游	3	0.000	2.311	2.110	1.908	2.110	0.404
22	3590114112	晋江深沪	3	3.413	3.514	3.288	0.000	3.405	0.227
23	3591314112	福州连江	4	0.879	1.069	1.287	1.062	1.074	0.408
24	3600114112	南昌	4	0.450	0.212	0.197	0.373	0.308	0.253
25	3703514112	栖霞	4	2.249	2.211	1.978	1.906	2.086	0.343
26	41048a4112	鹤壁	4	1.591	1.382	1.282	1.424	1.420	0.309
27	4105214112	焦作	4	0.417	0.561	0.222	0.156	0.339	0.404
28	4106314112	南阳	4	0.789	0.858	0.937	1.050	0.908	0.261
29	4201224112	荆门	4	1.565	1.851	1.897	1.723	1.759	0.332
30	44005A4112	汕头	4	1.910	2.151	2.103	1.945	2.027	0.241
31	4401934112	信宜	4	1.741	1.483	1.409	1.325	1.489	0.416
32	4402214112	梅州	3	1.182	0.000	1.552	1.543	1.426	0.370
33	44063A4112	阳西	4	1.101	1.008	0.846	0.825	0.945	0.275
34	4602424112	文昌	4	2.396	2.304	2.089	1.970	2.190	0.425
35	4602714112	琼海	4	2.219	2.249	2.246	2.616	2.332	0.398
36	51063A4111	石棉	4	1.077	0.628	0.654	0.741	0.775	0.449
37	53016B4111	建水曲江	4	0.745	0.516	0.732	0.742	0.684	0.229
38	5304364111	楚雄	4	1.284	0.869	1.000	1.058	1.053	0.415
39	5307414112	泸西	4	0.840	0.938	0.735	0.765	0.820	0.204
40	6204814112	平凉华亭	4	0.499	0.188	0.131	0.256	0.269	0.369
41	6302784112	玉树	4	0.583	0.435	0.310	0.243	0.393	0.339

表 13 - 18　*M2A* 的极差 >0.500 的16个文件

序号	文件名	台站地点	IK	M2A_{2015}	M2A_{2016}	M2A_{2017}	M2A_{2018}	均值	极差
1	300414112	左家庄	4	4.609	4.673	4.261	3.821	4.341	0.851
2	1200314112	宝坻	4	1.599	1.575	1.227	0.677	1.270	0.922
3	1300824111	昌黎	4	1.538	1.986	2.352	2.342	2.055	0.814

续表 13 – 18

序号	文件名	台站地点	IK	$M2A_{2015}$	$M2A_{2016}$	$M2A_{2017}$	$M2A_{2018}$	均值	极差
4	1310754112	辛集	4	2.806	2.915	2.696	2.308	2.681	0.607
5	1312614112	马家沟	4	1.987	2.115	1.547	1.893	1.886	0.568
6	21019F4111	本溪	4	1.950	2.494	2.384	2.658	2.372	0.707
7	2103914112	瓦房店	4	3.961	3.744	3.220	3.664	3.647	0.741
8	2105214112	大石桥	4	2.187	2.719	2.460	2.291	2.414	0.532
9	2202314112	抚松	4	2.089	2.064	2.093	1.236	1.871	0.858
10	3104814112	凤城中学	4	1.252	1.265	0.803	0.606	0.982	0.659
11	3105214112	扬子中学	2	4.617	0.000	0.774	0.000	2.696	3.843
12	3700354112	聊城	4	1.981	1.980	1.448	1.961	1.843	0.533
13	4202054111	黄梅独山	4	0.637	0.150	0.115	0.158	0.265	0.522
14	4300134111	长沙	4	0.256	0.409	0.441	0.838	0.486	0.582
15	5314264111	弥勒	4	1.658	0.468	0.895	0.618	0.910	1.189
16	6200734112	平凉柳湖	3	1.234	0.552	0.798	0.000	0.862	0.682

13.6　潮汐振幅比 A 与 M2 波潮汐因子 $M2A$ 的比较

　　约定 $M2A - A$ 为同一水位分量 4 个年度 M2 波潮汐因子的均值 $M2A$ 与潮汐振幅比均值 A 之差。A 和 $M2A$ 都是水位观测振幅与固体潮体积应变理论值的振幅之比，只不过前者是综合比值，后者是 M2 波群的比值，因为它们都和弹性地球的勒夫数线性相关，所以，一般情况下，$M2A$ 和 A 二者的大小应该比较接近。但受局部地质、地理、水文、气象、海潮等多种因素影响，二者可能会出现明显差异。为了全面了解这些差异，我们统计了 334 个 $M2A - A$，结果表明：在 334 个 $M2A - A$ 中，有 192 个介于 ±0.1 之间，有 142 个差值 >0.1 或 < -0.1。在 >0.1 或 < -0.1 的 142 个差值中，有 71 个差值介于 -0.2～-0.1 或 0.1～0.2（见表 13 – 19），有

46 个差值介于 −0.2～0.2 或 0.2～0.5（见表 13−20），有 25 个差值 >
0.5（见表 13−21）。

表 13−19 *M2A − A* 介于 −0.2～−0.1 或 0.1～0.2 的 71 个文件

序号	文件名	台站地点	IK	A 均值	M2A 均值	M2A − A
1	1101914112	通州徐辛庄	1	0.231	0.126	−0.105
2	1201714112	高村	4	3.405	3.583	0.178
3	1201764112	高村	2	3.552	3.669	0.117
4	1309524112	唐山矿	4	0.758	0.897	0.139
5	1309914112	永清龙虎	4	2.238	2.425	0.187
6	1310614112	无极	4	1.144	1.272	0.128
7	1310814112	宁晋	4	1.145	1.321	0.175
8	1310914112	深州	4	0.649	0.772	0.122
9	1311114112	永年北杜	4	1.721	1.908	0.187
10	1324614112	繁峙	2	1.509	1.650	0.141
11	1400564112	夏县	4	0.169	0.272	0.103
12	1402914112	孝义	4	1.012	1.115	0.103
13	1403514112	临汾	1	0.577	0.690	0.112
14	1501624112	宁城地	4	0.138	0.315	0.176
15	2102514112	岫岩	4	3.135	3.329	0.194
16	2102544112	岫岩	4	3.085	3.239	0.155
17	2105684112	岫岩	4	0.553	0.727	0.173
18	2106514112	丹东汤池	4	1.299	1.425	0.126
19	2106554111	丹东汤池	4	1.515	1.389	−0.126
20	2202314112	抚松	4	1.737	1.871	0.134
21	2202334112	抚松	4	1.953	2.111	0.158
22	3100114112	佘山	4	0.447	0.598	0.151
23	3200514112	徐州	4	1.971	2.134	0.164

续表 13 – 19

序号	文件名	台站地点	IK	A 均值	M2A 均值	M2A – A
24	3201444111	溧阳	4	1.579	1.761	0.183
25	3201814112	昆山	4	0.826	0.940	0.114
26	3202014112	兴化	4	1.512	1.638	0.126
27	3302824112	宁波	2	0.425	0.568	0.144
28	3303714112	湖州	2	0.449	0.564	0.115
29	3405314112	巢湖	4	0.923	1.030	0.107
30	3405934112	安庆	4	1.534	1.686	0.152
31	3501254112	宁德台	4	0.299	0.422	0.122
32	3505614112	南安	4	0.554	0.657	0.103
33	3505804112	晋江	1	0.489	0.595	0.105
34	3506734112	尤溪	1	1.718	1.860	0.142
35	3591214112	福州罗源	4	0.753	0.862	0.108
36	3600214112	会昌	4	0.331	0.471	0.140
37	3703614112	商河	4	1.471	1.667	0.196
38	4102944112	郑州中原	2	0.334	0.151	– 0.183
39	4104414112	范县	4	1.446	1.627	0.180
40	4105214112	焦作	4	0.233	0.339	0.106
41	4105454112	兰考	4	1.212	1.329	0.117
42	4201924112	荆州	4	0.438	0.549	0.111
43	4209914112	丹江	4	0.919	1.046	0.127
44	4502504112	田东	4	0.788	0.895	0.107
45	4503254112	北海	2	0.450	0.272	– 0.178
46	4600314112	海口	4	0.450	0.578	0.128
47	4602424112	文昌	4	2.067	2.190	0.123
48	4602514112	马鞍岭	4	0.199	0.096	– 0.103
49	4602714112	琼海	4	2.215	2.332	0.117

续表 13 - 19

序号	文件名	台站地点	IK	A 均值	M2A 均值	M2A - A
50	5003014112	万州溪口	4	0.215	0.318	0.103
51	5304364111	楚雄	4	0.942	1.053	0.110
52	5307964111	昆明小哨	4	2.075	2.184	0.109
53	5314224111	弥勒	2	1.524	1.628	0.103
54	6100934111	周至	3	0.867	0.970	0.104
55	6101024112	泾阳	4	1.067	1.186	0.118
56	6111614112	石泉	4	1.930	2.073	0.144
57	6200934112	平凉	4	1.076	1.177	0.101
58	6205344112	临夏	4	0.449	0.554	0.105
59	6302784112	玉树	4	0.216	0.393	0.177
60	6500714112	乌鲁木齐	4	0.536	0.697	0.161
61	11027C4112	大兴杨堤	1	0.115	0.218	0.104
62	12001B4112	宝坻	1	0.574	0.678	0.104
63	13005B4111	怀来	4	2.555	2.672	0.117
64	22040a4112	云峰	4	0.891	0.992	0.101
65	41044a4112	范县	3	1.377	1.528	0.151
66	41048a4112	鹤壁	4	1.542	1.420	- 0.122
67	41054a4112	兰考	4	1.057	1.176	0.119
68	44015A4112	和平	1	0.066	0.192	0.126
69	44062A4112	阳江	4	0.404	0.523	0.120
70	44063A4112	阳西	4	0.828	0.945	0.116
71	51064B4112	石棉	2	1.838	2.028	0.190

表 13 - 20　*M2A - A* 介于 - 0.5 ～ - 0.2 或 0.2 ～ 0.5 的 46 个文件

序号	文件名	台站地点	IK	A 均值	M2A 均值	M2A - A
1	1100444112	昌平台	4	1.830	2.139	0.309

续表 13 - 20

序号	文件名	台站地点	IK	A 均值	M2A 均值	M2A - A
2	1101514112	顺义板桥	4	2.004	2.281	0.278
3	1200214112	张道口	4	3.799	4.257	0.458
4	1200314112	宝坻	4	0.909	1.270	0.361
5	1230134112	宝坻	4	1.236	1.440	0.204
6	1309424112	玉田	4	1.715	1.974	0.259
7	1310714112	辛集	4	2.590	3.069	0.480
8	1310754112	辛集	4	2.307	2.681	0.375
9	1312614112	马家沟	4	1.585	1.886	0.301
10	1314234112	衡水	3	1.916	2.148	0.232
11	1400154112	太原	4	0.755	1.038	0.283
12	1402814112	祁县	4	1.445	1.655	0.210
13	1403314112	沁县	4	0.227	0.433	0.206
14	1403414112	朔州	4	1.651	1.990	0.339
15	1600224112	沙河	4	3.247	3.683	0.436
16	2105214112	大石桥	4	1.940	2.414	0.474
17	2108514112	盘锦	4	0.162	0.424	0.262
18	2108814112	锦州	4	2.739	3.131	0.391
19	2108854112	锦州	4	2.722	3.120	0.398
20	3104714112	上海大学	4	1.274	1.546	0.272
21	3104814112	凤城中学	4	0.600	0.982	0.382
22	3105414112	长兴岛	4	0.404	0.747	0.343
23	3407224112	烂泥坳	4	0.880	1.089	0.209
24	3501584112	永安	4	3.411	3.656	0.245
25	3504514112	北雾里	4	1.548	1.816	0.269
26	3506674112	仙游	3	1.853	2.110	0.257

续表 13－20

序号	文件名	台站地点	IK	A 均值	M2A 均值	M2A － A
27	3590214112	南安	4	0.631	0.993	0.362
28	3590494112	晋江	1	1.027	1.467	0.439
29	3590914112	泉州	2	2.281	2.547	0.266
30	3590944112	泉州	1	2.197	2.501	0.304
31	3592214112	洛江	4	1.294	1.557	0.263
32	3592314112	德化	4	1.084	1.390	0.305
33	3700354112	聊城	4	1.575	1.843	0.267
34	3703514112	栖霞	4	1.855	2.086	0.231
35	3703914112	枣庄	4	1.948	2.174	0.227
36	4105414112	兰考	2	1.149	1.383	0.235
37	4105514112	金华	2	0.313	0.574	0.261
38	4210014112	桥上	4	0.251	0.467	0.216
39	4210314112	鹤峰	2	0.339	0.583	0.244
40	4406414112	花都	4	2.439	2.877	0.438
41	6209114112	平凉威戎	4	2.274	2.539	0.265
42	6209154112	平凉威戎	4	2.308	2.568	0.260
43	6509954112	温泉	4	0.248	0.488	0.240
44	11003B4112	平谷马坊	2	1.606	1.887	0.280
45	41055a4112	金华	2	0.274	0.505	0.232
46	45032c4112	北海咸田	2	0.506	0.301	－0.205

表 13－21　M2A － A > 0.5 的 25 个文件

序号	文件名	台站地点	IK	A 均值	M2A 均值	M2A － A
1	300414112	左家庄	4	3.039	4.341	1.302
2	1202914112	汉沽	4	1.438	4.944	3.506

续表 13-21

序号	文件名	台站地点	IK	A 均值	M2A 均值	M2A - A
3	1300824111	昌黎	4	1.424	2.055	0.630
4	1300864111	昌黎	2	0.933	1.471	0.538
5	1309314112	卢龙	4	1.081	1.908	0.827
6	2101514112	鞍山	4	1.082	1.971	0.889
7	2103914112	瓦房店	4	2.980	3.647	0.667
8	2105294111	大石桥	4	1.686	2.307	0.621
9	2107634111	抚顺	4	3.036	3.679	0.643
10	2107674111	抚顺	4	3.010	3.632	0.622
11	3100214112	崇明	4	1.789	2.873	1.084
12	3105214112	扬子中学	2	0.947	2.696	1.749
13	3504014112	福清龙田	4	6.403	11.849	5.446
14	3505414112	泉州	2	1.304	1.919	0.616
15	3505474112	泉州	1	1.260	1.865	0.605
16	3590114112	晋江深沪	3	2.712	3.405	0.693
17	3590194112	晋江深沪	1	2.456	3.005	0.549
18	3590414112	晋江	3	1.182	1.714	0.532
19	3590814112	石狮	3	3.812	4.746	0.934
20	3590834112	石狮	1	4.279	5.341	1.062
21	3591114112	福州晋安	4	1.715	2.242	0.527
22	3591314112	福州连江	4	0.487	1.074	0.587
23	4105714112	杞县	4	4.211	4.844	0.633
24	4201224112	荆门	4	1.222	1.759	0.537
25	4401934112	信宜	4	0.960	1.489	0.529

13.7　小结与讨论

2015—2018 年的深井水位观测数据涵盖观测井 384 个，其中有潮汐观测数据涵盖观测井 304 个，占 79.2%，无潮汐观测数据涵盖观测井 80 个，占 20.8%。

2015—2018 年的深井承压潮汐水位观测数据涵盖 1131 个年度数据文件，潮汐振幅比 A 的大小分布情况是：$A < 0.2$ 的文件有 249 个，占 22.0%；A 介于 $0.2 \sim 0.5$ 的文件有 297 个，占 26.3%；$A > 0.5$ 的文件有 585 个，占 51.7%。

2015—2018 年的深井承压潮汐水位观测数据涵盖 1131 个年度数据文件，M2 波潮汐因子 $M2A$ 的大小分布情况是：$M2A < 0.2$ 的文件有 193 个、占 17.1%；$M2A$ 介于 $0.2 \sim 0.5$ 的文件有 286 个，占 25.3%；$M2A > 0.5$ 的文件有 652 个，占 57.6%。

基于文件总数 90% 的结果，列出的特征参数的变化范围和统计均值如下：

（1）优段 90% 的 AM 的范围为 $5.594 \sim 136.426$，均值为 47.454；

（2）居中 90% 的 B 的范围为 $-74.807 \sim 124.861$，数值均值为 1.704，数字均值为 20.1079；

（3）居中 90% 的 $RK1$ 的范围为 $-15.885 \sim 19.014$，数值均值为 -1.462，数字均值为 5.208；

（4）优段 90% 的 $SMD1$ 的范围为 $0.599 \sim 7.608$，均值为 3.501；

（5）居中 90% 的 $RK2$ 的范围为 $-8.801 \sim 15.303$，数值均值为 0.881，数字均值为 2.344；

（6）优段 90% 的 $SMD2$ 的范围为 $1.740 \sim 213.190$，均值为 62.456；

（7）居中 90% 的 $M2B$ 的范围为 $-49.249 \sim 73.718$，数值均值为 0.504，数字均值为 16.245；

4 个年度水位潮汐振幅比 A 组成 302 个极差结果。其中，极差小于

0.1 的 208 个，占 68.9%；极差大于 0.1 的 94 个，占 31.1%。

4 个年度 M2 波潮汐因子 *M2A* 组成 302 个极差结果。其中，极差小于 0.1 的 212 个，占 70.2%；极差大于 0.1 的 90 个，占 29.8%。

本书中列出了特征参数异常值的一些文件，希望相关台站和单位对以上结果逐一考证。

第 14 章　关于改革的思考

从前面介绍的 2015—2018 年潮汐形变观测数据的跟踪分析结果不难看出潮汐形变观测领域存在不同程度的问题，主要问题有三个方面。

（1）仪器方面：仪器质量不稳定，部分台站的仪器未进入正常工作状态，仪器定向不统一、不规范，仪器标定系统有缺陷。

（2）观测环境方面：部分台站观测环境不达标。

（3）运行维护方面：有些测项分量给出的数据量纲不正确，观测人员不能及时发现和纠正，有些台站长期工作不正常。

以上问题严重制约了观测结果内在质量的提高。为此，该领域必须坚持深化改革，进一步提高观测资料的内在质量。

14.1　沉下心来打基础

（1）全面清理各个台站在观测环境、基础设施和运维条件等方面存在的问题和隐患，科学规划、周密部署、稳步推进，分类、分期逐步排除存在的问题和隐患，力争用 5 年左右的时间，彻底解决目前重点台站中存在的问题和隐患，使全国的潮汐形变台站观测环境焕然一新。

（2）对仪器及相关装置进行一次全面的清理和评估，按照高标准从严要求，彻底解决仪器中存在的问题和隐患，使仪器的技术指标（准确性和稳定性）上一个新台阶。应认真攻克仪器核心技术难关，应按照市场规则，重新制定仪器价格构成目录，以调动仪器研制人员的积极性、主动性和创造性，同时加大仪器售后服务的力度。

（3）加强运维管理。重点台站逐步实现一台同类仪器的双套观测制；加大运维投入，确保备用仪器（或核心配件）数量不少于 30%；改革运维经费投入机制，严格实行定额管理，运维经费与观测仪器数量和观测资料质量紧密挂钩。

（4）加强人员培训。根据目前情况，有必要对一线人员及其他相关人员进行一次系统的固体潮汐理论及观测资料处理方法的初级培训。由于观测人员存在一定的流动性，这种培训一般应 5 年重复一次。在条件允许的情况下，让更多相关专业的本科生、研究生参与到数据观测处理中，培养更多后备人才。

（5）稳步新增台站。按照 I 类资料标准，在地震活动强烈而观测点又缺少的区域适当增建一些高质量台站。在新建台站时，要严格建设标准，新建测项数据质量达不到 I 类水平的不予验收。

14.2　加强资料内在质量跟踪

（1）修订逐日跟踪、逐月跟踪和年度跟踪细则，要把潮汐振幅比的跟踪作为首要条件。

（2）逐日跟踪。主要跟踪逐日 NAKAI 计算的 A、B、$K1$ 和 SMD，由台站维护人员逐日完成，并将跟踪结果记录于日志中。本项跟踪的目的是将问题消除在萌芽状态。

（3）逐月跟踪。主要跟踪逐日 NAKAI 计算的 A、B、$K1$ 和 SMD 及它们的月度统计结果，由各单位质量监管人员完成，并提交跟踪逐月报告，上报国家台网中心和学科管理组。

（4）年度跟踪。主要跟踪完整率，利用率，逐日 NAKAI 计算的 A、B、$K1$、SMD、$M2A$ 及它们的年度统计结果，对资料内在质量进行 I、II、III 三个类别的划分，并进行纵向、横向对比，由台网中心前兆台网部和学科管理组共同完成。

14.3　改革资料评比

（1）制定Ⅰ、Ⅱ、Ⅲ类资料的划分标准。

（2）改革评比方式，评比重点由台站逐步转向单位或片区，评比由划分前 3 名逐步转换为划分Ⅰ、Ⅱ、Ⅲ类测项。

（3）前 3 名的数量和分配实行动态管理，总体数量与总体质量挂钩。前 3 名应在总体质量上升的单位或片区内选拔；总体质量明显下降的单位或片区不拟进入前 3 名；在同一台站，因人为原因使其某测项存在严重问题时，其他测项不拟进入前 3 名。

（4）加强数据库存储管理，确定对外提供的数据准确无误（量纲格式统一、内在质量优于Ⅱ类）。

（5）加强数据的推广应用，尽最大可能扩大数据的应用范围（包括外系统）和应用频率，观测数据应用情况应作为考核重要指标。

（6）逐步建立监测工作的监管督察机制。

（7）对观测结果中存在的特殊现象应予以重视，尽快组织部分理论功底较深的专业技术人员对其机理开展攻关研究。

14.4　系统全面清理历史资料

作为向公众提供的潮汐形变观测数据应进行两方面的整理与修正工作。

（1）按照优良、合格、不合格三个标准将历史资料分类。

（2）按照量纲统一、记录格值统一、定向统一的三个原则，将历史资料进行归一修正。此项工作拟以年度为单元，由近及远（2018 年、2017 年……2007 年）逐步推进。

参考文献

[1] CHEN D F, LI Z Y, LI X J, ZHANG J M. Results of earth tide observations from the water tube tilt meter network in China [J]. Marees terrestres bulletin d'informations, 1994, 118: 8766 – 8776.

[2] DEHANT V. Integrationof the gravitational motion equation for an elliptical uniformly rotating Earth with m inelastic mantle [J]. Physics of the earth and planetary interiors, 1987, 49 (3 – 4): 242 – 258.

[3] LI G Y, HSU H T. The tidal modelling theory with a lateral inhomogeneous, inelastic mantle [M] // KAKKURI J. Proceedings of the Eleventh international symposium on earth tides. Stuttgart: E. Schweizerbart'sche Verlagsbuchhandlung, 1989: 601 – 612.

[4] TAMURA Y. A harmonic development of the tide-generating potential [J]. Marees terrestres bulletin d'informations, 1987, 99: 6813 – 6855.

[5] WAHR J M. Body tides on an elliptical, rotating, elastic and oceaniess earth [J]. Geophysical journal of the royal astronomical society, 1981, 64 (3): 677 – 703.

[6] XI Q W. The algebraic deduction of harmonic development for the tide-generating potential with IBM-PC [M] //KUO J T. Proceeding Of Ninth International symposium on earth tides, Stuttgart: E. Schweizerbart'sche Verlagsbuchhandlung, 1983.

[7] XI Q W. A new Complete development of the tide-generating potential for the epoch 2000 [J]. Bull. inf. marées terrestres, 1987, 99: 6799 – 6812.

[8] XI Q W. The precision of the development of the tide-generating potential and some explanatory mote [J]. Marees terrestres bulletin d'informations, 1989, 105: 7396 – 7404.

[9] XI Q W. Standard data set for evaluation of high precise tides [J].

Marees terrestres bulletin d'informations, 1991, 110: 7981 - 7985.

[10] 北京大学地球物理系,武汉测绘学院大地测量系,中国科学技术大学地球物理教研室. 重力与固体潮教程 [M]. 北京:地震出版社,1982:225 - 260.

[11] 蒋骏,张雁滨. 固体潮理论值一阶微商的解析表达式及拟合检验 [J]. 地球物理学报,1994,37 (6):776 - 786.

[12] 李瑞浩. 重力学引论 [M]. 北京:地震出版社,1988:160 - 246.

[13] 李国营. 地球对几种不同特征驱动力的响应 [D]. 武汉:中国科学院测量与地球物理研究所,1988.

[14] 李国营,彭龙辉,许厚泽. 自转微椭、非均匀地球的潮汐变形 [J]. 地球物理学报,1996,139 (5):672 - 679.

[15] 刘序俨,李平. 应变固体潮理论值计算及其调和分析 [J]. 地球物理学报,1986,29 (5):460 - 467.

[16] 刘序俨,李平,张雁滨. 地表的面应变和体应变固体潮理论值计算及其调和分析 [J]. 地壳形变与地震,1988,8 (4):354 - 358.

[17] 刘序俨,杨锦玲,陈超贤,等. 临夏台钻孔系统性质的论证 [J]. 地球物理学报,2016,59 (9):3343 - 3353.

[18] 陆远忠,吴云,王炜,等. 地震中短期预报的动态图像方法 [M]. 北京:地震出版社,2001:248 - 251.

[19] 骆鸣津,池顺良. 起潮力作为地球内部物质运动力的可能性 [J]. 地壳形变与地震,1998,18:29 - 33.

[20] MELCHIOR P,方俊,DUCARME B,等. 中国固体潮观测研究 [J]. 地球物理学报,1985,28 (2):142 - 154.

[21] 唐九安. 固体潮观测数据的预处理 [J]. 西北地震学报,1981,3 (3):73 - 76.

[22] 唐九安. 天顶距微分公式用于重力、倾斜和应变固体潮资料的拟合检验 [J]. 地壳形变与地震,1990,10 (2):1 - 8.

[23] 唐九安. 计算固体潮潮汐参数的非数字滤波调和分析方法 [J]. 地壳形变与地震,1999,19 (1):49 - 55.

[24] 吴庆鹏. 重力学与固体潮 [M]. 北京:地震出版社,1997:217 - 360.

[25] 郗钦文,侯天航. 固体潮汐与引潮常数 [J]. 中国地震,1986,10

(2)：32 -43.

[26] 郗钦文，侯天航. 新的引潮位完全展开 [J]. 地球物理学报，1987，
30 (4)：349 -362.

[27] 郗钦文. 固体潮理论值计算 [J]. 地球物理学报，1982，25 （增
刊）：632 -643.

[28] 许厚泽，陈振邦，杨怀冰. 海洋潮汐对重力潮汐观测的影响 [J].
地球物理学报，1982，25 (2)：120 -129.

[29] 许厚泽，毛伟建. 不同地球模型对负荷潮汐改正的影响 [J]. 地球
物理学报，1985，28 (3)：282 -290.

[30] 许厚泽，毛伟建. 中国大陆的海洋负荷潮汐改正模型 [J]. 中国科
学，1988，18 (9)：984 -994.

[31] 许厚泽，张赤军. 我国大地重力学和固体潮研究进展 [J]. 地球物
理学报，1997，40：192 -205.

[32] 周坤根，VAN M，RUYMBEKE. 具有 VRL8350 静电反馈装置的拉科
斯特重力仪性能的研究 [J]. 地球物理学报，1991，34 (3)：
377 -380.

[33] 陆忠远，李胜乐，邓志辉，等. 基于 GIS 的地震分析预报系统
[M]. 成都：成都地图出版社，2002.

[34] 中国地震局. 地震及地震前兆测项分类与代码：DB/T 3 -2003 [S]
//中华人民共和国地震行业标准. 北京：地震出版社，2003：12.

[35] 中国地震局. 地震台站代码：DB/T 4 -2003 [S] //中华人民共和国
地震行业标准. 北京：地震出版社，2004：02.

[36] 宋臣田，宋彦云，唐九安，等. 地震监测仪器大全 [M]. 北京：地
震出版社，2008.

附　　录

附录1　整点采样观测数据预处理和分波群潮汐参数的非数字滤波方法计算源代码

```
CCCCCCCCCCCCCCCCCCCCCCCCCCCCCCCCC
C 整点采样观测数据预处理和分波群潮汐参数的非数字滤波方法计算
C 漂移系数 RK1 在 NAKAI 计算过程中以"小时"为单位,保存结果中以"天"为单位
C 滞后因子 B 在 NAKAI 计算过程中以"小时"为单位,保存结果中以"分钟"为单位
CCCCCCCCCCCCCCCCCCCCCCCCCCCCCCCCC
      PROGRAM ZDZDG5HTNHTHFXA
      DIMENSION IMON(12),AM(24,6),AM2(24,6),AM3(24,6),GX2(24,2)
     1,GX3(24),GX4(24),IDATI(24,2),IDATI2(24,2),IDATI3(24,2),RDGN(2000,2)
     2,IBYBHJ(20),IDATN(9999,4),A(9999),AB(9999,9),PYXSLB(9999)
     3,IA7(484,7),JY00(66,3),JY0(25,3),IFDCS(330,4),IFDCS1(330,3),JZ(72)
     4,IDTN(330),ISJGSLB(330,2),SMD12LB(330,2),ISJXXLB(8),RJSJBJG(28)
     5,PJCSLB(25),IDGN(2000)
      REAL * 8 T01,T02,T4,T00,T001,TT4,C1,C2,RA,G0,R1A,QJ,QJ1,CQ,CQ1,SQ
     1,SQ1,VV,VVV,V00,DSI1,DSI2,DSI4,RN22,RN23,RH2,RH3,RL2,RL3,RF2,RF3
     2,EU,R00,W04(8),ZS01,ZS02,RZFXW(16,2),RW1(484),RW2(484),RW0(484,2)
     3,RN1(484),RN2(484,3),AA(72,145),BL(72),W06(6),TPS(6),DS(25,6)
     4,BL2(72),RE(3,7),AMM(73),CV(8),ZYCXCS(330,50),T00M(24),R001,R002
      CHARACTER * 24 CAHNAK,CAHNA0,CAHAAA,CAHBBB,CAHKKK,CAHPHZ,CAHDGZ
     1,CAHLON,JSJG,ASI0(66) * 16,ASI(25) * 16,CAGCZ * 18,CAGCZ1 * 18,TZMC * 28
     2,CA1 * 1,CA2 * 2,CA3 * 3,CACZQ(8) * 7
      DATA IMON/31,28,31,30,31,30,31,31,30,31,30,31/,RA,G0
     1,R1A/1.7453292D - 2,978.0318D0,6378140D0/,RH2,RH3,RL2,RL3,RF2,RF3
     2,EU/0.6114D0,0.2913D0,0.0832D0,0.0145D0,0.7236D0,0.4086D0
     3,0.25D0/,CV/41.2908D0,42.2182D0, - 42.2182D0,8.70814D0
     4,3 * 42.2182D0,63.327/
      DATA CACZQ/' 2.85D','5.70D',' 11.41D',' 22.83D',' 45.66D'
```

```
    1,'91.31D','182.62D','365.26D'/
       COMMON WL,NG,A1,A12,GA1,AG1,SZ,CZ,SZ2,CZ2,SAZ,CAZ,SAZ2
    1,CAZ2,SCAZ,CA2Z,SA2Z
C W04(1)为1/128年周期干扰因子的角速度(°/小时),2～8依次为1/64,1/32/...1/2,1年周期角速度
C FOR 1/128年 W04(1), 2.8535天
C FOR 1/64年   W04(2), 5.7070天
C FOR 1/32年   W04(3),11.4141天
C FOR 1/16年   W04(4),22.8281天
C FOR 1/8年    W04(5),45.6562天
C FOR 1/4年    W04(6),91.3125天
C FOR 1/2年    W04(7),182.625天
C FOR 1年      W04(8),365.25天
       W04(1)=360.0/8766.0*128.0
       W04(2)=W04(1)/2.0D0
       W04(3)=W04(2)/2.0D0
       W04(4)=W04(3)/2.0D0
       W04(5)=W04(4)/2.0D0
       W04(6)=W04(5)/2.0D0
       W04(7)=W04(6)/2.0D0
       W04(8)=W04(7)/2.0D0
CCCCCCCCCCCCCCCCCCCCCCCCCCCCCCCC
C STEP-01 读入常数表-D484.DAT
C 读入杜德森常数表-484
       OPEN(1,FILE='D484.DAT',STATUS='OLD')
       DO 102 I=1,484
       READ(1,10) I1,(IA7(I,J),J=1,7),RN1(I)
   102    CONTINUE
C 读入6个天文参数角速度
       READ(1,*) (W06(J),J=1,6)
       IA7(128,3)=10
       IA7(148,3)=10
       IA7(162,3)=10
       IA7(353,3)=10
       DO 104 I=1,484
       RW1(I)=IA7(I,1)*W06(1)
       DO 104 J=2,6
       RW1(I)=RW1(I)+(IA7(I,J)-5)*W06(J)
   104    CONTINUE
C RW2=以天为单位的周期
       DO 106 I=1,483
       RW2(I)=360/RW1(I)/24.0
```

```
106     CONTINUE
C 读入逐月/逐年和整体计算波群分组参数(19 + 22 + 25)
     DO 108 I = 1,66
     READ(1,11) I1,(JY00(I,J),J = 1,3),ASI0(I)
108     CONTINUE
     CLOSE(1)
10     FORMAT(1X,I3,1X,7I1,1X,F8. 5)
11FORMAT(4(1X,I3),3X,A16)
CCCCCCCCCCCCCCCCCCCCCCCCCCCC
C STEP - 02 准备存放计算结果文件
C TD31 观测数据引导文件;TD32 掉格改正信息结果汇总表;TD33 数据信息及 NAKAI 拟合结果汇总表
C TD34 逐月调和分析结果(M3,S2,M2,K1,O1)汇总表;TD35 整体/年度计算主要计算结果汇总表
C TD36 数据内在质量评价指标参数汇总表;TD37 长周期波振幅和相位;TD38 修正 IQ 后的测项表
C TD39 无潮 NAKAI 拟合结果汇总表;
     OPEN(31,FILE = '\T24\HGCZWJ\'//'ZDZCXB. FLE')
     OPEN(32,FILE = '\T24\ZDZHTJS\'//'HT-DGXXHZB. BBB'
1,STATUS = 'UNKNOWN')
     OPEN(33,FILE = '\T24\ZDZHTJS\'//'HT-NAKJGHZB. BBB'
1,STATUS = 'UNKNOWN')
     OPEN(34,FILE = '\T24\ZDZHTJS\'//'HT-ZYCXCSHZB. BBB'
1,STATUS = 'UNKNOWN')
     OPEN(35,FILE = '\T24\ZDZHTJS\'//'HT-ZTNDCXCSHZB. BBB'
1,STATUS = 'UNKNOWN')
     OPEN(36,FILE = '\T24\ZDZHTJS\'//'HT-SJNZZLZBHZB. BBB'
1,STATUS = 'UNKNOWN')
     OPEN(37,FILE = '\T24\ZDZHTJS\'//'HT-LONGTIMEHZB. BBB'
1,STATUS = 'UNKNOWN')
     OPEN(38,FILE = '\T24\ZDZHTJS\'//'XZZDZCXB. FLE'
1,STATUS = 'UNKNOWN')
     OPEN(39,FILE = '\T24\ZDZHTJS\'//'HT-NAKJGFQB. BBB'
1,STATUS = 'UNKNOWN')
     WRITE(32,'(A)') '序号    文件名    台站名    BZ    利用数
1差分限1 差分限2 IDG1 IDG2 IDGZ'
     WRITE(33,'(A)') ' 序号    文件名    台站名    BZ    方位 NG
1 首日    尾日    原始数据    完整率 利用数据 利用率
2 数据天    掉格    A    AM    B    BM    RK1
3 RK1M        SMD    SMDM'
     WRITE(39,'(A)') '序号    文件名    台站名    BZ    方位 NG
1首日    尾日    原始数据    完整率    利用数据    利用率
2数据天    掉格    A    AM    B    BM    RK1
3 RK1M        SMD    SMDM'
```

```
      WRITE(34,'(A)') '序号    文件名    台站名    BZ    首日
1 尾日  ISJGS1   V1   ISJGS2   V2   PYXS   M3A
2   M3B   S2A   S2B   M2A   M2AM   M2B
3   K1A   K1B   O1A   O1B'
      WRITE(35,'(A)') '序号    文件名   台站名   BZ   首日
1 尾日  数据1  V1  数据2  V2  漂移系数  M3A
2   M3B   S2A   S2B   M2A   M2AM   M2B
3   K1A   K1B   S1A   S1B   O1A   O1B'
      WRITE(36,'(A)') '序号    文件名    台站名    首日    尾日
1 原始数据 利用数据  SMDZR   RK1ZR   RK1MZR      A
2 AM%    BM    SMDZY   PYXSZY   M2A   M2AM%
3 M2BM   SMDNZ  PYXSZTND  S1A'
      WRITE(37,'(A)') '序号    文件名   台站名  利用数据  V2
1   T2.85A  T2.85B  T5.71A  T5.71B   T7.10A   T7.10B
2   T9.13A  T9.13B  T11.41A  T11.41B  T13.66A  T13.66B
3   T22.83A  T22.83B  T27.55A  T27.55B  T31.81A  T31.81B
4   T45.66A  T45.66B  T91.31A  T91.31B  T182.6A  T182.6B
5   T365.2A  T365.2B'
C 设定计算文件的起始序号 JSXH1,终止序号 JSXHN,潮汐参数计算选择参数 JSJD0
C JSJD0 = 0,截止预处理及 NAKAI 计算;JSJD0 = 1,截止逐月调和分析计算
C JSJD0 = 2,截止逐年调和分析计算;JSJD0 = 3,截止整体调和分析计算
      WRITE( * , * ) 'ENTER JSXH1,JSXHN'
      READ( * , * ) JSXH1,JSXHN
      JSJD0 = 3
      JSJDB0 = 0
C 此设置 JSJDB0 = 1 是为跳过逐月计算,则 TD34 将为空文件
CCCCCCCCCCCCCCCCCCCCCCCCCCCCCCCC
C STEP - 03 读入计算起止日期和数据文件属性参数
      READ(31, * ) KSRQ,JSRQ
      WRITE(38, * )   KSRQ,JSRQ
C 计算起—止时间段内整点值的日历个数 IYYSJGS
      CALL COMPIT0(KSRQ,IT01)
      CALL COMPIT0(JSRQ,IT02)
      IYYSJGS = (IT02 - IT01 + 1) * 24
      YYSJGS = IYYSJGS
      WRITE( * ,'(A)') '序号    WJM    BZ0    N  IDGZ
1 SMD  RLYL  DELT0  DELT1    AM%'
C 最外层 – 数据文件选择循环 800 ～ 810
      IJSXH = 0
800    CONTINUE
      READ(31, * ,END = 810) IXH,CAGCZ,WL,RZ,H1,AZ0,NG,BT,BZ0,DELT0
```

```
      1,IQ,TZMC
      BZ01 = BZ0
      CA1 = CAGCZ(11∶11)
      CA2 = CAGCZ(7∶8)
      CA3 = CAGCZ(7∶9)
C     计算测项选择(重力21,倾斜22,应变23,水位41)
C     IF(CA2.NE.'22') THEN
C     GO TO 800
C     END IF
C IQ 非 1 的文件不计算
      IF(IQ.EQ.0) GO TO 800
C IXH 小于 JSXH1 的文件不计算
      IF(IXH.LT.JSXH1) THEN
      GO TO 800
      END IF
C IXH 大于 JSXHN 的文件不计算
      IF(IXH.GT.JSXHN) THEN
      GO TO 810
      END IF
C 潮汐响应比值取值范围(除重力外,基本全开放)
      IF(CA2.EQ.'21') THEN
      DET1 = DELT0 * 0.5
      DET2 = DELT0 * 2.0
      ELSE IF(CA2.EQ.'23') THEN
      DET1 = -12.0
      DET2 = 12.0
      ELSE
      DET1 = -10.0
      DET2 = 10.0
      END IF
C 确定换算比值
      IF(CAGCZ(11∶11).EQ.'L') THEN
      HSBZ = 1.0
      GO TO 107
      END IF
      IF(CA3.EQ.'231'.OR.CA3.EQ.'232') THEN
      HSBZ = 0.1
      GO TO 107
      END IF
      IF(CA3.EQ.'411') THEN
      HSBZ = 1000.0
```

```
        GO TO 107
        END IF
        HSBZ = 1. 0
107     CONTINUE
        BZ = BZ0 * HSBZ
C 确定 SMD0
        IF( CA3. EQ. '223'. OR. CA3. EQ. '231') THEN
        SMD0 = 6. 0
        ELSE
        SMD0 = 12. 0
        END IF
        IF( CA1. EQ. 'L') THEN
        SMD0 = 1. 0
        END IF
C 确定 ER0
        IF( DELT0. LT. 1. 0) THEN
        ER0 = SMD0
        ELSE
        ER0 = SMD0 * DELT0
        END IF
CCCCCCCCCCCCCCCCCCCCCCCCCCCCCC
C STEP - 04 准备存放计算结果文件
C CAHDGZ - 掉格改正信息;CAHPHZ - 平滑数据;CAHNAK - NAKAI 逐日拟合参数综合表
C CAHAAA - NAKAI 逐日拟合潮汐响应比值 A 列表结果;CAHBBB - NAKAI 逐日拟合潮汐滞后因子 B 列表结果
C CAHKKK - NAKAI 逐日拟合漂移—次项系数 RK1 列表结果;CAHLON - 长周期波(群)振幅和相位
        CAHDGZ( 1 : 14) = CAGCZ( 1 : 14)
        CAHDGZ( 15 : 24) = 'HT-DGZ. TXT'
        CAHPHZ( 1 : 14) = CAGCZ( 1 : 14)
        CAHPHZ( 15 : 24) = 'HT-PHZ. TXT'
        CAHNAK( 1 : 14) = CAGCZ( 1 : 14)
        CAHNAK( 15 : 24) = 'HT-NAK. TXT'
        CAHNA0( 1 : 14) = CAGCZ( 1 : 14)
        CAHNA0( 15 : 24) = 'HT-NA0. TXT'
        CAHAAA( 1 : 14) = CAGCZ( 1 : 14)
        CAHAAA( 15 : 24) = 'HT-AAA. TXT'
        CAHBBB( 1 : 14) = CAGCZ( 1 : 14)
        CAHBBB( 15 : 24) = 'HT-BBB. TXT'
        CAHKKK( 1 : 14) = CAGCZ( 1 : 14)
        CAHKKK( 15 : 24) = 'HT-KKK. TXT'
        CAHLON( 1 : 14) = CAGCZ( 1 : 14)
        CAHLON( 15 : 24) = 'HT-LON. TXT'
```

```
    OPEN(12,FILE = '\T24\ZDZHTJS\HTDGXXWJ\'//CAHDGZ
   1,STATUS = 'UNKNOWN')
    WRITE(12,'(A)')'序号  文件名      台站名  数据个数'
CCCCCCCCCCCCCCCCCCCCCCCCCCCCCCCC
C STEP-05 计算纬度系数及方位角系数
    AZ1 = AZ0
    RZ1 = RZ * RA
    Z2 = RZ1 - 3.352813E - 3 * SIN(2. * RZ1)
    SZ = SIN(Z2)
    CZ = COS(Z2)
    S2Z = SIN(Z2 * 2.)
    C2Z = COS(Z2 * 2.)
    SZ2 = SZ ** 2
    CZ2 = CZ ** 2
    A1 = 1. - 3.32479E - 3 * SZ ** 2 + H1/6378140.
    G1 = 1./(1. + 5.3024E - 3 * SZ ** 2 - 5.9E - 6 * SIN(2. * RZ1) ** 2)
    A12 = A1 ** 2
    AG1 = A1 * G1
    IF(NG.EQ.1) THEN
    GA1 = 1.0
    ELSE
    GA1 = G1
    END IF
    IF(NG.LE.3.OR.NG.EQ.8) GO TO 101
C FOR TILT-NG = 4 倾斜
    AZA = AZ0 * RA
    CAZ = COS(AZA)
    SAZ = SIN(AZA)
    IF(NG.LE.4) GO TO 101
C FOR LINE STRAIN-NG = 5,6 水平线应变
    AZ2A = AZA * 2.0
    SCAZ = SAZ * CAZ
    CA2Z = COS(AZ2A)
    SA2Z = SIN(AZ2A)
    CAZ2 = CAZ * CAZ
    SAZ2 = SAZ * SAZ
    IF(NG.LE.6) GO TO 101
C FOR DIFFERENCE STRAIN(NG = 7) - 差应变
    CAZ2 = - CA2Z
    SAZ2 = CA2Z
    SCAZ = SCAZ * 2.0
```

```
     101    CONTINUE
CCCCCCCCCCCCCCCCCCCCCCCCCCCCCC
C STEP -06 将观测数据读入内存,并计算同步理论值,一并存于当前目录 GCZ01. DA0 中
        OPEN(1,FILE = '\T24\HGCZWJ\'//CAGCZ,STATUS = 'OLD')
        OPEN(11,FILE = 'GCZ01. DA0',STATUS = 'UNKNOWN')
        OPEN(13,FILE = '\T24\ZDZHTJS\HTNA0WJ\'//CAHNA0,STATUS = 'UNKNOWN')
        N = 0
        N1 = 0
     100    CONTINUE
        READ(1, * ,END =110) ID,R1
C 不记忆 999999/99999 数据
        IF(ABS(R1 -999999. 0). LT. 0. 01) GO TO 100
        IF(ABS(R1 -99999. 0). LT. 0. 01) GO TO 100
        ID1 = ID/100
        ID2 = ID - ID1 * 100
        IF(ID1. LT. KSRQ) GO TO 100
        IF(ID1. GT. JSRQ) GO TO 110
C 不记忆水位大于 1000m 的数据
        IF(CA1. EQ. 'S'. AND. CA2. EQ. '41'
        1. AND. ABS(R1). GT. 1000. 0) GO TO 100
C 舍弃大于 9999/99999 数据的 5 位或 6 位以上的大数字
        R1 = R1 * BZ
        IF(CA3. EQ. '411') THEN
        R1 = R1 - INT(R1/1E6) * 1E6
        ELSE
        R1 = R1 - INT(R1/1E5) * 1E5
        END IF
C 计算当日 0 时的儒略日,ID1 为年 + 月 + 日
        N = N + 1
        CALL COMPT00(ID1,T00,BT)
        T00M(1) = ID2
C 计算理论值,微分值 RLLZ1,RWFZ2
        CALL TIDEM(1,T00,T00M,GX2,BT)
        RLLZ = GX2(1,1)
        RWFZ = GX2(1,2)
        WRITE(11,12) ID,R1,RLLZ,RWFZ
     12    FORMAT(I10,3(1X,F10. 2))
        IF(N. EQ. 1) THEN
        R0 = R1
        RLLZ0 = RLLZ
        GO TO 100
```

```
        END IF
        R10 = R1 - R0
        R20 = R1 - R0 - (RLLZ - RLLZ0) * DELT0
        IF(ABS(R10).LT.100.0) THEN
        N1 = N1 + 1
        END IF
        R0 = R1
        RLLZ0 = RLLZ
        GO TO 100
110     CONTINUE
        CLOSE(1)
        CLOSE(11)
C 限定最多掉格次数(50 次/年)
        IDGMAX = N/176 + 1
        ISYSJGS = N
        SYSJGS = N
CCCCCCCCCCCCCCCCCCCCCCCCCCCCCCC
C STEP - 07 根据一阶差分确定掉格信息/位置/掉格次数
C 根据 DELT0 大小修正差分限
        IF(CA1.EQ.'L') THEN
        IDG = 0
        WRITE(12,13) IXH,CAGCZ(1:14),TZMC(1:8),N
13      FORMAT(1X,I4,1X,A14,1X,A8,1X,I6)
        GO TO 129
        END IF
        IDGCFCS = 0
        ER1 = ER0
111     CONTINUE
        ERM1 = ER1 * 3.0
        ERM2 = ER1
        RDGN = 0.0
        IDGN = 0
        OPEN(1,FILE = 'GCZ01.DA0',STATUS = 'OLD')
        IDG = 0
        READ(1,12) ID0,R0,S0,W0
        M = 1
120     CONTINUE
        READ(1,12,END = 130) ID,R1,S1,W1
        M = M + 1
        CZ1 = R1 - R0 - (S1 - S0) * DELT0
        IF(ABS(CZ1).LT.ERM1) THEN
```

```
        IDO = ID
        R0 = R1
        S0 = S1
        W0 = W1
        GO TO 120
        END IF
C CZ1. GT. ERM1
        KCS = 0
        CZ0 = CZ1
        ID00 = ID0
        ID0 = ID
        R0 = R1
        S0 = S1
        W0 = W1
    121     CONTINUE
        READ( 1 ,12 ,END = 130) ID,R1,S1,W1
        M = M + 1
C 连续 3 组差值小于 ERM2,则视掉格信息为 ID00,CZ0
        CZ22 = R1 – R0 – (S1 – S0) * DELT0
        IF( ABS( CZ22). LT. ERM2) THEN
        KCS = KCS + 1
        IF( KCS. EQ. 3) GO TO 122
        ID0 = ID
        R0 = R1
        S0 = S1
        W0 = W1
        GO TO 121
        END IF
C CZ1 和 CZ22 都超限,CZ1/CZ22(1 正 1 负),疑似单点突跳
        IF( CZ1/CZ22. LT. 0. 0) THEN
        ID0 = ID
        R0 = R1
        S0 = S1
        W0 = W1
        GO TO 120
        END IF
C 非单点突跳
        ID0 = ID
        R0 = R1
        S0 = S1
        W0 = W1
```

```
          GO TO 120
C 记忆掉格信息
     122      CONTINUE
          IDG = IDG + 1
          IF( IDG. GT. IDGMAX) THEN
          ER1 = ER1 * 1. 5
          IDGCFCS = IDGCFCS + 1
          IF( IDGCFCS. LE. 2) THEN
          CLOSE( 1)
          GO TO 111
          END IF
          END IF
          IDGN( IDG) = ID00
          RDGN( IDG,1) = CZ0
          ID0 = ID
          R0 = R1
          S0 = S1
          W0 = W1
          KCS = 0
          GO TO 120
     130      CONTINUE
          CLOSE( 1)
CCCCCCCCCCCCCCCCCCCCCCCCCCCCCCC
C STEP - 08 第一阶段掉格改正,改正数据存于 GCZ02. DA0 中
C 计算掉格累计值,无掉格转 119
          IF( IDG. EQ. 0) GO TO 119
          RDGN( 1,2) = RDGN( 1,1)
          DO 123 I = 2,IDG
          RDGN( I,2) = RDGN( I - 1,2) + RDGN( I,1)
     123      CONTINUE
          OPEN( 1,FILE = 'GCZ01. DA0',STATUS = 'OLD')
          OPEN( 11,FILE = 'GCZ02. DA0',STATUS = 'UNKNOWN')
          IDGI = 1
          ID0 = IDGN( 1)
          GZH = 0. 0
     125      CONTINUE
          READ( 1,12,END = 128) ID,R1,S1,W1
          IF( ID. LE. ID0) THEN
          WRITE( 11,12) ID,R1 - GZH,S1,W1
          GO TO 125
          END IF
```

```
        IDGI = IDGI + 1
        IF( IDGI. GT. IDG) GO TO 124
        ID0 = IDGN( IDGI)
        GZH = RDGN( IDGI - 1,2)
        WRITE(11,12) ID,R1 - GZH,S1,W1
        GO TO 125
124     CONTINUE
C 对最后 1 个数据段实施掉格改正
        GZH = RDGN( IDG,2)
        WRITE(11,12) ID,R1 - GZH,S1,W1
126     CONTINUE
        READ(1,12,END = 128) ID,R1,S1,W1
        WRITE(11,12) ID,R1 - GZH,S1,W1
        GO TO 126
128     CONTINUE
        CLOSE(1)
        CLOSE(11)
119     CONTINUE
C 保存第一阶段掉格信息
        WRITE(12,13) IXH,CAGCZ(1:14),TZMC(1:8),N
        WRITE(12,14) ERM1,ERM2,IDG
14      FORMAT(1X,'第一阶段掉格',23X,2(1X,F8.2),1X,I4)
        IF( IDG. EQ. 0) GO TO 129
        WRITE(12,'(A)') '序号      时间        改正值      改正和'
        DO 127 I = 1,IDG
        WRITE(12,15) I,IDGN(I),(RDGN(I,J),J = 1,2)
127     CONTINUE
15      FORMAT(1X,I4,1X,I10,2(1X,F9.2))
129     CONTINUE
CCCCCCCCCCCCCCCCCCCCCCCCCCCCCCCCC
C STEP - 09 逐日 NAKAI 拟合计算,剔除"坏数据"后数据存于 GCZ03. DA0 中
        IF( IDG. EQ. 0) THEN
        OPEN(1,FILE = 'GCZ01. DA0',STATUS = 'OLD')
        ELSE
        OPEN(1,FILE = 'GCZ02. DA0',STATUS = 'OLD')
        END IF
        OPEN(11,FILE = 'GCZ03. DA0',STATUS = 'UNKNOWN')
        ER1 = ER0
        AM = 0. 0
        KI = 0
        MI = 0
```

```
      NHJSJDA = 0
      AB = 0. 0
      IYXSJGS = 0
      ISJZS = 0
140      CONTINUE
      READ(1,12,END = 150) ID,R1,S1,W1
      ID1 = ID/100
      ID2 = ID − ID1 * 100
      ISJZS = ISJZS + 1
      IF(ISJZS. GT. 1) GO TO 141
      MI = 1
      ID01 = ID1
      ID02 = ID2
      IDATI(MI,1) = ID01
      IDATI(MI,2) = ID02
      AM(MI,1) = S1
      AM(MI,2) = W1
      AM(MI,3) = 1. 0
      AM(MI,4) = ID02
      AM(MI,5) = R1
      GO TO 140
141      CONTINUE
C 日期改变转 145,否则继续直至读完当日数据
      IF(ID1. NE. ID01) GO TO 145
C 日内数据个数超过 24,则停止计算
      MI = MI + 1
      IF(MI. GT. 24) THEN
      WRITE( * , * ) IXH,CAGCZ(1:14),ID01,MI
      STOP
      END IF
C 列观测方程
      IDATI(MI,1) = ID1
      IDATI(MI,2) = ID2
      AM(MI,1) = S1
      AM(MI,2) = W1
      AM(MI,3) = 1. 0
      AM(MI,4) = ID2
      AM(MI,5) = R1
      R0 = R1
      GO TO 140
145      CONTINUE
```

```
C 当日数据不足 8 小时不计算 NAKAI
   IF(MI. LT. 8) THEN
   GO TO 199
   END IF
   CALL NAKAIJSA1(MI,MI1,AM,AM2,IDATI,IDATI2,BL,GX3,GX4,ER1
1,SMD1,SMD2)
C 将 B 转化为以分钟为单位
   BL(2) = BL(2) * 60D0
C 将 RK1 转化为以天为单位
   BL(4) = BL(4) * 24D0
   WRITE(13,16) ID01,MI,MI1,SMD1,SMD2,(BL(J),J=1,4)
   IF(CA1. EQ. 'L') GO TO 149
   IF(MI1. LT. 8) THEN
   GO TO 199
   END IF
16    FORMAT(1X,I10,2(1X,I4),2(1X,F9. 2),1X,F9. 4,1X,F9. 3
1,1X,F9. 1,1X,F9. 2)
C 计算结果正常,记忆计算结果后转 149
   IF(SMD2. LT. ER1. AND. BL(1). GT. DET1. AND. BL(1). LT. DET2) THEN
   GO TO 149
   END IF
C 对问题数据分段(8H)NAKAI 计算,找出有效数据段,舍弃无效数据段
   IF(MI. LT. 8) GO TO 199
   IDGS0 = 8
   CALL NAKAIJSA2(MI,MI3,AM,AM3,IDATI,IDATI3,BL,GX3,GX4,DET1,DET2
1,ER1,IDGS0)
C 对有效数据段再次计算
   CALL NAKAIJSA1(MI3,MI1,AM3,AM2,IDATI3,IDATI2,BL,GX3,GX4,ER1
1,SMD1,SMD2)
   BL(2) = BL(2) * 60D0
   BL(4) = BL(4) * 24D0
   WRITE(13,16) ID01,MI,MI1,SMD1,SMD2,(BL(J),J=1,4)
   IF(MI1. LT. 8) GO TO 199
C 计算结果正常,记忆计算结果后转 149
   IF(SMD2. LT. ER1. AND. BL(1). GT. DET1. AND. BL(1). LT. DET2) THEN
   GO TO 149
   END IF
C 记忆非正常计算结果后转 199
   WRITE(13,16) ID01,MI,MI1,SMD1,SMD2,(BL(J),J=1,4)
   GO TO 199
149   CONTINUE
```

```
C 计算有效数据天数 KI,个数 IYXSJGS,保留 NAKAIJSA 计算结果
      IYXSJGS = IYXSJGS + MI1
      KI = KI + 1
      AB(KI,1) = MI
      AB(KI,2) = MI1
      AB(KI,3) = SMD1
      AB(KI,4) = SMD2
      DO 143 J = 1,4
      AB(KI,J + 4) = BL(J)
143      CONTINUE
      IDATN(KI,1) = ID01
      IDATN(KI,2) = MI
      IDATN(KI,3) = MI1
      DO 144 I = 1,MI1
      ID = IDATI2(I,1) * 100 + IDATI2(I,2)
      WRITE(11,12) ID,AM2(I,5),AM2(I,1),AM2(I,2)
144      CONTINUE
199      CONTINUE
C 记忆下一个日期首个观测数据/如果是最后 1 组(天)数据的计算到此,则转 299
      IF(NHJSJDA. EQ. 1) GO TO 151
      IF(ID1. GT. JSRQ) GO TO 198
      MI = 1
      IDATI(MI,1) = ID1
      IDATI(MI,2) = ID2
      AM(MI,1) = S1
      AM(MI,2) = W1
      AM(MI,3) = 1. 0
      AM(MI,4) = ID2
      AM(MI,5) = R1
      R0 = R1
      ID01 = ID1
      ID02 = ID2
      GO TO 140
150      CONTINUE
C 逐日循环计算,缺最后 1 组的计算,由 JSJDA 值判断完成
151      CONTINUE
      NHJSJDA = NHJSJDA + 1
      IF(NHJSJDA. EQ. 1) GO TO 145
      IDATN(KI + 1,1) = ID1
      IDATN(KI + 1,2) = MI
      IDATN(KI + 1,3) = MI1
```

```
C 转 145 计算最后 1 天(组)数据
 198    CONTINUE
    CLOSE(1)
    CLOSE(11)
    CLOSE(13)
CCCCCCCCCCCCCCCCCCCCCCCCCCCCC
C STEP - 10 NAKAI 法计算结果统计分析及保存
    OPEN(11,FILE = '\T24\ZDZHTJS\HTNAKWJ\'//CAHNAK
   1,STATUS = 'UNKNOWN')
    WRITE(11,'(A)') ' 日期          SJGS1        SJGS2
   1 SMD1    SMD2       A       B      K0         K1 '
    IF( KI. EQ. 1) THEN
    WRITE(11,19) IDATN(1,1),MI,MI1,SMD1,SMD2,(BL(J),J=1,4)
    CLOSE(11)
    GO TO 213
    END IF
 19    FORMAT(1X,I8,2(1X,I3),2(1X,F9.2),1X,F9.4,1X,F9.3,1X,F9.1,1X,F9.2)
C NAKAI 计算结果做统计分析——当 KI 大于 1(2 天及以上)时
    DO 202 J = 3,8
    DO 204 I = 1,KI
    A(I) = AB(I,J)
 204    CONTINUE
    CALL JGTJFX(KI,A)
    DO 206 I = 1,8
    AB(KI + I,J) = A(KI + I)
 206    CONTINUE
    IF( CA1. EQ. 'L') THEN
    AB(KI + 4,J) = A(KI + 1)
    AB(KI + 7,J) = A(KI + 2)
    AB(KI + 8,J) = A(KI + 3)
    END IF
 202    CONTINUE
    AB(KI + 1,1) = 0.0
    AB(KI + 1,2) = 0.0
    DO 208 I = 1,KI
    AB(KI + 1,1) = AB(KI + 1,1) + AB(I,1)
    AB(KI + 1,2) = AB(KI + 1,2) + AB(I,2)
 208    CONTINUE
    DO 212 I = 2,8
    AB(KI + I,1) = AB(KI + 1,1)
    AB(KI + I,2) = AB(KI + 1,2)
```

```
212      CONTINUE
C 保存 NAKAI 拟合及其统计结果
         DO 214 I = 1,KI
         WRITE(11,20) IDATN(I,1),(AB(I,J),J = 1,8)
214      CONTINUE
C 无统计分析结果转 223
         WRITE(11,21)(AB(KI+1,J),J = 1,8)
         WRITE(11,22)(AB(KI+2,J),J = 1,8)
         WRITE(11,23)(AB(KI+3,J),J = 1,8)
         WRITE(11,24)(AB(KI+4,J),J = 1,8)
         WRITE(11,25)(AB(KI+5,J),J = 1,8)
         WRITE(11,26)(AB(KI+6,J),J = 1,8)
         WRITE(11,27)(AB(KI+7,J),J = 1,8)
         WRITE(11,28)(AB(KI+8,J),J = 1,8)
         CLOSE(11)
20       FORMAT(1X,I10,2(1X,F9.0),2(1X,F9.2),1X,F9.4,1X,F9.3
        1,1X,F9.1,1X,F9.2)
21       FORMAT(1X,'初统计个数',8(1X,F9.0))
22       FORMAT(1X,'初统计均值',2(1X,F9.0),2(1X,F9.2),1X,F9.4,1X,F9.3
        1,1X,F9.1,1X,F9.2)
23       FORMAT(1X,'初统计方差',2(1X,F9.0),2(1X,F9.2),1X,F9.4,1X,F9.3
        1,1X,F9.1,1X,F9.2)
24       FORMAT(1X,'再统计个数',8(1X,F9.0))
25       FORMAT(1X,'极小值—',2(1X,F9.0),2(1X,F9.2),1X,F9.4,1X,F9.3
        1,1X,F9.1,1X,F9.2)
26       FORMAT(1X,'极大值—',2(1X,F9.0),2(1X,F9.2),1X,F9.4,1X,F9.3
        1,1X,F9.1,1X,F9.2)
27       FORMAT(1X,'再统计均值',2(1X,F9.0),2(1X,F9.2),1X,F9.4,1X,F9.3
        1,1X,F9.1,1X,F9.2)
28       FORMAT(1X,'再统计方差',2(1X,F9.0),2(1X,F9.2),1X,F9.4,1X,F9.3
        1,1X,F9.1,1X,F9.2)
         SMD = AB(KI+7,4)
C 保存 RK1、A、B 列表文件
         OPEN(13,FILE = '\T24\ZDZHTJS\HTNKKWJ\'//CAHKKK,STATUS = 'UNKNOWN')
         OPEN(14,FILE = '\T24\ZDZHTJS\HTNAAWJ\'//CAHAAA,STATUS = 'UNKNOWN')
         OPEN(15,FILE = '\T24\ZDZHTJS\HTNBBWJ\'//CAHBBB,STATUS = 'UNKNOWN')
         DO 218 I = 1,KI
         ID1 = IDATN(I,1)
         WRITE(13,30) ID1,AB(I,8)
         WRITE(14,31) ID1,AB(I,5)
         WRITE(15,32) ID1,AB(I,6)
```

```
218      CONTINUE
   CLOSE(13)
   CLOSE(14)
   CLOSE(15)
   30    FORMAT(I8,1X,F9.1)
   31    FORMAT(I8,1X,F9.4)
   32    FORMAT(I8,1X,F9.3)
   213     CONTINUE
C 将数据信息暂存于 ISJXXLB
   ISJXXLB(1) = IDATN(1,1)
   ISJXXLB(2) = IDATN(KI,1)
   ISJXXLB(3) = ISYSJGS
   IF(KI.EQ.1) THEN
   ISJXXLB(4) = MI1
   ELSE
   ISJXXLB(4) = INT(AB(KI+1,2))
   END IF
   ISJXXLB(5) = KI
   ISJXXLB(6) = IDG + IDG2
C 将主要计算结果暂存于 RJSJBJG
C FOR KI = 1
   IF(KI.EQ.1) THEN
   RJSJBJG(1) = AB(1,5)
   RJSJBJG(3) = AB(1,6)
   RJSJBJG(5) = AB(1,8)
   RJSJBJG(7) = AB(1,4)
   ELSE
C FOR KI > = 2
   RJSJBJG(1) = AB(KI+7,5)
   RJSJBJG(2) = AB(KI+8,5)/AB(KI+7,5)*100.0
   RJSJBJG(2) = ABS(RJSJBJG(2))
   RJSJBJG(3) = AB(KI+7,6)
   RJSJBJG(4) = AB(KI+8,6)
   RJSJBJG(5) = AB(KI+7,8)
   RJSJBJG(6) = AB(KI+8,8)
   RJSJBJG(7) = AB(KI+7,4)
   RJSJBJG(8) = AB(KI+8,4)
   END IF
C 计算完整率和利用率
   WZL = SYSJGS/YYSJGS*100.0
   IF(KI.EQ.1) THEN
```

```
        RMI = MI
        RLYL = MI1/SYSJGS * 100. 0
        ELSE
        RLYL = AB( KI + 1 ,2)/SYSJGS * 100. 0
        END IF
C 将 SMD1、K1、K1M、AM、BM 暂存于 PJCSLB(1 - 6)
        IF( KI. EQ. 1) THEN
C FOR KI = 1:SMDZR,RK1ZR,A
        PJCSLB(1) = AB(1,4)
        PJCSLB(2) = AB(1,8)
        PJCSLB(4) = AB(1,5)
C FOR KI >= 2
        ELSE
        PJCSLB(1) = AB( KI + 7,4)
        PJCSLB(2) = AB( KI + 7,8)
        PJCSLB(3) = AB( KI + 8,8)
        PJCSLB(4) = AB( KI + 7,5)
        PJCSLB(5) = AB( KI + 8,5)/AB( KI + 7,5) * 100. 0
        PJCSLB(5) = ABS( PJCSLB(5))
        PJCSLB(6) = AB( KI + 8,6)
        END IF
        DELT1 = AB( KI + 7,5)
        DELT2 = ABS( DELT1)
        RAM2 = ABS(AB( KI + 8,5)/DELT1 * 100. 0)
        WRITE( * ,38) IXH,CAGCZ(1:14),BZ0,N,ISJXXLB(6),RJSJBJG(7),RLYL
      1 ,DELT0,DELT1,RAM2
  38    FORMAT(1X,I4,1X,A14,1X,F7. 2,1X,I6,1X,I3,1X,F6. 2,3(1X,F6. 2)
      1 ,1X,F8. 2)
C 修正测项表参数 IQ
        IF( RAM2. GT. 400. 0. OR. DELT2. LT. 0. 001) IQ = 0
        IF( DELT2. GT. 0. 1) GO TO 669
        IF( CA2. EQ. '41') GO TO 668
        IF( ABS( DELT1). LT. 0. 01) THEN
        BZ0 = BZ0 * 100. 0
        DELT1 = DELT1 * 100. 0
        GO TO 669
        END IF
        BZ1 = BZ0 * 10. 0
        DELT1 = DELT1 * 10. 0
  669   CONTINUE
        IF( DELT1. GT. 0. 0) GO TO 668
```

```
          BZ1 = - BZ0
          DELT2 = - DELT1
   668    CONTINUE
CCCCCCCCCCCCCCCCCCCCCCCCCCCCCCCCC
C STEP - 11 第二阶段掉格改正,输入 GCZ03,输出 GCZ04. DA0 中
C 有效数据长度小于 2 天不做第二阶段掉格改正计算
          IF( KI. EQ. 1) THEN
          IDG2 = 0
          GO TO 177
          END IF
C 观测数据为理论值数据,不做第二阶段掉格改正计算,直接转 222
          IF( CA1. EQ. 'L') THEN
          IDG2 = 0
          WRITE(12,13) IXH,CAGCZ(1:14),TZMC(1:8),N
          ERM1 = 1. 0
          ERM2 = 1. 0
          GO TO 177
          END IF
C 确定掉格判断标准、位置及数值
          ER1 = ER0
   152    CONTINUE
          ERM1 = ER1 * 3. 0
          ERM2 = ER1
          RDGN = 0. 0
          IDGN = 0
          OPEN( 1 , FILE = 'GCZ03. DA0' , STATUS = 'OLD' )
          READ(1,12) ID0,R0,S0,W0
          IDG2 = 0
   161    CONTINUE
          READ( 1 , 12 , END = 162) ID,R1,S1,W1
          CZ1 = R1 - R0 - (S1 - S0) * DELT0
          IF( ABS( CZ1). LT. ERM1) THEN
          ID0 = ID
          R0 = R1
          S0 = S1
          W0 = W1
          GO TO 161
          END IF
C CZ1. GT. ERM1
          KCS = 0
          CZ0 = CZ1
```

```
        ID00 = ID0
        ID0 = ID
        R0 = R1
        S0 = S1
        W0 = W1
        BLXS = ABS(CZ1)/ERM1
        IF(BLXS. LT. 2. 0) THEN
        ERM2A = ERM2
        ELSE
        ERM2A = ERM2 * (BLXS - 1. 0)
        END IF
163     CONTINUE
        READ(1,12,END = 162) ID,R1,S1,W1
        M = M + 1
C 连续 3 组差值小于 ERM2,则视掉格信息为 ID00,CZ0
        CZ22 = R1 - R0 - (S1 - S0) * DELT0
        IF(ABS(CZ22). LT. ERM2A) THEN
        KCS = KCS + 1
        IF(KCS. EQ. 3) GO TO 164
        ID0 = ID
        R0 = R1
        S0 = S1
        W0 = W1
        GO TO 163
        END IF
C CZ1 和 CZ22 都超限,CZ1/CZ22(1 正 1 负),疑似单点突跳
        IF(CZ1/CZ22. LT. 0. 0) THEN
        ID0 = ID
        R0 = R1
        S0 = S1
        W0 = W1
        GO TO 161
        END IF
C 非单点突跳
        ID0 = ID
        R0 = R1
        S0 = S1
        W0 = W1
        GO TO 161
C 记忆掉格信息
164     CONTINUE
```

```
       IDG2 = IDG2 + 1
       IF( IDG2. GT. IDGMAX) THEN
       ER1 = ER1 * 1.5
       CLOSE(1)
       GO TO 152
       END IF
       IDGN( IDG2) = ID00
       RDGN( IDG2,1) = CZ0
       ID0 = ID
       R0 = R1
       S0 = S1
       W0 = W1
       KCS = 0
       GO TO 161
  162     CONTINUE
       CLOSE(1)
       WRITE(12,34) ERM1,ERM2,IDG2
  34     FORMAT(1X,'第二阶段掉格',23X,2(1X,F8.2),1X,I4)
       IF( IDG2. EQ. 0) GO TO 169
C 计算掉格累计值
       RDGN(1,2) = RDGN(1,1)
       DO 165 I = 2,IDG2
       RDGN(I,2) = RDGN(I - 1,2) + RDGN(I,1)
  165    CONTINUE
  169    CONTINUE
C 记忆第二阶段掉格信息 2
       IF( IDG2. EQ. 0) GO TO 177
       DO 166 I = 1,IDG2
       I1 = IDGN(I)
       WRITE(12,15) I,IDGN(I),(RDGN(I,J),J = 1,2)
  166    CONTINUE
       CLOSE(12)
C 实施第 2 阶段掉格改正,存于 GCZ04. DA0 中
       OPEN(1,FILE = 'GCZ03. DA0',STATUS = 'OLD')
       OPEN(11,FILE = 'GCZ04. DA0',STATUS = 'UNKNOWN')
       IDGI = 1
       ID0 = IDGN(1)
       GZH = 0.0
       IYXSJGS2 = 0
  153    CONTINUE
       READ(1,35,END = 154) ID,R1
```

```
        IYXSJGS2 = IYXSJGS2 + 1
        IF( ID. LE. ID0)  THEN
        WRITE( 11 ,35)  ID,R1 - GZH
        GO TO 153
        END IF
        IDGI = IDGI + 1
        IF( IDGI. GT. IDG2)  GO TO 167
        ID0 = IDGN( IDGI)
        GZH = RDGN( IDGI - 1 ,2)
        WRITE( 11 ,35)  ID,R1 - GZH
        GO TO 153
 167    CONTINUE
  35    FORMAT( I10 ,1X ,F10. 2)
C 对最后 1 个数据段实施掉格改正
        GZH = RDGN( IDG2 ,2)
        WRITE( 11 ,35)  ID,R1 - GZH
 168    CONTINUE
        READ( 1 ,35 ,END = 154)  ID,R1
        IYXSJGS2 = IYXSJGS2 + 1
        WRITE( 11 ,35)  ID,R1 - GZH
        GO TO 168
 154    CONTINUE
        CLOSE( 1)
        CLOSE( 11)
CCCCC
 177    CONTINUE
CCCCC
CCCCCCCCCCCCCCCCCCCCCCCCCCCCCCCCC
C STEP - 12 保存平滑整点值数据和主要计算结果( 汇总)
C 保存平滑整点值数据
        IF( CA1. EQ. 'L')  GO TO 222
        IF( IDG2. EQ. 0)  THEN
        OPEN( 1 ,FILE = 'GCZ03. DA0' ,STATUS = 'OLD')
        ELSE
        OPEN( 1 ,FILE = 'GCZ04. DA0' ,STATUS = 'OLD')
        END IF
        OPEN( 11 ,FILE = '\T24\ZDZHTJS\HTPHZDZWJ\'//CAHPHZ
       1 ,STATUS = 'UNKNOWN')
        M = 0
 200    CONTINUE
        READ( 1 ,35 ,END = 210)  ID,R1
```

```
       M = M + 1
       WRITE(11,35) ID,R1
       GO TO 200
210    CONTINUE
       CLOSE(1)
       CLOSE(11)
CCCCC
222    CONTINUE
C 确定文件取舍标志 - IQ
       IF(RLYL.LT.45.0.OR.RAM2.GT.400.0.OR.DELT1.LT.0.05) IQ = 0
       WRITE(38,17) IXH,CAGCZ,WL,RZ,H1,AZ0,NG,BT,BZ0,DELT1,IQ,TZMC
17     FORMAT(1X,I4,1X,A18,2(1X,F7.3),2(1X,F7.1),1X,I1,1X,F6.2
      1,1X,F8.3,1X,F7.2,1X,I1,1X,A28)
C 记忆掉格汇总信息
       WRITE(32,36) IXH,CAGCZ(1:14),TZMC(1:8),BZ,IYXSJGS,ERM1,ERM2
      1,IDG,IDG2,IDG + IDG2
36     FORMAT(1X,I4,1X,A14,1X,A8,1X,F8.2,1X,I6,2(1X,F7.2),3(1X,I4))
C 保存 NAKAI 汇总结果:IQ = 0 转 800
       ISJXXLB(6) = IDG + IDG2
       IF(IQ.EQ.0) THEN
       WRITE(39,37) IXH,CAGCZ(1:14),TZMC(1:8),BZ,AZ0,NG
      1,(ISJXXLB(J),J = 1,3),WZL,ISJXXLB(4),RLYL,(ISJXXLB(J),J = 5,6)
      2,(RJSJBJG(J),J = 1,8)
       GO TO 800
       ELSE
       WRITE(33,37) IXH,CAGCZ(1:14),TZMC(1:8),BZ,AZ0,NG
      1,(ISJXXLB(J),J = 1,3),WZL,ISJXXLB(4),RLYL,(ISJXXLB(J),J = 5,6)
      2,(RJSJBJG(J),J = 1,8)
       END IF
37     FORMAT(1X,I4,1X,A14,1X,A8,1X,F8.2,1X,F8.1,1X,I2,2(1X,I8)
      1,2(1X,I6,1X,F9.3),2(1X,I5),1X,F9.4,7(1X,F9.3))
C 第一阶段计算结束
CCCCCCCCCCCCCCCCCCCCCCCCCCCCCCCC
C 第二阶段潮汐参数的非数字滤波调和分析(HT 法)计算
C 当 KI 小于 14 时,或 JSJD0 = 0 时,转 811
       IF(KI.LT.14.OR.JSJD0.EQ.0) GO TO 811
C 准备存放 HT 法调和分析结果文件
       JSJG(1:14) = CAGCZ(1:14)
       JSJG(15:24) = 'HT-ZTB.TXT'
       OPEN(26,FILE = '\T24\ZDZHTJS\HTTHCSWJ\'//JSJG,STATUS =
       'UNKNOWN')
```

```
      WRITE(26,'(A)') '波名        潮汐因子        方差
   1 相位滞后    方差      振幅        方差'
      OPEN(27,FILE = '\T24\ZDZHTJS\HTLONWJ\'//CAHLON,STATUS =
   'UNKNOWN')
      WRITE(27,13) IXH,CAGCZ(1:14)
      WRITE(27,'(A)') '开始日期 结束日期 数据个数
   1  T2.85A   T2.85B   T5.71A    T5.71B    T7.10A    T7.10B
   2  T9.13A   T9.13B   T11.41A   T11.41B   T13.66A   T13.66B
   3  T22.83A  T22.83B  T27.55A   T27.55B'
CCCCCCCCCCCCCCCCCCCCCCCCCCCCCCCCC
C STEP - 13 计算月度、年度的数据分段参数
C 计算按月度的数据分段参数
      IDM = IDATN(1,1)/100
      M1 = 0
      IFDM = 0
      DO 242 I = 1,KI
      IDI = IDATN(I,1)/100
      IF(IDI. EQ. IDM) THEN
      M1 = M1 + IDATN(I,3)
      GO TO 242
      END IF
      IFDM = IFDM + 1
      IFDCS(IFDM,1) = IDM
      IFDCS(IFDM,2) = M1
      IDM = IDI
      M1 = IDATN(I,3)
      IFDCS1(IFDM,1) = 4
  242    CONTINUE
      IFDM = IFDM + 1
      IFDCS(IFDM,1) = IDM
      IFDCS(IFDM,2) = M1
      IFDCS1(IFDM,1) = 4
C 计算按年度的数据分段参数
      MSJZS = 0
      IDN = IDATN(1,1)/10000
      M1 = 0
      IFDN = 0
      DO 244 I = 1,KI
      IDI = IDATN(I,1)/10000
      IF(IDI. EQ. IDN) THEN
      M1 = M1 + IDATN(I,3)
```

```
        GO TO 244
        END IF
        IFDN = IFDN + 1
        IFDCS( IFDN ,3 ) = IDN
        IFDCS( IFDN ,4 ) = M1
        MSJZS = MSJZS + M1
        IDN = IDI
        M1 = IDATN( I ,3 )
        IFDCS1( IFDN ,2 ) = 8
244     CONTINUE
        IFDN = IFDN + 1
        IFDCS( IFDN ,3 ) = IDN
        IFDCS( IFDN ,4 ) = M1
        MSJZS = MSJZS + M1
        IFDCS1( IFDN ,2 ) = 8
C 整体计算数据个数及长周期阶数
        IFDCS( 1 ,3 ) = MSJZS
        KBC3 = 8
CCCCCCCCCCCCCCCCCCCCCCCCCCCCC
C STEP - 14 计算大地系数/分波振幅
        IF( NG. EQ. 1 ) THEN
        RR1 = - 2. 0
        RR2 = - 3. 0
        RG1 = 1. 0
        ELSE IF( NG. LE. 3. OR. NG. EQ. 8 ) THEN
        RR1 = RF2 * 2. 0/3. 0
        RR2 = RF3 * 2. 0/3. 0
        RG1 = G1
        ELSE
        RR1 = 1. 0
        RR2 = 1. 0
        RG1 = G1
        END IF
        RK1 = CV( NG ) * A1 * RR1 * RG1
        RK2 = CV( NG ) * A1 * A1 * RR2 * RG1
        IF( NG. LE. 3. OR. NG. EQ. 8 ) THEN
        RE( 1 ,1 ) = RK1 * S2Z
        RE( 1 ,2 ) = RK2 * 0. 72618 * ( 1. - 5. * SZ2 ) * CZ
        RE( 1 ,3 ) = RK1 * CZ2
        RE( 1 ,4 ) = RK2 * 2. 59808 * SZ * CZ2
        RE( 1 ,5 ) = RK2 * CZ2 * CZ
```

```
RE(1,6) = RK1 * (1. -3. * SZ2) * 0.5
RE(1,7) = RK2 * 1.11803 * SZ * (3. -5. * SZ2)
ELSE IF(NG. EQ. 4) THEN
RE(1,1) = RK1 * 2. * C2Z * CAZ
RE(1,2) = RK2 * 0.72618 * SZ * (4. -15. * CZ2) * CAZ
RE(1,3) = RK1 * ( -S2Z) * CAZ
RE(1,4) = RK2 * 2.59808 * CZ * (3. * CZ2 -2. ) * CAZ
RE(1,5) = RK2 * ( -3. ) * SZ * CZ2 * CAZ
RE(1,6) = RK1 * ( -1.5) * S2Z * CAZ
RE(1,7) = RK2 * 1.11803 * CZ * (3. -15. * SZ2) * CAZ
RE(3,1) = RK1 * 2. * SZ * SAZ
RE(3,2) = RK2 * 0.72618 * (1. -5. * SZ2) * SAZ
RE(3,3) = RK1 * 2. * CZ * SAZ
RE(3,4) = RK2 * 2.59808 * S2Z * SAZ
RE(3,5) = RK2 * 3. * CZ2 * SAZ
ELSE
RE(1,1) = RK1 * S2Z * ( -4. * RL2 + RH2) * CAZ2
RE(1,2) = RK2 * 0.72618 * CZ * (RL3 * (45. * SZ2 -11. ) + RH3 * (1. -5. * SZ2)) * CAZ2
RE(1,3) = RK1 * ( -2. * RL2 * C2Z + RH2 * CZ2) * CAZ2
RE(1,4) = RK2 * 2.59808 * SZ * (RL3 * (2. -9. * CZ2) + RH3 * CZ2) * CAZ2
RE(1,5) = RK2 * CZ * (3. * RL3 * (3. * SZ2 -1. ) + RH3 * CZ2) * CAZ2
RE(1,6) = RK1 * ( -3. * RL2 * C2Z + 0.5 * RH2 * (1. -3. * SZ2)) * CAZ2
RE(1,7) = RK2 * 1.11803 * SZ * (3. * RL3 * (4. -15. * CZ2) + RH3 * (3. -5. * SZ2)) * CAZ2
RE(2,1) = RK1 * S2Z * ( -2. * RL2 + RH2) * SAZ2
RE(2,2) = RK2 * 0.72618 * CZ * (RL3 * (15. * SZ2 -1. ) + RH3 * (1. -5. * SZ2)) * SAZ2
RE(2,3) = RK1 * ( -2. * RL2 * (1. + CZ2) + RH2 * CZ2) * SAZ2
RE(2,4) = RK2 * 2.59808 * SZ * (RL3 * (3. * SZ2 -5. ) + RH3 * CZ2) * SAZ2
RE(2,5) = RK2 * CZ * ( -3. * RL3 * (CZ2 +2. ) + RH3 * CZ2) * SAZ2
RE(2,6) = RK1 * (3. * RL2 * SZ2 + 0.5 * RH2 * (1. -3. * SZ2)) * SAZ2
RE(2,7) = RK2 * 1.11803 * SZ * (3. * RL3 * (5. * SZ2 -1. ) + RH3 * (3. -5. * SZ2)) * SAZ2
RE(3,1) = RK1 * ( -4. ) * RL2 * CZ * SCAZ
RE(3,2) = RK2 * 0.72618 * RL3 * 10. * S2Z * SCAZ
RE(3,3) = RK1 * 4. * RL2 * SZ * SCAZ
RE(3,4) = RK2 * ( -2.59808) * 4. * RL3 * C2Z * SCAZ
RE(3,5) = RK2 * 6. * RL3 * S2Z * SCAZ
END IF
```

C　计算分波振幅
C　1/3 日波
```
DO 246 I = 1,16
DO 246 J = 1,3
246     RN2(I,J) = RN1(I) * RE(J,5)
```

```
C   半日波
    DO 248 I = 17,166
    IF(IA7(I,7).EQ.2) THEN
    IE = 3
    ELSE
    IE = 4
    END IF
    DO 248 J = 1,3
248    RN2(I,J) = RN1(I) * RE(J,IE)
C   周日波
    DO 252 I = 167,363
    IF(IA7(I,7).EQ.2) THEN
    IE = 1
    ELSE
    IE = 2
    END IF
    DO 252 J = 1,3
252    RN2(I,J) = RN1(I) * RE(J,IE)
C   长周期波
    DO 254 I = 364,484
    IF(IA7(I,7).EQ.2) THEN
    IE = 6
    ELSE
    IE = 7
    END IF
    DO 254 J = 1,3
254    RN2(I,J) = RN1(I) * RE(J,IE)
CCCCCCCCCCCCCCCCCCCCCCCCCCCCCCC
C 当倾斜方位角为90度或270度时,将长周期波系数全部赋值为"1"
C 此时计算的潮汐因子无意义,只提供查看响应振幅和滞后因子
    IF(NG.NE.4.) GO TO 255
    IF(ABS(CAZ).LT.0.005) THEN
    DO 256 I = 364,484
    RN2(I,3) = 1.00
256    CONTINUE
    END IF
255    CONTINUE
CCCCCCCCCCCCCCCCCCCCCCCCCCCCCCC
C STEP-15 计算起始儒略日数,6个天文参数理论初始相位
    IF(CA1.EQ.'L') THEN
    OPEN(1,FILE = 'GCZ01.DA0',STATUS = 'OLD')
```

```
            ELSE IF(IDG2. EQ. 0) THEN
            OPEN(1,FILE = 'GCZ03. DA0',STATUS = 'OLD')
            ELSE
            OPEN(1,FILE = 'GCZ04. DA0',STATUS = 'OLD')
            END IF
            READ(1,39) ID11,ID12,R1
            CLOSE(1)
   39       FORMAT(I8,I2,1X,F10. 2)
            T4 = (BT-8. 0 + ID12)/24D0
            CALL COMPT00(ID11,T02,BT)
            T00 = T02 + ID12/24D0
            T1 = T00/36525. 0
            T2 = T1 * T1
            T3 = T2 * T1
            TPS(2) = 270. 43416 + 481267. 88314 * T1 - 0. 00113 * T2 + 0. 000002 * T3
            TPS(3) = 279. 69668 + 36000. 76892 * T1 + 0. 00030 * T2
            TPS(4) = 334. 32956 + 4069. 03403 * T1 - 0. 01032 * T2 - 0. 00001 * T3
            TPS(5) = 259. 18328 - 1934. 14201 * T1 + 0. 00208 * T2 + 0. 000002 * T3
            TPS(6) = 281. 22083 + 1. 71918 * T1 + 0. 00045 * T2 + 0. 000003 * T3
            TPS(1) = TPS(3) - TPS(2) + WL + T4 * 360.
            TPS(5) = - TPS(5)
            DO 262 I = 1,6
  262       TPS(I) = TPS(I) - DINT(TPS(I)/360. 0) * 360. 0
            DO 264 I = 1,484
            I1 = IA7(I,1) + IA7(I,7)
            IF(I1/2 * 2. EQ. I1) THEN
            Q1 = 0. 0
            ELSE
            Q1 = - 1. 0
            END IF
            IF(I1. EQ. 4. OR. I1. EQ. 6) THEN
            Q2 = 1. 0
            ELSE
            Q2 = 0. 0
            END IF
            C1 = TPS(1) * IA7(I,1) + 90. 0 * Q1
            C2 = TPS(1) * IA7(I,1) + 90. 0 * Q2
            DO 266 J = 2,6
            C1 = C1 + TPS(J) * (IA7(I,J) - 5)
  266       C2 = C2 + TPS(J) * (IA7(I,J) - 5)
            RW0(I,1) = C1 - DINT(C1/360. 0) * 360. 0
```

```
        RW0(I,2) = C2 - DINT(C2/360.0) * 360.0
264     CONTINUE
CCCCCCCCCCCCCCCCCCCCCCCCCCCCCC
C STEP - 16 二层循环 - 计算阶段(逐月、年、整体)选择
C 同一文件按月、年、整体三种区间间隔循环计算,由 JSJDB 控制
C JSJDB 从 1 至 3 依次循环计算:=1 逐月计算/=2 逐年计算/=3 整体计算
C 说明:1 个年度或小于 1 个年度的数据,只进行到年度计算为止
        ER0 = SMD0
        JSJDB = JSJDB0
700     CONTINUE
        JSJDB = JSJDB + 1
        IF(JSJDB. GT. JSJD0) GO TO 811
C FORJSJDB = 1
        IF(JSJDB. EQ. 1) THEN
        K5 = 5
        IBYBHJ(1) = 1
        IBYBHJ(2) = 2
        IBYBHJ(3) = 4
        IBYBHJ(4) = 9
        IBYBHJ(5) = 11
        SMD04 = ER0 * 5.0
        K2 = 16
C 记忆波群截止半月
        DO 268 I = 1, K2
        ASI(I) = ASI0(I)
        DO 268 J = 1, 3
        JY0(I,J) = JY00(I,J)
268     CONTINUE
C 月内数据天数大于 14 天才计算当月度参数
        WRITE(26, *) '月度结果  月度数', IFDM
        IFDZS = IFDM
        ISJGSMIN = 336
        GO TO 265
C FOR   JSJDB = 2
        ELSE IF(JSJDB. EQ. 2) THEN
        K5 = 6
        IBYBHJ(1) = 1
        IBYBHJ(2) = 3
        IBYBHJ(3) = 5
        IBYBHJ(4) = 10
        IBYBHJ(5) = 11
```

```
      IBYBHJ(6) = 14
      SMD04 = ER0 * 20.0
      K2 = 20
      DO 272 I = 1, K2
      ASI(I) = ASI0(I + 19)
      DO 272 J = 1, 3
      JY0(I,J) = JY00(I + 19, J)
272   CONTINUE
C 年内数据天数大于 30 天才计算当年度参数
      WRITE(26, *) '        年度结果  年度数', IFDN
      IFDZS = IFDN
      ISJGSMIN = 744
      GO TO 265
C FOR JSJDB = 3
      ELSE
      K5 = 6
      IBYBHJ(1) = 1
      IBYBHJ(2) = 3
      IBYBHJ(3) = 5
      IBYBHJ(4) = 12
      IBYBHJ(5) = 13
      IBYBHJ(6) = 17
      SMD04 = ER0 * 30.0
      K2 = 23
C 记忆波群截止 1 年
      DO 274 I = 1, K2
      ASI(I) = ASI0(I + 41)
      DO 274 J = 1, 3
      JY0(I,J) = JY00(I + 41, J)
274   CONTINUE
C 数据总天数大于 365 天才计算整体参数
      WRITE(26, *) '整体结果 数据个数', IYXSJGS2
      IFDZS = 1
      ISJGSMIN = 8784
      END IF
265   CONTINUE
C 列观测方程组成与解算正则方程
      IF(CA1. EQ. 'L') THEN
      OPEN(1, FILE = 'GCZ01. DA0', STATUS = 'OLD')
      ELSE IF(IDG2. EQ. 0) THEN
      OPEN(1, FILE = 'GCZ03. DA0', STATUS = 'OLD')
```

```
          ELSE
          OPEN(1,FILE = 'GCZ04. DA0',STATUS = 'OLD')
          END IF
C K2 = 波群数,K1 = K2 * 2 = 与分波有关的未知数个数;K111 = (对应零次项系数)
C K112 = 对应一次项系数;K11 = K113 = K110 + 3(对应二次项系数即未知数总个数)
C K12 = K11 + 1(对应常数项数位置,计算后存放未知数解);K22 = K11 + K12(正则方程总列数)
          IQUFD = 0
          IFDZSI = 0
CCCCCCCCCCCCCCCCCCCCCCCCCCCCCCCC
C STEP - 17 第三层循环,起 600 同类计算中的分段循环由 IFDZSI 控制
          KJ = 0
    600     CONTINUE
          IFDZSI = IFDZSI + 1
C 同类计算中循环次数超过分段总数转向 610
          IF(IFDZSI. GT. IFDZS) GO TO 610
C 取出当前数据段的数据存入 GCZ101. DA0
          IF(JSJDB. EQ. 1) THEN
          ISJGS = IFDCS(IFDZSI,2)
          KBC = IFDCS1(IFDZSI,1)
          ELSE IF(JSJDB. EQ. 2) THEN
          ISJGS = IFDCS(IFDZSI,4)
          KBC = IFDCS1(IFDZSI,2)
          ELSE
          ISJGS = MSJZS
          KBC = KBC3
          END IF
          K1 = K2 * 2
          K110 = K1 + KBC * 2
          K111 = K110 + 1
          K112 = K110 + 2
          K113 = K110 + 3
          K11 = K112
          K12 = K113
          K22 = K11 + K12
C 当前数据段的数据个数小于最低个数跳过 ISJGS 后转 600
          IF(ISJGS. LT. ISJGSMIN) THEN
          DO 302 I = 1,ISJGS
          READ(1,39) ID111,ID121,R1
    302     CONTINUE
          GO TO 600
          END IF
```

```
        OPEN(3,FILE = 'GCZ101. DA0',STATUS = 'UNKNOWN')
        READ(1,39) ID111,ID121,R1
        WRITE(3,39) ID111,ID121,R1
        CALL COMPT00(ID111,T02,BT)
        T01 = T02 + ID121/24D0
        TT4 = T01
        DO 304 II = 2,ISJGS
        READ(1,39) ID11,ID12,R1
        WRITE(3,39)   ID11,ID12,R1
304     CONTINUE
        CALL COMPT00(ID11,T02,BT)
        CLOSE(3)
CCCCCCCCCCCCCCCCCCCCCCCCCCCCCCC
```

C STEP – 18 第四层循环,同段计算的 2 次循环,由 JSCS 控制,基于方差剔除不好的数据

```
        JSCS = 0
500     CONTINUE
        JSCS = JSCS + 1
        IF(JSCS. GT. 2) GO TO 510
        OPEN(3,FILE = 'GCZ101. DA0',STATUS = 'OLD')
        DO 306 I = 1,K11
        DO 306 J = 1,K22
306     AA(I,J) = 0. 0D0
        VV = 0. 0
```

C LI1——第①次计算数据总个数；LI2——第②次计算数据总个数；

C LI3——第②次未参与计算的数据个数

```
        LI1 = 0
        LI2 = 0
        LI3 = 0
        VV = 0. 0
        VVV = 0. 0
CCCCCCCCCCCCCCCCCCCCCCCCCCCCCCC
```

C STEP – 19 第 5 层循环 – 依次将观测数据读入

```
320     CONTINUE
        READ(3,39,END = 330) ID11,ID12,R1
        LI1 = LI1 + 1
        T4 = ID12
        CALL COMPT00(ID11,T02,BT)
        T001 = T02 + T4/24D0
        IF(LI1. EQ. 1) THEN
        IDAT11 = ID11
        IDAT12 = ID12
```

```
        END IF
C 对每个观测数据逐一列观测方程式
        AMM(K111) = 1.0D0
        AMM(K112) = (T001 - TT4) * 24D0
        AMM(K12) = R1
        DO 308 J = 1,KBC
        J2 = J * 2 + K1
        J1 = J2 - 1
        QJ = W04(J) * AMM(K112)
        RJ1 = (QJ - DINT(QJ/360.0) * 360.0) * RA
        AMM(J1) = COS(RJ1)
        AMM(J2) = - SIN(RJ1)
308     CONTINUE
        DO 312 I = 1,K2
        IR = K2 + I
        AMM(I) = 0.0
        AMM(IR) = 0.0
        J11 = JY0(I,1)
        J22 = JY0(I,2)
        DO 312 J = J11,J22
        QJ = RW0(J,1) + (T001 - T00) * 24.0 * RW1(J)
        QJ = (QJ - DINT(QJ/360.) * 360.) * RA
        CQ = DCOS(QJ)
        SQ = DSIN(QJ)
        QJ1 = RW0(J,2) + (T001 - T00) * 24.0 * RW1(J)
        QJ1 = (QJ1 - DINT(QJ1/360.) * 360.) * RA
        CQ1 = DCOS(QJ1)
        SQ1 = DSIN(QJ1)
        R11 = RN2(J,1) * CQ
        R12 = RN2(J,1) * SQ
        IF(NG. LE. 3. OR. NG. EQ. 8) THEN
        R21 = 0.0
        R22 = 0.0
        ELSE IF(NG. LE. 4) THEN
        R21 = RN2(J,3) * CQ1
        R22 = RN2(J,3) * SQ1
        ELSE
        R21 = RN2(J,2) * CQ - RN2(J,3) * CQ1
        R22 = RN2(J,2) * SQ - RN2(J,3) * SQ1
        END IF
        AMM(I) = AMM(I) + R11 + R21
```

```
      AMM(IR) = AMM(IR) + R12 + R22
312      CONTINUE
C 计算拟合值与观测值之差,不超限 - 转225继续,否则 - 转190继续
      IF(JSCS. EQ. 1) GO TO 325
      RR = 0. 0
      DO 314 I = 1,K11
      RR = RR + AMM(I) * BL2(I)
314      CONTINUE
      RRCZ = RR - R1
C 整体计算第二次计算记忆残差
      IF(ABS(RRCZ). GT. VV2) THEN
      LI3 = LI3 + 1
      GO TO 320
      END IF
325      CONTINUE
      LI2 = LI2 + 1
      VV = VV + AMM(K12) * AMM(K12)
C 组成正则方程式
      DO 316 I = 1,K11
      DO 316 J = 1,K12
316      AA(I,J) = AA(I,J) + AMM(I) * AMM(J)
      GO TO 320
330      CONTINUE
      CLOSE(3)
      IDAT21 = ID11
      IDAT22 = ID12
C 将正则方程式常数项存入 BL 列权系数方程式
      DO 318 I = 1,K11
      BL(I) = AA(I,K12)
318      AA(I,K12 + I) = 1.0D0
C 解正则方程
      CALL GS31(K11,K22,AA,JZ,IXZ)
      IF(IXZ. EQ. 0) GO TO 600
C 将未知数计算结果存于 BL2 中
      DO 322 I = 1,K11
      BL2(I) = AA(I,K12)
322      CONTINUE
C 中误差估计
      V00 = 0. 0
      DO 324 I = 1,K11
      V00 = V00 + BL(I) * AA(I,K12)
```

```
324      CONTINUE
       VV = VV - V00
       R00 = DABS( VV/( LI1 - LI3 - K12))
       VV = DSQRT( R00)
       IF( JSCS. EQ. 1) THEN
       ISJGS1 = LI1
       V1 = VV
       ELSE
       ISJGS2 = LI1 - LI3
       V2 = VV
       END IF
C 初次计算方差正常转 510,否则转 500 做第 2 次计算
       IF( V1. LT. SMD04) THEN
       ISJGS2 = ISJGS1
       V2 = V1
       GO TO 510
       END IF
       VV2 = V1 * 3. 0
       GO TO 500
510      CONTINUE
C 第四层循环,起终点 510
C 计算潮汐参数
       DO 326 I = 1, K2
       DSI1 = AA( I, K12) ** 2 + AA( I + K2, K12) ** 2
       R00 = DABS( DSI1)
       DS( I,1) = DSQRT( R00)
       DS( I,3) = - DATAN( AA( I + K2, K12)/AA( I, K12))/RA
       DS( I,3) = DS( I,3) - INT( DS( I,3)/360. 0) * 360. 0
       ZS1 = - AA( I + K2, K12)
       ZS2 = AA( I, K12)
       IF( ZS1. GT. 0. 0. AND. ZS2. GT. 0. 0) GO TO 335
       IF( ZS2. LT. 0. 0) THEN
       DS( I,3) = DS( I,3) + 180. 0
       GO TO 335
       END IF
       IF( ZS2. GT. 0. 0. AND. ZS1. LT. 0. 0) THEN
       DS( I,3) = DS( I,3) + 360. 0
       END IF
       IF( DS( I,3). GT. 180. 0) DS( I,3) = DS( I,3) - 360. 0
335      CONTINUE
       JJ1 = JY0( I,3)
```

```
        RN22 = RN2(JJ1,1) + RN2(JJ1,2)
        RN23 = RN22 * RN22 + RN2(JJ1,3) * RN2(JJ1,3)
        DS(I,5) = DS(I,1) * DSQRT(DABS(RN23))
        DSI2 = AA(I,K12) ** 2 * AA(I,K12 + I) + AA(I + K2,K12) ** 2 *
      1AA(I + K2,K12 + K2 + I)
        DSI4 = AA(I,K12) ** 2 * AA(I + K2,K12 + K2 + I) + AA(I + K2,K12) ** 2 *
      1AA(I,K12 + I)
        DS(I,2) = DSQRT(DABS(DSI2)) * VV/DS(I,1)
        DS(I,4) = DSQRT(DABS(DSI4)) * VV/DS(I,1)/DS(I,1)/RA
        DS(I,4) = DS(I,4) - DINT(DS(I,4)/360.0) * 360.0
        DS(I,6) = DS(I,2) * DSQRT(DABS(RN23))
        DO 328 J = 1,6
        IF(ABS(DS(I,J)).GT.9999.0) DS(I,J) = 9999.999
328     CONTINUE
326     CONTINUE
C 计算非潮汐长周期波振幅和相位
        DO 332 J = 1,KBC
        J2 = J * 2 + K1
        J1 = J2 - 1
        RZFXW(J,1) = DSQRT(BL2(J1) ** 2 + BL2(J2) ** 2)
        RZFXW(J,2) = DATAN(BL2(J2)/BL2(J1))/RA
        IF(BL2(J1).GT.0.0) THEN
        IF(BL2(J2).LT.0.0) RZFXW(J,2) = RZFXW(J,2) + 360.0
        ELSE
        RZFXW(J,2) = RZFXW(J,2) + 180.0
        END IF
332     CONTINUE
C 计算利用率
        CALL COMPIT0(IDAT11,IT01)
        CALL COMPIT0(IDAT21,IT02)
        QJTS = IT02 - IT01 + 1
        RY11 = ISJGS1
        RY12 = ISJGS2
        RLYL1 = RY11/QJTS/24.0 * 100.0
        RLYL2 = RY12/RY11 * 100.0
        WRITE(26,'(A)') '日期1      日期2       数据1    数据2    完整率
      1 利用率    方差1      方差2 '
        WRITE(26,40) IDAT11,IDAT21,ISJGS1,ISJGS2,RLYL1,RLYL2,V1,V2
40      FORMAT(4(1X,I8),2(1X,F9.3),2(1X,F9.2))
        KJ = KJ + 1
        ISJGSLB(KJ,1) = ISJGS1
```

```
      SMD12LB(KJ,1) = V1
      ISJGSLB(KJ,2) = ISJGS2
      SMD12LB(KJ,2) = V2
C 记忆二次项系数
      WRITE(26,'(A)')'       K0          K1'
C 将漂移一次项系数转化为以天为单位
      BL2(K112) = BL2(K112) * 24D0
      WRITE(26,41)(BL2(J),J = K111,K112)
      PYXSLB(KJ) = BL2(K112)
  41  FORMAT(1X,F9.1,1X,F9.2)
C 记忆非潮汐长周期波振幅和相位
      WRITE(26,'(A)')' XH周期      振幅      相位'
      DO 344 J = 1,KBC
      WRITE(26,42) J,CACZQ(J),(RZFXW(J,K),K = 1,2)
 344  CONTINUE
 355  CONTINUE
  42  FORMAT(1X,I3,1X,A7,2(1X,F9.2))
C 记忆分波计算结果
      WRITE(26,'(A)')'序号     波群名      潮汐因子    误差
     1 相位滞后   误差   振幅    误差'
      DO 346 I = 1,K2
      WRITE(26,43) I,ASI(I),(DS(I,J),J = 1,6)
 346  CONTINUE
  43  FORMAT(1X,I3,1X,A16,2(1X,F9.4),4(1X,F9.2))
C 保存第2次计算结果于ZYCXCS数组中
      IDTN(KJ) = IDAT11/100
      DO 348 J = 1,K5
      J1 = IBYBHJ(J)
      J21 = (J - 1) * 4 + 1
      J22 = J21 + 1
      J23 = J21 + 2
      J24 = J21 + 3
      ZYCXCS(KJ,J21) = DS(J1,1)
      ZYCXCS(KJ,J22) = DS(J1,2)
      ZYCXCS(KJ,J23) = DS(J1,3)
      ZYCXCS(KJ,J24) = DS(J1,4)
 348  CONTINUE
      IF(JSJDB.EQ.1) THEN
      WRITE(27,72) IDAT11,IDAT21,ISJGS2,((RZFXW(J,K),K = 1,2),J = 1,2)
     1,DS(13,5),DS(13,3),DS(14,5),DS(14,3),RZFXW(3,1),RZFXW(3,2)
     2,DS(15,5),DS(15,3),RZFXW(4,1),RZFXW(4,2),DS(16,5),DS(16,3)
```

```
        END IF
    72    FORMAT(1X,3(1X,I8),16(1X,F9.2))
C 第三层循环,终点 610
C 计算下一数据段转 600
        GO TO 600
    610CONTINUE
        CLOSE(1)
C 至此数据分段计算完成
CCCCCCCCCCCCCCCCCCCCCCCCCCCCC
C STEP - 20 处理和保存调和分析结果
C 计算月/年数据总数
        DO 518 J = 1,2
        ISJGSLB(KJ + 1,J) = 0
        DO 519 I = 1,KJ
        ISJGSLB(KJ + 1,J) = ISJGSLB(KJ + 1,J) + ISJGSLB(I,J)
    519    CONTINUE
    518    CONTINUE
C 区分阶段结果
C JSJDB = 1 转 722 月结果
        IF(JSJDB. EQ. 1) GO TO 722
C JSJDB = 2 转 711 年度结果
        IF(JSJDB. EQ. 2) GO TO 711
CCCCC
C JSJDB = 3 处理整体结果
        PJCSLB(12) = V2
        PJCSLB(13) = PYXSLB(1)
        PJCSLB(14) = DS(13,1)
C 保存整体计算 6 个分波群潮汐参数于汇总表
        WRITE(35,44) IXH,CAGCZ(1:14),TZMC(1:8),BZ,IDAT11,IDAT21,ISJGS1
    1,V1,ISJGS2,V2,BL2(K112),(ZYCXCS(1,J),J=1,9,2),ZYCXCS(1,10)
    2,(ZYCXCS(1,J),J=11,24,2)
    44    FORMAT(1X,I4,1X,A14,1X,A8,1X,F8.2,2(1X,I8),2(1X,I6,1X,F9.2)
    1,1X,F9.3,2(1X,F9.4,1X,F9.3),1X,F9.4,4(1X,F9.4,1X,F9.3))
        WRITE(37,45) IXH,CAGCZ(1:14),TZMC(1:8),ISJGS2,V2
    1,((RZFXW(J,K),K=1,2),J=1,2),DS(19,5),DS(19,3),DS(20,5),DS(20,3)
    2,(RZFXW(3,K),K=1,2),DS(21,5),DS(21,3)
    3,(RZFXW(4,K),K=1,2),DS(22,5),DS(22,3),DS(23,5),DS(23,3)
    4,((RZFXW(J,K),K=1,2),J=5,8)
GO TO 811
CCCCC
    711CONTINUE
```

```
CCCCC
C 处理年度结果
C FOR JSJDB = 2
C 年度结果,记忆评价参数,2 个年度(含)以上需统计分析转 712
      IF(KJ. GT. 1) GO TO 712
C FOR KJ = 1 处理只有 1 个年度的结果,记忆评价参数 7 - 14,转 811
C 依次 SMDZY,PYXSZY,M2A,M2AM%,M2BM,SMDNZ,PYXSZTND,S1A
      IF(JSJDB0. EQ. 1) THEN
      PJCSLB(7) = SMD12LB(1,2)
      PJCSLB(8) = PYXSLB(1)
      PJCSLB(9) = DS(5,1)
      PJCSLB(10) = DS(5,2)/DS(5,1) * 100. 0
      PJCSLB(11) = DS(5,4)
      END IF
      PJCSLB(12) = V2
      PJCSLB(13) = PYXSLB(1)
      PJCSLB(14) = DS(11,1)
C 保存仅 1 个年度计算 6 个分波群潮汐参数于汇总表 35
      WRITE(35,44) IXH,CAGCZ(1:14),TZMC(1:8),BZ,IDAT11,IDAT21,ISJGS1
   1,V1,ISJGS2,V2,BL2(K112),(ZYCXCS(1,J),J=1,9,2),ZYCXCS(1,10)
   2,(ZYCXCS(1,J),J=11,24,2)
      WRITE(37,45) IXH,CAGCZ(1:14),TZMC(1:8),ISJGS2,V2
   1,((RZFXW(J,K),K=1,2),J=1,2),DS(16,5),DS(16,3),DS(17,5),DS(17,3)
   2,(RZFXW(3,K),K=1,2),DS(18,5),DS(18,3)
   3,(RZFXW(4,K),K=1,2),DS(19,5),DS(19,3),DS(20,5),DS(20,3)
   4,((RZFXW(J,K),K=1,2),J=5,8)
   45    FORMAT(1X,I4,1X,A14,1X,A8,1X,I6,1X,F9. 2,26(1X,F9. 2))
CCCCC
      GO TO 811
C FOR KJ > = 2 处理 2 个年度(含)以上的结果 - 先统计分析
   712    CONTINUE
CCCCC
C 对 6 个分波潮汐参数做统计分析
      DO 502 J = 1,24
      A = 0. 0
      DO 504 I = 1,KJ
      A(I) = ZYCXCS(I,J)
   504    CONTINUE
      CALL JGTJFX(KJ,A)
      DO 506 I = 1,8
      I1 = KJ + I
```

```
            ZYCXCS(I1,J) = A(I1)
506         CONTINUE
502         CONTINUE
C 对方差做统计分析
            DO 512 J = 1,2
            A = 0.0
            DO 514 I = 1,KJ
            A(I) = SMD12LB(I,J)
514         CONTINUE
            CALL JGTJFX(KJ,A)
            DO 516 I = 1,8
            I1 = KJ + I
            SMD12LB(I1,J) = A(I1)
516         CONTINUE
512         CONTINUE
C 对漂移系数做统计分析
            CALL JGTJFX(KJ,PYXSLB)
C 保存逐年统计结果
            WRITE(26,'(A)') '逐年 M3 – S2 – M2 – K1 – O1 – S1 – 6 个分波列表结果'
            WRITE(26,'(A)') '    DATE    ISJGS1    V1      ISJGS2
1           V2      PYXSM3A    M3B     S2A     S2B
2           M2A     M2AMM2B    K1A     K1B     S1A
3           S1B     O1A O1B'
            DO 522 I = 1,KJ
            WRITE(26,50) IDTN(I),(ISJGSLB(I,J),SMD12LB(I,J),J = 1,2),PYXSLB(I)
1           ,(ZYCXCS(I,J),J = 1,9,2),ZYCXCS(I,10),(ZYCXCS(I,J),J = 11,24,2)
522         CONTINUE
            WRITE(26,51) (ISJGSLB(KJ + 1,J),SMD12LB(KJ + 1,J),J = 1,2),PYXSLB(KJ + 1)
1           ,(ZYCXCS(KJ + 1,J),J = 1,9,2),ZYCXCS(KJ + 1,10)
2           ,(ZYCXCS(KJ + 1,J),J = 11,24,2)
            WRITE(26,52) (ISJGSLB(KJ + 2,J),SMD12LB(KJ + 2,J),J = 1,2),PYXSLB(KJ + 2)
1           ,(ZYCXCS(KJ + 2,J),J = 1,9,2),ZYCXCS(KJ + 2,10)
2           ,(ZYCXCS(KJ + 2,J),J = 11,24,2)
            WRITE(26,53) (ISJGSLB(KJ + 3,J),SMD12LB(KJ + 3,J),J = 1,2),PYXSLB(KJ + 3)
1           ,(ZYCXCS(KJ + 3,J),J = 1,9,2),ZYCXCS(KJ + 3,10)
2           ,(ZYCXCS(KJ + 3,J),J = 11,24,2)
            WRITE(26,54) (ISJGSLB(KJ + 4,J),SMD12LB(KJ + 4,J),J = 1,2),PYXSLB(KJ + 4)
1           ,(ZYCXCS(KJ + 4,J),J = 1,9,2),ZYCXCS(KJ + 4,10)
2           ,(ZYCXCS(KJ + 4,J),J = 11,24,2)
            WRITE(26,55) (ISJGSLB(KJ + 5,J),SMD12LB(KJ + 5,J),J = 1,2),PYXSLB(KJ + 5)
1           ,(ZYCXCS(KJ + 5,J),J = 1,9,2),ZYCXCS(KJ + 5,10)
```

```
        2,(ZYCXCS(KJ+5,J),J=11,24,2)
        WRITE(26,56)(ISJGSLB(KJ+6,J),SMD12LB(KJ+6,J),J=1,2),PYXSLB(KJ+6)
       1,(ZYCXCS(KJ+6,J),J=1,9,2),ZYCXCS(KJ+6,10)
        2,(ZYCXCS(KJ+6,J),J=11,24,2)
        WRITE(26,57)(ISJGSLB(KJ+7,J),SMD12LB(KJ+7,J),J=1,2),PYXSLB(KJ+7)
       1,(ZYCXCS(KJ+7,J),J=1,9,2),ZYCXCS(KJ+7,10)
        2,(ZYCXCS(KJ+7,J),J=11,24,2)
        WRITE(26,58)(ISJGSLB(KJ+8,J),SMD12LB(KJ+8,J),J=1,2),PYXSLB(KJ+8)
       1,(ZYCXCS(KJ+8,J),J=1,9,2),ZYCXCS(KJ+8,10)
        2,(ZYCXCS(KJ+8,J),J=11,24,2)
50      FORMAT(1X,I10,2(1X,I9,1X,F9.3),1X,F9.3,2(1X,F9.4,1X,F9.3)
       1,1X,F9.4,3(1X,F9.4,1X,F9.3),5(1X,F9.2))
51      FORMAT(1X,'初统计个数',2(1X,I9,1X,F9.0),19(1X,F9.0))
52      FORMAT(1X,'初统计均值',2(1X,I9,1X,F9.3),1X,F9.3
       1,2(1X,F9.4,1X,F9.3),1X,F9.4,3(1X,F9.4,1X,F9.3),5(1X,F9.2))
53      FORMAT(1X,'初统计方差',2(1X,I9,1X,F9.3),1X,F9.3
       1,2(1X,F9.4,1X,F9.3),1X,F9.4,3(1X,F9.4,1X,F9.3),5(1X,F9.2))
54      FORMAT(1X,'再统计个数',2(1X,I9,1X,F9.0),19(1X,F9.0))
55      FORMAT(1X,'极小值——',2(1X,I9,1X,F9.3),1X,F9.3
       1,2(1X,F9.4,1X,F9.3),1X,F9.4,3(1X,F9.4,1X,F9.3),5(1X,F9.2))
56      FORMAT(1X,'极大值——',2(1X,I9,1X,F9.3),1X,F9.3
       1,2(1X,F9.4,1X,F9.3),1X,F9.4,3(1X,F9.4,1X,F9.3),5(1X,F9.2))
57      FORMAT(1X,'再统计均值',2(1X,I9,1X,F9.3),1X,F9.3
       1,2(1X,F9.4,1X,F9.3),1X,F9.4,3(1X,F9.4,1X,F9.3),5(1X,F9.2))
58      FORMAT(1X,'再统计方差',2(1X,I9,1X,F9.3),1X,F9.3
       1,2(1X,F9.4,1X,F9.3),1X,F9.4,3(1X,F9.4,1X,F9.3),5(1X,F9.2))
721     CONTINUE
C 因有2个年度结果,需要进行整体计算,因此转700
        GO TO 700
CCCCC
C 处理月度结果
722     CONTINUE
C FOR KJ=>2,具有2个(含)以上逐月调结果转733
        IF(KJ.GT.1) GO TO 733
CCCCC
C FOR KJ=1 只有1个月结果-记忆评价参数7-11 依次 V2、PYXS、M2A、M2AM、M2B、V2、S1A
        PJCSLB(7)=V2
        PJCSLB(8)=PYXSLB(1)
        PJCSLB(9)=ZYCXCS(1,9)
        PJCSLB(10)=ZYCXCS(1,10)/ZYCXCS(1,9)*100.0
        PJCSLB(11)=ZYCXCS(1,12)
```

```
C 保存仅 1 个月计算 5 个分波群(M3、S2、M2、K1、O1)潮汐参数于汇总表 34
      WRITE(34,44) IXH,CAGCZ(1:14),TZMC(1:8),BZ,IDAT11,IDAT21,ISJGS1,V1
    1,ISJGS2,V2,BL2(K112),(ZYCXCS(1,J),J=1,9,2),ZYCXCS(1,10)
    2,(ZYCXCS(1,J),J=11,20,2)
C 保存仅 1 个月计算 5 个分波群潮汐参数于汇总表 35
      WRITE(35,44) IXH,CAGCZ(1:14),TZMC(1:8),BZ,IDAT11,IDAT21,ISJGS1
    1,V1,ISJGS2,V2,BL2(K112),(ZYCXCS(1,J),J=1,9,2),ZYCXCS(1,10)
    2,(ZYCXCS(1,J),J=11,15,2),99.9999,99.9999,(ZYCXCS(1,J),J=17,19,2)
      WRITE(37,45) IXH,CAGCZ(1:14),TZMC(1:8),ISJGS2,V2
    1,((RZFXW(J,K),K=1,2),J=1,2),DS(13,5),DS(13,3),DS(14,5),DS(14,3)
    2,(RZFXW(3,K),K=1,2),DS(15,5),DS(15,3)
    2,(RZFXW(4,K),K=1,2),DS(16,5),DS(16,3)
      GO TO 811
C FOR KJ=1 只有 1 个月结果,处理完成后转 812,表示不再进行逐年,整体计算
CCCCC
   733    CONTINUE
C FOR KJ=>2 具有 2 个(含)以上逐月调结果,先统计分析,后记忆保存结果
C 逐月参数统计分析
C 对 6 个分波潮汐参数做统计分析
C   KJ=KJ-1
      DO 532 J=1,20
      A=0.0
      DO 534 I=1,KJ
      A(I)=ZYCXCS(I,J)
   534    CONTINUE
      CALL JGTJFX(KJ,A)
      DO 536 I=1,8
      I1=KJ+I
      ZYCXCS(I1,J)=A(I1)
   536    CONTINUE
   532    CONTINUE
C 对方差 V1/V2 做统计分析
      DO 542 J=1,2
      A=0.0
      DO 544 I=1,KJ
      A(I)=SMD12LB(I,J)
   544    CONTINUE
      CALL JGTJFX(KJ,A)
      DO 546 I=1,8
      I1=KJ+I
      SMD12LB(I1,J)=A(I1)
```

```
546      CONTINUE
542      CONTINUE
C 对漂移系数做统计分析
      CALL JGTJFX(KJ,PYXSLB)
C 保存月度统计结果
      WRITE(26,'(A)') '逐月 M3 - S2 - M2 - K1 - O1 - 5 个分波列表结果'
      WRITE(26,'(A)') '   DATE      ISJGS1      V1      ISJGS2
1      V2          PYXS      M3A        M3B        S2A    S2B    M2A
2      M2AM      M2B        K1A        K1B        O1A    O1B'
      DO 552 I = 1,KJ
      WRITE(26,50) IDTN(I),(ISJGSLB(I,J),SMD12LB(I,J),J=1,2),PYXSLB(I)
1,(ZYCXCS(I,J),J=1,9,2),ZYCXCS(I,10),(ZYCXCS(I,J),J=11,20,2)
552      CONTINUE
      WRITE(26,51) (ISJGSLB(KJ+1,1),SMD12LB(KJ+1,J),J=1,2),PYXSLB(KJ+1)
1,(ZYCXCS(KJ+1,J),J=1,9,2),ZYCXCS(KJ+1,10)
2,(ZYCXCS(KJ+1,J),J=11,20,2)
      WRITE(26,52) (ISJGSLB(KJ+1,1),SMD12LB(KJ+2,J),J=1,2),PYXSLB(KJ+2)
1,(ZYCXCS(KJ+2,J),J=1,9,2),ZYCXCS(KJ+2,10)
2,(ZYCXCS(KJ+2,J),J=11,20,2)
      WRITE(26,53) (ISJGSLB(KJ+1,1),SMD12LB(KJ+3,J),J=1,2),PYXSLB(KJ+3)
1,(ZYCXCS(KJ+3,J),J=1,9,2),ZYCXCS(KJ+3,10)
2,(ZYCXCS(KJ+3,J),J=11,20,2)
      WRITE(26,54) (ISJGSLB(KJ+1,1),SMD12LB(KJ+4,J),J=1,2),PYXSLB(KJ+4)
1,(ZYCXCS(KJ+4,J),J=1,9,2),ZYCXCS(KJ+4,10)
2,(ZYCXCS(KJ+4,J),J=11,20,2)
      WRITE(26,55) (ISJGSLB(KJ+1,1),SMD12LB(KJ+5,J),J=1,2),PYXSLB(KJ+5)
1,(ZYCXCS(KJ+5,J),J=1,9,2),ZYCXCS(KJ+5,10)
2,(ZYCXCS(KJ+5,J),J=11,20,2)
      WRITE(26,56) (ISJGSLB(KJ+1,1),SMD12LB(KJ+6,J),J=1,2),PYXSLB(KJ+6)
1,(ZYCXCS(KJ+6,J),J=1,9,2),ZYCXCS(KJ+6,10)
2,(ZYCXCS(KJ+6,J),J=11,20,2)
      WRITE(26,57) (ISJGSLB(KJ+1,1),SMD12LB(KJ+7,J),J=1,2),PYXSLB(KJ+7)
1,(ZYCXCS(KJ+7,J),J=1,9,2),ZYCXCS(KJ+7,10)
2,(ZYCXCS(KJ+7,J),J=11,20,2)
      WRITE(26,58) (ISJGSLB(KJ+1,1),SMD12LB(KJ+8,J),J=1,2),PYXSLB(KJ+8)
1,(ZYCXCS(KJ+8,J),J=1,9,2),ZYCXCS(KJ+8,10)
2,(ZYCXCS(KJ+8,J),J=11,20,2)
C 列逐月结果 M2 波群潮汐参数
      JSJG(1:14) = CAGCZ(1:14)
C 列逐月结果 M2 波群潮汐因子
      JSJG(15:24) = 'HT-M2A. TXT'
```

```
      OPEN(11,FILE = '\T24\ZDZHTJS\HTFBCSWJ\'//JSJG,STATUS = 'UNKNOWN')
      DO 556 I = 1,KJ
      WRITE(11,60) IDTN(I),ZYCXCS(I,9)
556       CONTINUE
      CLOSE(11)
60    FORMAT(I6,1X,F9.4)
C 列逐月结果 M2 波群相位滞后
      JSJG(15:24) = 'HT-M2B.TXT'
      OPEN(11,FILE = '\T24\ZDZHTJS\HTFBCSWJ\'//JSJG,STATUS = 'UNKNOWN')
      DO 558 I = 1,KJ
      WRITE(11,61) IDTN(I),ZYCXCS(I,11)
558       CONTINUE
61     FORMAT(I6,1X,F9.2)
      CLOSE(11)
C 记忆来自逐月结果的评价参数 – 依次 SMDYD,PYXS,M2A,M2AM,M2B
      PJCSLB(7) = SMD12LB(KJ + 7,2)
      PJCSLB(8) = PYXSLB(KJ + 7)
      PJCSLB(9) = ZYCXCS(KJ + 7,9)
      PJCSLB(10) = ZYCXCS(KJ + 8,9)/ZYCXCS(KJ + 7,9) * 100.0
      PJCSLB(11) = ZYCXCS(KJ + 8,11)
C 保存逐月统计结果的潮汐参数于汇总表 34
      WRITE(34,44) IXH,CAGCZ(1:14),TZMC(1:8),BZ,IDAT11,IDAT21
     1,(ISJGSLB(KJ + 1,J),SMD12LB(KJ + 7,J),J = 1,2),PYXSLB(KJ + 7)
     2,(ZYCXCS(KJ + 7,J),J = 1,9,2),ZYCXCS(KJ + 7,10),(ZYCXCS(KJ + 7,J),J = 11,20,2)
C 因有 2 个月及以上结果,转 700 表示要进行年度计算
      GO TO 700
C 逐月结果处理完毕转 700,做年度计算
C 第二层循环 – 终点 710
710    CONTINUE
CCCCC
811    CONTINUE
      CLOSE(26)
      CLOSE(27)
C 保存内在质量评价参数于汇总表
      WRITE(36,62) IXH,CAGCZ(1:14),TZMC(1:8),(ISJXXLB(J),J = 1,4)
     1,(PJCSLB(J),J = 1,14)
62    FORMAT(1X,I4,1X,A14,1X,A8,2(1X,I8),2(1X,I6),14(1X,F9.4))
CCCCC
      GO TO 800
810    CONTINUE
      CLOSE(31)
```

```
        CLOSE(32)
        CLOSE(33)
        CLOSE(34)
        CLOSE(35)
        CLOSE(36)
        CLOSE(37)
        CLOSE(38)
        CCLOSE(39)
C 文件逐一循环计算结束
        END
CCCCCCCCCCCCCCCCCCCCCCCCCCCCCC
C 由日期计算儒略日数 IT0(整型数)
        SUBROUTINE COMPIT0(ID1,IT01)
        DIMENSION IMON(12)
        DATA IMON/31,28,31,30,31,30,31,31,30,31,30,31/
        IYE = ID1/10000
        MON = (ID1 - IYE * 10000)/100
        MDA = ID1 - IYE * 10000 - MON * 100
        IYE = IYE - 1900
        IF(IYE/4 * 4. EQ. IYE) THEN
        IMON(2) = 29
        ELSE
        IMON(2) = 28
        END IF
        IF(MON - 2) 4,5,6
   4    MD0 = 0
        GO TO 7
   5    MD0 = 31
        GO TO 7
   6    MD0 = 0
        DO 8 I = 1,MON - 1
   8    MD0 = MD0 + IMON(I)
   7    IT01 = IYE * 365 + (IYE - 1)/4 + MD0 + MDA - 1
        END
CCCCCCCCCCCCCCCCCCCCCCCCCCCCCC
C 由日期(8 位)计算儒略日 T00(双精度)
        SUBROUTINE COMPT00(ID1,T00,BT)
        DIMENSION IMON(12)
        REAL * 8 T00,T4
        DATA IMON/31,28,31,30,31,30,31,31,30,31,30,31/
        IYE = ID1/10000
```

```
              MON = (ID1 - IYE * 10000)/100
              MDA = ID1 - IYE * 10000 - MON * 100
              IF(IYE/4 * 4. EQ. IYE) THEN
              IMON(2) = 29
              ELSE
              IMON(2) = 28
              END IF
              IF(MON - 2) 4,5,6
   4          MD0 = 0
              GO TO 7
   5          MD0 = 31
              GO TO 7
   6          MD0 = 0
              DO 8 I = 1,MON - 1
   8          MD0 = MD0 + IMON(I)
   7          T00 = (IYE - 1900) * 365 + (IYE - 1901)/4 + MD0 + MDA - .5 + (BT-8.0)/24.0
              END
CCCCCCCCCCCCCCCCCCCCCCCCCCCCCC
C NAKAIJS1 组成并解算法方程,计算方差 SMD1
       SUBROUTINE NAKAIJSA1(N,N1,AM,AM2,IDATI,IDATI2,BL,GX3,GX4,SMD0,SMD1
      1,SMD2)
       DIMENSION AM(24,6),AM2(24,6),IDATI(24,2),IDATI2(24,2)
      1,GX3(24),GX4(24)
       REAL * 8 AA(72,145),BL(72)
C 组成法方程
       DO 100 I = 1,4
       DO 100 J = 1,9
   100    AA(I,J) = 0.0
       DO 120 I = 1,4
       DO 120 J = 1,5
       DO 120 K = 1,N
   120    AA(I,J) = AA(I,J) + AM(K,I) * AM(K,J)
       DO 130 I = 1,4
   130    AA(I,5 + I) = 1.0
       CALL GS31(4,9,AA,JZ,IXZ)
       DO 140 I = 1,4
       BL(I) = AA(I,5)
   140    CONTINUE
C 计算方差 SMD1,残差 GX3,去潮残差 GX4
       SMD1 = 0.0
       DO 150 I = 1,N
```

```
      RR = 0. 0
      DO 160 J = 1,4
160      RR = RR + AM(I,J) * BL(J)
      RR1 = AM(I,5) - RR
      GX3(I) = RR1
      SMD1 = SMD1 + RR1 * RR1
      ERR2 = 0. 0
      DO 162 J = 1,2
162      ERR2 = ERR2 + AM(I,J) * BL(J)
      ERR3 = AM(I,5) - ERR2
      GX4(I) = ERR3
150      CONTINUE
      SMD1 = SQRT(ABS(SMD1/(N - 4. 0)))
C 判断是否需要二次计算
      IF(SMD1. LT. SMD0) THEN
      N1 = N
      AM2 = AM
      IDATI2 = IDATI
      GX4 = GX3
      SMD2 = SMD1
      GO TO 199
      END IF
      SMDA = SMD0 * 3. 0
      N1 = 0
      DO 170 I = 1,N
      IF(ABS(GX3(I)). GT. SMDA) GO TO 170
      N1 = N1 + 1
      DO 180 J = 1,5
      AM2(N1,J) = AM(I,J)
180      CONTINUE
      IDATI2(N1,1) = IDATI(I,1)
      IDATI2(N1,2) = IDATI(I,2)
170      CONTINUE
      IF(N1. EQ. N) THEN
      IDATI2 = IDATI
      GX4 = GX3
      SMD2 = SMD1
      GO TO 199
      END IF
C 二次组成法方程
      DO 200 I = 1,4
```

```
      DO 200 J = 1,9
200     AA(I,J) = 0. 0
      DO 210 I = 1,4
      DO 210 J = 1,5
      DO 210 K = 1,N1
210     AA(I,J) = AA(I,J) + AM2(K,I) * AM2(K,J)
      DO 220 I = 1,4
220     AA(I,5 + I) = 1. 0
      CALL GS31(4,9,AA,JZ,IXZ)
      DO 230 I = 1,4
      BL(I) = AA(I,5)
230     CONTINUE
      IF( N1. LT. 8) GO TO 199
C 二次计算方差 SMD2、残差 GX3、去潮残差 GX4
      SMD2 = 0. 0
      DO 240 I = 1,N1
      RR = 0. 0
      DO 250 J = 1,4
250     RR = RR + AM2(I,J) * BL(J)
      RR1 = AM2(I,5) − RR
      GX3(I) = RR1
      SMD2 = SMD2 + RR1 * RR1
      ERR2 = 0. 0
      DO 252 J = 1,2
252     ERR2 = ERR2 + AM2(I,J) * BL(J)
      ERR3 = AM2(I,5) − ERR2
      GX4(I) = ERR3
240     CONTINUE
      SMD2 = SQRT( ABS( SMD2/( N1 − 4. 0) ) )
199     CONTINUE
      END
CCCCCCCCCCCCCCCCCCCCCCCCCCCCCCC
C NAKAIJS2 组成并解算法方程,计算方差 SMD1,二次计算 N1、SMD2
      SUBROUTINE NAKAIJSA2( N,N3,AM,AM3,IDATI,IDATI3,BL,GX3,GX4,DET1,DET2
     1,SMD0,IDGS0)
      DIMENSION AM(24,6),AM1(24,6),AM2(24,6),AM3(24,6)
     1,IDATI(24,2),IDATI1(24,2),IDATI2(24,2),IDATI3(24,2)
     2,GX3(24),GX4(24)
      REAL * 8 AA(72,145),BL(72)
      SMD02 = SMD0 * 2. 0
C 按 IDGS0 分钟间隔分段,计算分段数 MIJ
```

固体潮观测数据处理手册

```
      MIJ = N/IDGS0
      MIJ1 = MIJ − 1
      MI3 = 0
      DO 200 II = 1 , MIJ
      JI1 = 0
      J1 = ( II − 1 ) * IDGS0 + 1
      IF( II. LE. MIJ1 ) THEN
      J2 = IDGS0 * II
      ELSE
      J2 = N
      END IF
CCCCCCC 逐一取出各个分段数据暂存于 AM1、IDATI1 , 计算 SMD2
      DO 210 JJ = J1 , J2
      JI1 = JI1 + 1
      DO 220 J = 1 , 5
      AM1( JI1 , J ) = AM( JJ , J )
220      CONTINUE
      IDATI1( JI1 , 1 ) = IDATI( JJ , 1 )
      IDATI1( JI1 , 2 ) = IDATI( JJ , 2 )
210      CONTINUE
      CALL NAKAIJSA1( JI1 , JI2 , AM1 , AM2 , IDATI1 , IDATI2 , BL , GX3 , GX4 , SMD0
     1 , SMD1 , SMD2 )
C 基于结果判断 – 以下情况 – 忽略
      IF( DABS( BL( 1 ) ). LT. 1. 0 ) THEN
      SMD00 = SMD0
      ELSE
      SMD00 = SMD0 * DABS( BL( 1 ) )
      END IF
      IF( BL( 1 ). LT. DET1. OR. BL( 1 ). GT. DET2. OR. SMD2. GT. SMD00 ) GO TO 200
C 计算通过后,将正常数据 AM3 存入 AM2,将 IDATI3 存入 IDATI2
      JJ1 = 0
      DO 230 JJ = 1 , JI2
      JJ1 = JJ1 + 1
      MI3 = MI3 + 1
      DO 240 J = 1 , 5
      AM3( MI3 , J ) = AM2( JJ1 , J )
240      CONTINUE
      IDATI3( MI3 , 1 ) = IDATI2( JJ1 , 1 )
      IDATI3( MI3 , 2 ) = IDATI2( JJ1 , 2 )
230      CONTINUE
200      CONTINUE
```

```
     N3 = MI3
     END
CCCCCCCCCCCCCCCCCCCCCCCCCCCC
C 由儒略日 T01(双精度)计算理论值及其他的微分值
C T00N - 为当日内以小时为单位的分钟值时间序列
     SUBROUTINE TIDEM( M,T01,T00N,GX2,BT)
     DIMENSION GX2(24,2)
     REAL * 8 T00N(24),R11(3,8),S,H,P,RN,PS,T01,T02,T1,T2,T3,T4,TT,RA
    1,AS,Q,QQ,SS,HH,PP,RNN,PSS,E11,RL11,RLS11,B11,D1,D2,D3,D4,D11,D22
    2,D33,D44,C1,C2,C3,C4,C5,C6,C7,C8,CM,CM2,CM3,CM4,CMM,CS,CS2,CS3,CSS
     COMMON WL,NG,A1,A12,GA1,AG1,SZ,CZ,SZ2,CZ2,SAZ,CAZ,SAZ2
    1,CAZ2,SCAZ,CA2Z,SA2Z
     DATA RH2,RH3,RL2,RL3,RF2,RF3,EU/0. 6114,0. 2913,0. 0832,0. 0145
    1,0. 7236,0. 4086,0. 250/
     DATA R11/ -110. 109, -2. 740, -50. 566,27. 155,0. 254,12. 471
    1    , -27. 155, -0. 254, -12. 471,34. 833,0. 289,15. 997,56. 291,0. 934,25. 851
    2    ,56. 291,0. 934,25. 851,56. 291,0. 934,25. 851,40. 732,0. 381,18. 708/
     DATA RA,QQ,SS,HH,PP,RNN,PSS/1. 7453292D - 2,2. 52934017D - 1
    1,9. 58214551D - 3,7. 16782960D - 4,8. 10153290D - 5, - 3. 85091770D - 5
    2,3. 42291387D - 8/
     DO 120 JJ = 1,M
     T4 = T00N( JJ)
     T02 = T01 + T4/24D0
        T1 = T02/36525.
        T2 = T1 * T1
        T3 = T1 * T2
     TT = 1. 1407712E - 6 * RA
     SS = (481267. 88314 - 0. 001133 * 2. 0 * T1 + 0. 00000189 * 3. 0 * T2) * TT
     HH = (36000. 768925 + 0. 0003025 * 2. 0 * T1) * TT
     PP = (4069. 034033 - 0. 010325 * 2. 0 * T1 - 0. 0000125 * 3. 0 * T2) * TT
     RNN = ( -1934. 142008 + 0. 002077 * 2. 0 * T1 + 0. 000002 * 3. 0 * T2) * TT
     PSS = (1. 719175 + 0. 0004527 * 2. 0 * T1 + 0. 000003 * 3. 0 * T2) * TT
        S = 270. 43416 + 481267. 88314 * T1 - 0. 001133 * T2 + 0. 00000189 * T3
        S = (S - DINT(S/360. ) * 360. ) * RA
        H = 279. 696678 + 36000. 768925 * T1 + 0. 0003025 * T2
        H = (H - DINT(H/360. ) * 360. ) * RA
        P = 334. 3295556 + 4069. 034033 * T1 - 0. 010325 * T2 - 0. 0000125 * T3
        P = (P - DINT(P/360. ) * 360. ) * RA
        RN = 259. 183275 - 1934. 142008 * T1 + 0. 002077 * T2 + 0. 000002 * T3
        RN = (RN - DINT(RN/360. ) * 360. ) * RA
        PS = (281. 2208333 + 1. 719175 * T1 + 0. 0004527 * T2 + 0. 000003 * T3) * RA
```

$$E = (23.452294 - 0.0130125 * T1 - 0.000002 * T2 + 0.0000005 * T3) * RA$$

$$E11 = (-0.0130125 - 0.000002 * 2.0 * T1 + 0.0000005 * 3.0 * T2) * TT$$

$$CM = 1. + 0.0001 * (100. * DCOS(S - 2. * H + P) + 545. * DCOS(S - P)$$
$$1 + 30. * DCOS(2. * S - 2. * P) + 9. * DCOS(3. * S - 2. * H - P)$$
$$2 + 6. * DCOS(2. * S - 3. * H + PS) + 82. * DCOS(2. * S - 2. * H))$$

$$CM2 = CM * CM$$

$$CM3 = CM2 * CM$$

$$CM4 = CM3 * CM$$

$$CMM = -0.0001 * (100. * DSIN(S - 2. * H + P) * (SS - 2. * HH + PP)$$
$$1 + 545. * DSIN(S - P) * (SS - PP) + 30. * DSIN(2. * S - 2. * P) * (2. * SS - 2. * PP)$$
$$2 + 9. * DSIN(3. * S - 2. * H - P) * (3. * SS - 2. * HH - PP)$$
$$3 + 6. * DSIN(2. * S - 3. * H + PS) * (2. * SS - 3. * HH + PSS)$$
$$4 + 82. * DSIN(2. * S - 2. * H) * (2. * SS - 2. * HH))$$

$$CS = 1.0 + 0.0168 * DCOS(H - PS) + 0.0003 * DCOS(2. * H - 2. * PS)$$

$$CS2 = CS * CS$$

$$CS3 = CS2 * CS$$

$$CSS = -0.168 * SIN(H - PS) * (HH - PSS) - 0.0003 * DSIN(2. * H - 2. * PS)$$
$$1 * (2. * HH - 2. * PSS)$$

$$RL = S + 0.0001 * (-32. * DSIN(H - PS) - 10. * DSIN(2. * H - 2. * P)$$
$$1 + 10. * DSIN(S - 3. * H + P + PS) + 7. * DSIN(S - H - P + PS)$$
$$2 - 6. * DSIN(S - H) - 5. * DSIN(S + H - P - PS)$$
$$3 + 8 * DSIN(2. * S - 3. * H + PS) + 115. * DSIN(2. * S - 2. * H)$$
$$4 + 37. * DSIN(2. * S - 2. * P) - 20. * DSIN(2. * S - 2. * RN)$$
$$5 + 9. * DSIN(3. * S - 2. * H - P) + 1098. * DSIN(S - P) + 222. * DSIN(S - 2. * H + P))$$

$$RL11 = SS + 0.0001 * (-32. * DCOS(H - PS) * (HH - PSS) - 10. * DCOS(2. * H - 2. * P)$$
$$1 * (2. * HH - 2. * PP) + 10. * DCOS(S - 3. * H + P + PS) * (SS - 3. * HH + PP + PSS)$$
$$2 + 7. * DCOS(S - H - P + PS) * (SS - HH - PP + PSS) - 6. * DCOS(S - H) * (SS - HH)$$
$$3 - 5. * DCOS(S + H - P - PS) * (SS + HH - PP - PSS) + 8. * DCOS(2. * S - 3. * H + PS)$$
$$4 * (2. * SS - 3. * HH + PSS) + 115. * DCOS(2. * S - 2. * H) * (2. * SS - 2. * HH)$$
$$5 + 37. * DCOS(2. * S - 2. * P) * (2. * SS - 2. * PP) - 20. * DCOS(2. * S - 2. * RN)$$
$$6 * (2. * SS - 2. * RNN) + 9. * DCOS(3. * S - 2. * H - P) * (3. * SS - 2. * HH - PP)$$
$$7 + 1098. * DCOS(S - P) * (SS - PP) + 222. * DCOS(S - 2. * H + P) * (SS - 2. * HH + PP))$$

$$RLS = H + .0335 * DSIN(H - PS) + .0004 * DSIN(2. * H - 2. * PS)$$

$$RLS11 = HH + 0.0335 * DCOS(H - PS) * (HH - PSS) + 0.0004 * DCOS(2. * H - 2. * PS)$$
$$1 * (2. * HH - 2. * PSS)$$

$$B = 0.0001 * (-48 * DSIN(P - RN) - 8. * DSIN(2. * H - P - RN) + 30. * DSIN(S - 2. * H + RN)$$
$$1 + 895. * DSIN(S - RN) + 10. * DSIN(2. * S - 2. * H + P - RN) + 49. * DSIN(2. * S - P - RN)$$
$$2 + 6. * DSIN(3. * S - 2. * H - RN))$$

$$B11 = 0.0001 * (-48. * DCOS(P - RN) * (PP - RNN) - 8. * DCOS(2. * H - P - RN)$$
$$1 * (2. * HH - PP - RNN) + 30. * DCOS(S - 2. * H + RN) * (SS - 2. * HH + RNN)$$
$$2 + 895. * DCOS(S - RN) * (SS - RNN) + 10. * DCOS(2. * S - 2. * H + P - RN)$$

$3*(2.*SS-2.*HH+PP-RNN)+49.*DCOS(2.*S-P-RN)*(2.*SS-PP-RNN)$

$4+6.*DCOS(3.*S-2.*H-RN)*(3.*SS-2.*HH-RNN))$

$$AS=(18.64606+2400.05126*T1+0.0000258*T2)*15$$

$$AS11=(2400.05216+0.0000258*2.0*T1)*TT$$

$$Q=(T4-20.+BT)*15.*AS+WL$$

$$Q=(Q-DINT(Q/360.)*360.)*RA$$

$$Q11=QQ$$

$$CLM=COS(RL)$$

$$SLM=SIN(RL)$$

$$CLS=COS(RLS)$$

$$SLS=SIN(RLS)$$

$$CB=COS(B)$$

$$SB=SIN(B)$$

$$CE=COS(E)$$

$$SE=SIN(E)$$

$$CQ=DCOS(Q)$$

$$SQ=DSIN(Q)$$

$$D1=SE*CB*SLM+CE*SB$$

$$D2=SE*SLS$$

$$D3=CB*CLM*CQ+SQ*(CE*CB*SLM-SE*SB)$$

$$D4=CLS*CQ+SQ*CE*SLS$$

$$D5=CB*CLM*SQ-CQ*(CE*CB*SLM-SE*SB)$$

$$D6=CLS*SQ-CQ*CE*SLS$$

$$D11=CE*CB*SLM*E11-SE*SB*E11-SE*SB*SLM*B11$$

$1+CE*CB*B11+SE*CB*CLM*RL11$

$$D22=CE*SLS*E11+SE*CLS*RLS11$$

$$D33=-SB*CLM*CQ*B11+CQ*CE*CB*SLM*Q11-CQ*SE*SB*Q11-CB*SLM*CQ*RL11$$

$$D33=D33-SQ*SE*CB*SLM*E11-CB*CLM*SQ*Q11-SQ*CE*SB*SLM*B11$$

$$D33=D33+SQ*CE*CB*CLM*RL11-SQ*CE*SB*E11-SQ*SE*CB*B11$$

$$D44=-SLS*CQ*RLS11+SQ*CE*CLS*RLS11-CLS*SQ*Q11$$

$$D44=D44+CQ*CE*SLS*Q11-SE*SQ*SLS*E11$$

$$D55=-SB*CLM*SQ*B11+CQ*CE*SB*SLM*B11+CQ*SE*CB*B11-CB*SLM*SQ*RL11$$

$$D55=D55-CQ*CE*CB*CLM*RL11+CQ*SE*CB*SLM*E11+CQ*CE*SB*E11$$

$$D55=D55+CB*CLM*CQ*Q11+SQ*CE*CB*SLM*Q11-SQ*SE*SB*Q11$$

$$D66=-SLS*SQ*RLS11-CQ*CE*CLS*RLS11+CLS*CQ*Q11$$

$$D66=D66+SQ*CE*SLS*Q11+CQ*SE*SLS*E11$$

$$C1=SZ*D1+CZ*D3$$

$$C2=SZ*D2+CZ*D4$$

$$C3=CZ*D1-SZ*D3$$

$$C4=CZ*D2-SZ*D4$$

$$C5=SZ*D11+CZ*D33$$

$$C6 = SZ * D22 + CZ * D44$$

$$C7 = CZ * D11 - SZ * D33$$

$$C8 = CZ * D22 - SZ * D44$$

$$C11 = C1 * C1$$

$$C22 = C2 * C2$$

IF(NG. LE. 3. OR. NG. EQ. 8) THEN

$$DG = R11(1, NG) * A1 * GA1 * CM3 * (1.5 * C11 - 0.5)$$

1 $$+ R11(2, NG) * A12 * GA1 * CM4 * (2.5 * C11 - 1.5) * C1$$

2 $$+ R11(3, NG) * A1 * GA1 * CS3 * (1.5 * C22 - 0.5)$$

$$GD = R11(1, NG) * A1 * GA1 * CM3 * 3. * C1 * C5$$

1 $$+ R11(2, NG) * A12 * GA1 * CM4 * (7.5 * C11 - 1.5) * C5$$

2 $$+ R11(3, NG) * A1 * GA1 * CS3 * 3. * C2 * C6$$

3 $$+ R11(1, NG) * A1 * GA1 * CM2 * (1.5 * C11 - 0.5) * 3.0 * CMM$$

4 $$+ R11(2, NG) * A12 * GA1 * CM3 * (2.5 * C11 - 1.5) * C1 * 4.0 * CMM$$

5 $$+ R11(3, NG) * A1 * GA1 * CS2 * (1.5 * C22 - 0.5) * 3.0 * CSS$$

ELSE IF(NG. EQ. 4) THEN

$$DG1 = R11(1, NG) * AG1 * CM3 * C1 * C3$$

1 $$+ R11(2, NG) * AG1 * A1 * CM4 * (5. * C11 - 1.) * C3$$

2 $$+ R11(3, NG) * AG1 * CS3 * C2 * C4$$

$$DG2 = R11(1, NG) * AG1 * CM3 * (-C1 * D5)$$

1 $$+ R11(2, NG) * AG1 * A1 * CM4 * (-D5 * (5. * C11 - 1.))$$

2 $$+ R11(3, NG) * AG1 * CS3 * (-C2 * D6)$$

$$DG = DG1 * CAZ + DG2 * SAZ$$

$$GD1 = R11(1, NG) * AG1 * CM3 * (C3 * C5 + C1 * C7)$$

1 $$+ R11(2, NG) * AG1 * A1 * CM4 * (10. * C1 * C5 * C3 + (5. * C11 - 1.) * C7)$$

2 $$+ R11(3, NG) * AG1 * CS3 * (C4 * C6 + C2 * C8)$$

3 $$+ R11(1, NG) * AG1 * CM2 * C1 * C3 * 3.0 * CMM$$

4 $$+ R11(2, NG) * AG1 * A1 * CM3 * (5. * C11 - 1.) * C3 * 4.0 * CMM$$

5 $$+ R11(3, NG) * AG1 * CS2 * C2 * C4 * 3.0 * CSS$$

$$GD2 = R11(1, NG) * AG1 * CM3 * (-C1 * D55 - C5 * D5)$$

1 $$+ R11(2, NG) * AG1 * A1 * CM4 * (-D55 * (5. * C11 - 1.) - 10. * D5 * C1 * C5)$$

2 $$+ R11(3, NG) * AG1 * CS3 * (-C6 * D6 - C2 * D66)$$

3 $$+ R11(1, NG) * AG1 * CM2 * (-C1 * D5) * 3.0 * CMM$$

4 $$+ R11(2, NG) * AG1 * A1 * CM3 * (-D5 * (5. * C11 - 1.)) * 4.0 * CMM$$

5 $$+ R11(3, NG) * AG1 * CS3 * (-C2 * D6) * 3.0 * CSS$$

$$GD = GD1 * CAZ + GD2 * SAZ$$

ELSE

$$R111 = R11(1, NG) * AG1 * CM3$$

$$R112 = R11(2, NG) * AG1 * A1 * CM4$$

$$R113 = R11(3, NG) * AG1 * CS3$$

$$R111A = R11(1, NG) * AG1 * CM2 * 3.0 * CMM$$

$$R112A = R11(2,NG) * AG1 * A1 * CM3 * 4.0 * CMM$$

$$R113A = R11(3,NG) * AG1 * CS2 * 3.0 * CSS$$

$$DG1 = R111 * (3. * RL2 * (C3**2 - C11) + RH2 * (1.5 * C11 - 0.5))$$

1     $+ R112 * (15. * RL3 * (C3 ** 2 - 0.5 * C11 + 0.1) * C1$

2     $+ RH3 * (2.5 * C11 - 1.5) * C1)$

3     $+ R113 * (3. * RL2 * (C4 ** 2 - C22) + RH2 * (1.5 * C22 - 0.5))$

$$DG2 = R111 * (3. * RL2/CZ2 * ((CZ * D5)**2 - C1 * CZ * D3) - 3. * RL2 * SZ/CZ * C1$$

1     $* C3 + RH2 * (1.5 * C11 - 0.5))$

2     $+ R112 * (15. * RL3/CZ2 * (C1 * (CZ * D5)**2 - CZ * D3 * (0.5 * C11 - 0.1))$

3     $- RL3 * SZ/CZ * C3 * (7.5 * C11 - 1.5) + RH3 * (2.5 * C11 - 1.5) * C1)$

4     $+ R113 * (3. * RL2/CZ2 * ((CZ * D6)**2 - C2 * CZ * D4) - 3. * RL2 * SZ/CZ * C2$

5     $* C4 + RH2 * (1.5 * C22 - 0.5))$

$$DG3 = R111 * 6. * RL2 * D5 * C3$$

1     $+ R112 * 30. * RL3 * C1 * D5 * C3$

2     $+ R113 * 6. * RL2 * D6 * C4$

$$DG = DG1 * CAZ2 + DG2 * SAZ2 - DG3 * SCAZ$$

$$GD1 = R111 * (6. * RL2 * (C3 * C7 - C1 * C5) + 3. * RH2 * C1 * C5)$$

1     $+ R112 * (30. * RL3 * (C3 * C7 - 0.5 * C1 * C5) * C1 + 7.5 * RH3 * (C11 - 0.2) * C5$

2     $+ RL3 * (15. * C3 * C3 - 7.5 * C1 * C1 + 1.5) * C5)$

3     $+ R113 * (6. * RL2 * (C4 * C8 - C2 * C6) + 3. * RH2 * C2 * C6)$

4     $+ R111A * (3. * RL2 * (C3 ** 2 - C11) + RH2 * (1.5 * C11 - 0.5))$

5     $+ R112A * (15. * RL3 * (C3 ** 2 - 0.5 * C11 + 0.1) * C1$

6     $+ RH3 * (2.5 * C11 - 1.5) * C1)$

7     $+ R113A * (3. * RL2 * (C4 ** 2 - C22) + RH2 * (1.5 * C22 - 0.5))$

$$GD2 = R111 * (3. * RL2 * (-C5 * D3/CZ - C1 * D33/CZ + 2. * D5 * D55)$$

1     $- 3. * RL2 * SZ/CZ * (C5 * C3 + C1 * C7) + 3. * RH2 * C1 * C5)$

2     $+ R112 * (15. * RL3 * (C5 * D5 * D5 + 2. * C1 * D5 * D55 - D33/CZ * (0.5 * C11 - 0.1)$

3     $- D3 * C1 * C5/CZ) - RL3 * SZ/CZ * (C7 * (7.5 * C11 - 1.5) + C3 * 15. * C1 * C5)$

4     $+ RH3 * (7.5 * C11 * C5 - 1.5 * C5))$

5     $+ R113 * (3. * RL2 * (-C6 * D4/CZ - C2 * D44/CZ + 2. * D6 * D66)$

6     $- 3. * RL2 * SZ/CZ * (C6 * C4 + C2 * C8) + 3. * RH2 * C2 * C6)$

7     $+ R111A * (3. * RL2/CZ2 * ((CZ * D5) ** 2 - C1 * CZ * D3) - 3. * RL2 * SZ/CZ * C1$

8     $* C3 + RH2 * (1.5 * C11 - 0.5))$

9     $+ R112A * (15. * RL3/CZ2 * (C1 * (CZ * D5) ** 2 - CZ * D3 * (0.5 * C11 - 0.1))$

A $- RL3 * SZ/CZ * C3 * (7.5 * C11 - 1.5) + RH3 * (2.5 * C11 - 1.5) * C1)$

B $+ R113A * (3. * RL2/CZ2 * ((CZ * D6) ** 2 - C2 * CZ * D4) - 3. * RL2 * SZ/CZ * C2$

C $* C4 + RH2 * (1.5 * C22 - 0.5))$

$$GD3 = R111 * 6. * RL2 * (D55 * C3 + D5 * C7)$$

1     $+ R112 * RL3 * 30. * (C1 * D55 * C3 + C5 * D5 * C3 + C1 * D5 * C7)$

2     $+ R113 * RL2 * 6. * (D66 * C4 + D6 * C8)$

3     $+ R111A * 6. * RL2 * D5 * C3$

```
4        + R112A * 30. * RL3 * C1 * D5 * C3
5        + R113A * 6. * RL2 * D6 * C4
              GD = GD1 * CAZ2 + GD2 * SAZ2 - GD3 * SCAZ
              END IF
              GX2(JJ,1) = DG
              GX2(JJ,2) = GD
      120CONTINUE
              END
CCCCCCCCCCCCCCCCCCCCCCCCCCCCCCCC
C 单列/一维数组(K 个)的统计分析:计算最大值/最小值/平均值/方差值
        SUBROUTINE JGTJFX(K,A)
        DIMENSION A(9999),C(9999),B(9999)
        REAL * 8 ZS01,ZS02,ZS11,ZS12
C 确定极限误差的倍数 RBS
        IF(K. GT. 100) THEN
        RBS = 3. 0
        ELSE IF(K. GT. 50) THEN
        RBS = 3. 0
        ELSE
        RBS = 3. 0
        END IF
C 计算初平均值
        ZS01 = 0. 0
        K1 = 0
        DO 100 I = 1, K
        K1 = K1 + 1
        C(K1) = A(I)
        ZS01 = ZS01 + A(K1)
     100    CONTINUE
        ZS01 = ZS01/K1
C 计算初方差
        ZS02 = 0. 0
        DO 110 I = 1, K1
        B(I) = ABS(C(I) - ZS01)
        ZS02 = ZS02 + B(I) * B(I)
     110    CONTINUE
        ZS02 = DSQRT(ZS02/(K1 - 1))
        ZS00 = ZS02 * RBS
C 再计算平均值
        ZS11 = 0. 0
        K2 = 0
```

```
      DO 120 I = 1,K1
      IF(B(I).LT.ZS00) THEN
      K2 = K2 + 1
      ZS11 = ZS11 + C(I)
      END IF
120      CONTINUE
      ZS11 = ZS11/K2
C 再计算极大值/极小值/方差值
      ZS12 = 0.0
      RMIN = 0.0
      RMAX = 0.0
      KN = 0
      DO 130 I = 1,K1
      IF(ABS(B(I)).GT.ZS00) GO TO 130
      KN = KN + 1
      ZS12 = ZS12 + (C(I) - ZS11)**2
      IF(KN.EQ.1) THEN
      RMIN = C(I)
      RMAX = C(I)
      GO TO 130
      END IF
      IF(A(I).LT.RMIN) RMIN = C(I)
      IF(A(I).GT.RMAX) RMAX = C(I)
130      CONTINUE
      ZS12 = DSQRT(ZS12/(KN - 1))
      A(K + 1) = K1
      A(K + 2) = ZS01
      A(K + 3) = ZS02
      A(K + 4) = KN
      A(K + 5) = RMIN
      A(K + 6) = RMAX
      A(K + 7) = ZS11
      A(K + 8) = ZS12
199      CONTINUE
      END
CCCCCCCCCCCCCCCCCCCCCCCCCCCCCC
C 解正则方程 A
      SUBROUTINE GS31(N,M,A,IZ,IXZ)
      REAL * 8 A(72,145)
      INTEGER IZ(72)
      DO 500 K = 1,N
```

```
500   IZ( K) = K
      DO 510 K = 1 , N
      C = 0. 0
      DO 520 I = K , N
      DO 520 J = K , N
      IF( DABS( A( I,J) ). GT. ABS( C) ) THEN
      C = A( I,J)
      I0 = I
      J0 = J
      END IF
520      CONTINUE
         IF( ABS( C). GT. 1. 0E - 10) THEN
         GO TO 525
         END IF
CWRITE( * ,526) C
526      FORMAT( 5X, F10. 2)
      DO 527 J = 1 , N
      A( J,N + 1) = 0D0
527      CONTINUE
      IXZ = 0
         GO TO 999
525      IF( I0. EQ. K) THEN
         GO TO 535
         END IF
         DO 530 J = 1 , M
         T = A( K,J)
         A( K,J) = A( I0,J)
         A( I0,J) = T
530      CONTINUE
535      IF( J0. EQ. K) THEN
         GO TO 545
         END IF
         DO 540 I = 1 , N
         T = A( I,K)
         A( I,K) = A( I,J0)
         A( I,J0) = T
540      CONTINUE
         IT = IZ( K)
         IZ( K) = IZ( J0)
         IZ( J0) = IT
545      C = 1. 0/C
```

```
            DO 550 J = K + 1, M
550     A(K,J) = A(K,J) * C
            DO 560 I = K + 1, N
            DO 560 J = K + 1, M
560     A(I,J) = A(I,J) - A(I,K) * A(K,J)
510     CONTINUE
            DO 570 I = N + 1, M
            DO 572 K = N - 1, 1, - 1
            C = A(K,I)
            DO 576 J = K + 1, N
576     C = C - A(K,J) * A(J,I)
572     A(K,I) = C
570     CONTINUE
            DO 580 K = 1, N
            DO 585 I = K + 1, N
            IF(IZ(I). NE. K) THEN
            GO TO 585
            END IF
            DO 590 J = N + 1, M
            T = A(K,J)
            A(K,J) = A(I,J)
            A(I,J) = T
590     CONTINUE
            IZ(I) = IZ(K)
            GO TO 580
585     CONTINUE
580     CONTINUE
        IXZ = 1
999     CONTINUE
            END
CCCCCCCCCCCCCCCCCCCCCCCCCCCCCCCCC
```

附表1 杜德森常数表

序号	幅角数	振幅因子	序号	幅角数	振幅因子	序号	幅角数	振幅因子
1	3755753	−0.00007	27	2925562	0.00007	53	2745562	0.00090
2	3755653	−0.00068	28	2856552	−0.00005	54	2745542	−0.00355
3	3755553	−0.00155	29	2855753	0.00006	55	2737552	0.00003
4	3755453	0.00006	30	2855653	0.00031	56	2736553	0.00005
5	3656653	−0.00011	31	2855553	0.00048	57	2735552	0.42248
6	3656553	−0.00025	32	2854752	0.00030	58	2735452	0.00095
7	3654553	0.00067	33	2854652	0.00280	59	2725562	0.02476
8	3636553	0.00017	34	2854552	0.00643	60	2715572	0.00101
9	3555553	−0.01188	35	2854452	−0.00012	61	2674752	0.00007
10	3555453	0.00067	36	2836752	0.00006	62	2674652	0.00059
11	3537553	0.00007	37	2836652	0.00054	63	2674552	0.00123
12	3474553	−0.00061	38	2836552	0.00123	64	2656752	0.00040
13	3456553	−0.00326	39	2835553	0.00006	65	2656652	0.00283
14	3456453	0.00018	40	2834552	0.00006	66	2656552	0.00643
15	3375553	−0.00057	41	2834452	0.00008	67	2656452	−0.00012
16	3357553	−0.00057	42	2826562	0.00005	68	2655653	0.00099
17	2955852	0.00007	43	2775552	0.00076	69	2655553	0.00525
18	2955752	0.00047	44	2773552	0.00005	70	2655453	−0.00031
19	2955652	0.00146	45	2765542	0.00091	71	2654552	−0.02567
20	2955552	0.00169	46	2755752	0.00372	72	2654452	0.00094
21	2954553	0.00008	47	2755652	0.03426	73	2645552	0.00016
22	2953652	0.00023	48	2755552	0.11495	74	2644562	−0.00016
23	2953552	0.00053	49	2754522	−0.00147	75	2636552	−0.00670
24	2935752	0.00005	50	2754653	0.00005	76	2636452	0.00030
25	2935652	0.00046	51	2754553	0.00028	77	2626562	−0.00032
26	2935552	0.00107	52	2745662	−0.00005	78	2585542	0.00007

续附表1

序号	幅角数	振幅因子	序号	幅角数	振幅因子	序号	幅角数	振幅因子
79	2575752	0.00017	106	2476652	−0.00012	133	2384552	−0.00007
80	2575652	−0.00051	107	2476552	0.00014	134	2375552	0.02776
81	2575552	0.00104	108	2475553	0.00014	135	2375452	−0.00104
82	2574553	0.00017	109	2474552	0.03302	136	2374553	−0.00029
83	2573552	−0.00052	110	2474452	−0.00123	137	2374453	−0.00005
84	2565542	0.00277	111	2466542	0.00163	138	2367542	0.00036
85	2565442	−0.00006	112	2466442	−0.00005	139	2366552	−0.00025
86	2557652	0.00019	113	2465552	−0.00094	140	2365562	−0.00039
87	2557552	0.00053	114	2464562	−0.00032	141	2357552	0.02301
88	2556653	0.00016	115	2457553	0.00010	142	2357452	−0.00086
89	2556553	0.00086	116	2456552	0.17386	143	2356553	−0.00156
90	2556453	−0.00005	117	2456452	−0.00649	144	2356453	−0.00027
91	2555552	0.90809	118	2456352	0.00009	145	2355352	−0.00014
92	2555452	−0.03390	119	2455562	0.00014	146	2347562	−0.00031
93	2555352	0.00047	120	2455553	−0.00569	147	2339552	−0.00009
94	2554553	0.00032	121	2455453	−0.00097	148	2294542	0.00015
95	2554453	0.00005	122	2455353	0.00005	149	2294552	0.00130
96	2546552	0.00014	123	2454352	−0.00067	150	2294452	−0.00005
97	2545562	−0.00313	124	2446562	−0.00147	151	2286542	0.00051
98	2545462	0.00007	125	2446462	0.00005	152	2276552	0.00671
99	2537552	−0.00273	126	2438552	−0.00056	153	2276452	−0.00025
100	2537452	0.00009	127	2436352	−0.00015	154	2275553	−0.00027
101	2536553	0.00008	128	2393542	0.00008	155	2275453	−0.00005
102	2535352	−0.00039	129	2395532	0.00007	156	2268542	0.00006
103	2527562	−0.00011	130	2393552	0.00085	157	2266562	−0.00013
104	2484542	0.00153	131	2385542	0.00188	158	2258552	0.00259
105	2484442	−0.00006	132	2385442	−0.00007	159	2258452	−0.00010

续附表1

序号	幅角数	振幅因子	序号	幅角数	振幅因子	序号	幅角数	振幅因子
160	2257553	−0.00027	187	1854553	−0.00039	214	1744562	−0.00018
161	2195552	0.00069	188	1853652	−0.00048	215	1736652	−0.00113
162	2195542	0.00009	189	1853552	−0.00243	216	1736552	−0.00567
163	2187542	0.00009	190	1853452	0.00006	217	1736452	0.00018
164	2177552	0.00111	191	1845542	0.00010	218	1735553	−0.00008
165	2176553	−0.00008	192	1836553	−0.00008	219	1734452	−0.00017
166	2159552	0.00027	193	1835652	−0.00096	220	1726562	−0.00024
167	1955653	−0.00008	194	1835552	−0.00492	221	1685542	−0.00044
168	1955553	−0.00009	195	1835452	−0.00016	222	1675752	0.00014
169	1954752	−0.00041	196	1825662	−0.00006	223	1675652	0.00029
170	1954652	−0.00199	197	1825562	−0.00032	224	1675552	−0.00755
171	1954552	−0.00311	198	1817552	−0.00009	225	1675532	−0.00010
172	1952552	−0.00019	199	1774652	0.00009	226	1673652	−0.00008
173	1936752	−0.00008	200	1774552	0.00012	227	1673552	−0.00026
174	1936652	−0.00038	201	1764542	0.00015	228	1665642	−0.00008
175	1936552	−0.00059	202	1756752	0.00017	229	1665542	−0.00422
176	1935553	−0.00007	203	1756652	0.00029	230	1656653	−0.00005
177	1934652	−0.00015	204	1756552	0.00045	231	1656553	−0.00013
178	1934552	−0.00078	205	1755753	−0.00008	232	1655752	0.00155
179	1924562	−0.00006	206	1755653	−0.00098	233	1655652	−0.07186
180	1916552	−0.00015	207	1755553	−0.00242	234	1655552	−0.53011
181	1865542	0.00006	208	1755453	0.00008	235	1655452	0.01051
182	1855852	−0.00014	209	1754752	0.00014	236	1655352	−0.00006
183	1855752	−0.00218	210	1754652	−0.00587	237	1654653	0.00005
184	1855652	−0.01039	211	1754552	−0.02964	238	1654553	−0.00036
185	1855552	−0.01624	212	1754452	0.00087	239	1654453	0.00005
186	1854653	−0.00016	213	1745552	0.00016	240	1653452	−0.00010

续附表 1

序号	幅角数	振幅因子	序号	幅角数	振幅因子	序号	幅角数	振幅因子
241	1645662	0.00011	268	1554552	− 0.01066	295	1454553	0.00012
242	1645562	− 0.00416	269	1554452	− 0.00197	296	1446552	0.00006
243	1645542	− 0.00147	270	1554352	0.00017	297	1445562	− 0.00130
244	1637652	− 0.00005	271	1546562	0.00015	298	1445462	− 0.00015
245	1637552	− 0.00026	272	1545552	0.00006	299	1437552	− 0.00113
246	1636553	− 0.00007	273	1536552	− 0.00278	300	1437452	− 0.00020
247	1635572	− 0.00007	274	1536452	− 0.00063	301	1435352	− 0.00016
248	1635552	0.17544	275	1526562	− 0.00013	302	1394552	− 0.00017
249	1635452	− 0.00197	276	1493552	− 0.00009	303	1386542	− 0.00006
250	1635352	0.00014	277	1485542	− 0.00033	304	1384542	0.00063
251	1625562	0.01028	278	1475752	0.00007	305	1384442	0.00012
252	1625462	− 0.00008	279	1475652	0.00107	306	1376652	0.00024
253	1615572	0.00042	280	1475552	− 0.00493	307	1376552	− 0.00079
254	1584642	− 0.00006	281	1475452	0.00014	308	1375553	− 0.00018
255	1584542	− 0.00024	282	1474553	− 0.00021	309	1374552	0.01370
256	1574652	− 0.00125	283	1473552	− 0.00022	310	1374452	0.00258
257	1574552	− 0.00567	284	1465542	0.00109	311	1374352	− 0.00008
258	1574452	0.00016	285	1465442	0.00012	312	1366542	0.00066
259	1566542	− 0.00018	286	1457652	− 0.00039	313	1366442	0.00011
260	1565552	0.00017	287	1457552	− 0.00243	314	1365552	− 0.00039
261	1556752	0.00016	288	1457452	0.00007	315	1365452	− 0.00007
262	1556652	− 0.00594	289	1456653	0.00014	316	1364562	− 0.00014
263	1556552	− 0.02964	290	1456553	− 0.00108	317	1358552	− 0.00020
264	1556452	0.00086	291	1456453	0.00016	318	1357553	− 0.00013
265	1555653	0.00086	292	1455552	0.37694	319	1356552	0.07217
266	1555553	− 0.00660	293	1455452	0.07106	320	1356452	0.01360
267	1555453	0.00098	294	1455352	− 0.00220	321	1356352	− 0.00041

续附表 1

序号	幅角数	振幅因子	序号	幅角数	振幅因子	序号	幅角数	振幅因子
322	1355562	0.00006	349	1256553	− 0.00058	376	925562	0.00033
323	1355553	− 0.00211	350	1256453	− 0.00023	377	917652	0.00006
324	1355453	− 0.00083	351	1255352	− 0.00006	378	917552	0.00015
325	1355353	− 0.00007	352	1247562	− 0.00013	379	915552	0.00020
326	1354352	− 0.00028	353	1194542	0.00006	380	864642	− 0.00009
327	1354252	− 0.00005	354	1194552	0.00054	381	864542	− 0.00025
328	1346562	− 0.00061	355	1194452	0.00010	382	856852	− 0.00005
329	1346462	− 0.00010	356	1186542	0.00021	383	856752	− 0.00012
330	1338552	− 0.00023	357	1176552	0.00278	384	855753	0.00005
331	1336352	− 0.00006	358	1176452	0.00053	385	855653	0.00023
332	1295652	0.00005	359	1175553	− 0.00010	386	855553	0.00038
333	1295552	− 0.00011	360	1166562	− 0.00005	387	854752	0.00115
334	1293552	0.00035	361	1158552	0.00107	388	854652	0.01241
335	1293452	0.00007	362	1158452	0.00020	389	854552	0.02996
336	1285542	0.00078	363	1157553	− 0.00010	390	853552	0.00009
337	1285442	0.00014	364	954653	0.00006	391	852662	− 0.00009
338	1277552	− 0.00010	365	954553	0.00010	392	852642	− 0.00009
339	1275552	0.01152	366	953752	0.00015	393	852552	0.00054
340	1275452	0.00217	367	953652	0.00164	394	846542	− 0.00005
341	1275352	− 0.00007	368	953552	0.00396	395	845652	− 0.00007
342	1274553	− 0.00011	369	945542	− 0.00007	396	845552	− 0.00017
343	1267542	0.00015	370	943562	0.00007	397	844662	0.00010
344	1266552	− 0.00010	371	935752	0.00018	398	844562	0.00031
345	1265562	− 0.00016	372	935652	0.00198	399	836752	0.00021
346	1257552	0.00955	373	935552	0.00478	400	836652	0.00236
347	1257452	0.00180	374	933552	0.00026	401	836552	0.00569
348	1257352	− 0.00006	375	925662	0.00013	402	835552	0.00013

续附表 1

序号	幅角数	振幅因子	序号	幅角数	振幅因子	序号	幅角数	振幅因子
403	834652	−0.00014	431	737552	−0.00009	459	636552	0.01579
404	834552	0.00213	432	736553	0.00015	460	636452	−0.00113
405	834452	0.00022	433	735652	−0.00088	461	635553	−0.00005
406	826662	0.00011	434	735552	0.01369	462	634452	−0.00015
407	826562	0.00027	435	735452	0.00098	463	634352	−0.00006
408	824562	0.00016	436	725662	−0.00006	464	626562	0.00067
409	816552	0.00041	437	725562	0.00090	465	626462	−0.00005
410	806562	0.00005	438	717552	0.00026	466	595532	0.00017
411	775752	−0.00007	439	684542	−0.00005	467	585642	−0.00007
412	773652	−0.00018	440	674752	−0.00010	468	585542	0.00426
413	773552	−0.00047	441	674652	−0.00058	469	575752	−0.00040
414	765642	−0.00014	442	674552	−0.00116	470	575652	−0.00180
415	765542	−0.00054	443	657542	−0.00043	471	575532	0.00029
416	763542	−0.00007	444	656752	−0.00049	472	575552	0.07281
417	755852	−0.00013	445	656652	−0.00180	473	574553	0.00005
418	755752	0.00606	446	656552	−0.00441	474	573552	0.00074
419	755652	0.06483	447	655753	−0.00006	475	573452	−0.00005
420	755552	0.15647	448	655653	0.00074	476	565642	−0.00011
421	754653	0.00012	449	655553	0.00466	477	565562	−0.00062
422	754553	0.00076	450	655453	−0.00024	478	565542	0.01156
423	753652	−0.00044	451	654652	−0.00536	479	565442	0.00009
424	753552	0.00676	452	654552	0.08254	480	557652	−0.00009
425	753452	−0.00036	453	654452	−0.00542	481	556553	0.00025
426	745662	0.00010	454	654352	0.00007	482	555752	0.00064
427	745562	0.00044	455	646542	−0.00011	483	555652	−0.06556
428	745542	−0.00015	456	645552	−0.00046	484	555552	0.73806
429	744552	−0.00007	457	644562	0.00051			
430	743562	0.00008	458	636652	−0.00103			

附表 2　HT 程序调和分析逐月计算波群分组

序号	首波	尾波	主波	波名
1	1	16	9	M3 ---- 001 - 016 - 009
2	17	63	57	S2 ---- 055 - 063 - 057
3	64	77	71	L2 ---- 064 - 077 - 071
4	78	103	91	M2 ---- 078 - 103 - 091
5	104	127	116	N2 ---- 104 - 127 - 116
6	128	166	134	MU2 -- 128 - 166 - 134
7	167	198	185	OO1 -- 167 - 198 - 185
8	199	220	211	J1 ---- 199 - 220 - 211
9	221	253	234	K1 ---- 221 - 253 - 234
10	254	275	263	M1 ---- 254 - 275 - 263
11	276	301	292	O1 ---- 276 - 301 - 292
12	302	363	319	Q1 ---- 301 - 363 - 319
13	364	379	373	T7 ---- 364 - 379 - 373
14	380	410	389	T9 ---- 380 - 410 - 389
15	411	438	420	T14 -- 411 - 438 - 420
16	443	454	452	T27 -- 443 - 454 - 452
17	458	463	459	T31 -- 458 - 463 - 459
18	471	472	472	T182 - 471 - 472 - 472
19	477	478	478	T365 - 477 - 478 - 478

附表 3　HT 程序调和分析逐年计算波群分组

序号	首波	尾波	主波	波名
1	1	16	9	M3 ---- 001 - 016 - 009
2	17	54	48	K2 ---- 017 - 054 - 048
3	55	63	57	S2 ---- 055 - 063 - 057
4	64	77	71	L2 ---- 064 - 077 - 071

续附表3

序号	首波	尾波	主波	波名
5	78	103	91	M2 —— 078 – 103 – 091
6	104	127	116	N2 —— 104 – 127 – 116
7	128	166	134	MU2 — 128 – 166 – 134
8	167	198	185	OO1 — 167 – 198 – 185
9	199	220	211	J1 —— 199 – 220 – 211
10	221	240	234	K1 —— 221 – 240 – 234
11	241	243	242	S1 —— 241 – 243 – 242
12	244	253	248	P1 —— 244 – 253 – 248
13	254	275	263	M1 —— 254 – 275 – 263
14	276	301	292	O1 —— 276 – 301 – 292
15	302	363	319	Q1 —— 302 – 363 – 319
16	364	379	373	T7 —— 364 – 379 – 373
17	380	410	389	T9 —— 380 – 410 – 389
18	411	438	420	T14 — 411 – 438 – 420
19	443	454	452	T27 — 443 – 454 – 452
20	458	463	459	T31 — 458 – 463 – 459
21	471	472	472	T182 – 471 – 472 – 472
22	477	478	478	T365 – 477 – 478 – 478

附表 4　HT 程序调和分析超过 1 年整体计算波群分组

序号	首波	尾波	主波	波名
1	1	16	9	M3 --- 001 – 016 – 009
2	17	54	48	K2 --- 017 – 054 – 048
3	55	63	57	S2 --- 055 – 063 – 057
4	64	77	71	L2 --- 064 – 077 – 071
5	78	103	91	M2 --- 078 – 103 – 091
6	104	127	116	N2 --- 104 – 127 – 116

续附表4

序号	首波	尾波	主波	波名
7	128	166	134	MU2 — 128 – 166 – 134
8	167	198	185	OO1 — 167 – 198 – 185
9	199	220	211	J1 —– 199 – 220 – 211
10	221	227	224	F11 — 221 – 227 – 224
11	228	229	229	F10 — 228 – 229 – 229
12	230	240	234	K1 —– 230 – 240 – 234
13	241	243	242	S1 —– 241 – 243 – 242
14	244	250	248	P12 — 244 – 250 – 248
15	251	253	251	P11 — 251 – 253 – 251
16	254	275	263	M1 — 254 – 275 – 263
17	276	301	292	O1 —– 276 – 301 – 292
18	302	363	319	Q1 — 302 – 363 – 319
19	364	379	373	T7 —– 364 – 379 – 373
20	380	410	389	T9 — 380 – 410 – 389
21	411	438	420	T14 — 411 – 438 – 420
22	443	454	452	T27 — 443 – 454 – 452
23	458	463	459	T31 — 458 – 463 – 459
24	471	472	472	T182 – 471 – 472 – 472
25	477	478	478	T365 – 477 – 478 – 478

附表5　天文参数时速

符号	名称	角速度/小时
τ	平月亮地方时	14.49205213
S	月亮平黄经	$5.49016513 \times 10^{-1}$
H	太阳平黄经	$4.1068639666 \times 10^{-2}$
P	月亮近地点平黄经	$4.641836568 \times 10^{-3}$
N	月亮升交点平黄经	$2.20641338 \times 10^{-3}$
P_s	地球近日点平黄经	$1.96118524 \times 10^{-6}$